여행^에 미친 ^{닥터}부 부

도서 출판 **예가**

추천의 글

미지의 세계의 대한 호기심과 인간 문명의 발상지를 보고 싶다는 꿈이 현실로 이루어 지면서 탄생한 "여행에 미친 닥터 부부"는 우리에게 단순한 여행기가 아닌 인간 문명사를 보는 듯한 감동을 주고 있다.

지역에 따라 똑같은 모습을 한 인간이 전혀 다른 문명과 삶을 살아 간다는 호기심 속에서 출발하여 평범한 여행기가 아님을 보여준다. 주로 문명과 거리가 먼 오지를 즐겨 찾은 것은 때묻지 않은 그들만의 삶 속에서 하나의 공통점을 찾아보려는 욕심 때문이었다는 데 지역적으로 멀리 떨어져 있는 서로 다른 나라에서 행해지는 비슷한 식생활, 장례의식, 종교의식을 보면서 인간의 공통점이 여기 있구나 라는 느낌을 받았다는 것이다.

이 여행기는 미주 한국일보에서 매주 발간되는 "주간 한국"에 "가자 인도차이나로" 라는 제목으로 2004년부터 연재되며 그 모습을 드러내게 되었다. 당시 편집 책임자였던 본인은 "주부 여행기" 라는 타이틀로 연재하며 한편으로 걱정이 앞섰던 것도 사실이었다. 그것은 여행기가 평범한 그리고 단순한 기행문이면 독자들에게 감동과 흥미를 줄 수 없었기 때문이다. 그러나 생생한 현장의 사진과 함께 실리는 글이 회를 거듭하면서 그러한 우려는 사라지게 되었고 글과 사진을 보며 우리들은 이집트로 페루로 남극으로 터키로 이곳 저곳을 함께 여행하였다.

이 여행기가 우리에게 감동과 의미를 주는 것은 단순한 기행문이 아니라 미지의 세계 속에서 인간의 삶을 깊이 조명해 보며 작자가 찾으려고 했던 인간의 역사와 문명을 나름대로 찾고 있다는 것이다. 그래서 작가는 어쩌면 이 책을 통해 아마추어 인류 역사학자로 거듭난 모습마저 보여 주었다. 또 다른 의미를 주는 것은 의사와 간호사인 부부가 함께 한 여행이어서 오지를 찾을 때마다 가져간 의약품과 의

그림. 여영난

술로 환자들을 보살펴 주어 언어가 다르고 생활방식 사고방식이 달라도 훈훈한 인간의 정을 맛볼 수 있다는 것과 가족위주로 식구들과 함께 하는 만남이어서 조금은 다른 면을 볼 수 있었다는 것이다.

1997년 온 가족이 에콰도르의 갈라파고스를 찾은 것으로 시작하여 아직도 우리에게 잘 알려지지 않은 미지의 세계가 존재하고 그곳만의 또 다른 문명이 있는 한 여행은 계속 될 것이라는 작자의 야심에 찬 포부에 격려를 보낸다. 특히 "함께 나누는 세상"이 계획하는 사업에 미력이나마 돕겠다는 취지로 이 책을 출판하였다니 "시작은 미약하나 창대케 되리라"는 말씀처럼 크나큰 성과를 기대해 본다.

이제 이 한 권의 책으로 당당히 "여행가", "아마추어 인류 역사학도"라고 말해도 부족하지 않을 쾌거를 이룩한 데 대해 갈채를 보내며 제 이, 삼 권의 "여행에 미친 닥터 부부" 출판을 기대해 본다.

정진철

한국일보 미주본사 몽골 지사장

추천의 글

하늘 저 끝까지 이어지는 옥색바다, 잔잔한 파도, 뜨거운 태양빛에 눈부시게 빛나는 하얀 모래사장, 높이 서있는 야자수 나무들. 이곳은 카리브해 (Caribbean Sea). 야자수 나무 등걸에 매달아 놓은 해먹(hammock)에 누워 파란 하늘을 보고 있노라면 산들산들 불어오는 시원한 바다 바람, 흔들거리는 해먹에 누워 살포시 오수에 빠져 버린다. 꿈만 같은 이 한가함을 즐기고 싶지 않은 이가 또 있을까?

"카리브해는 북미와 중남미를 연결하는 허리쯤 되는 곳에서 대서양과 멕시코 만 사이에 있는 바다이다. 태평양이나 대서양처럼 파도가 세지 않고 물이 맑아 세계의 많은 관광객들이 애호하는 곳이다. 카리브해에는 바하마, 버진아이랜드 등 7천 여 개의 섬들이 있는데 이를 통틀어 서인도 제도(West Indies)라고 부른다. 1492년 콜럼버스가 인도로 가는 항로를 발견하기 위해 항해를 하다가 우연히 이곳을 발견하고 '인도'라고 생각했지만 아닌 것을 알고 나중에 서쪽에 있는 인도라는 뜻으로 서인도제도라고 명명했다. 바닷물이 일년 내내 화씨 70~80도를 유지하여 바다 낚시(reel fishing), 바다잠수(skydiving), 잠수용의 호흡기구를 쓰고 잠수하여 헤엄치는 스노클(snorkeling)하는 사람들에겐 천국이다. 전세계 산호초의 30%가 여기에 있다. 바닷속의 절경을 보기 위해 사람들이 몰려든다."(본문 중에서)

"여행에 미친 닥터 부부"는 금술 좋기로 소문난 이하성 박사와 이형숙 여사가 남미의 멕시코 중부에 있는 아즈텍 문명이 남긴 신전과 1년에 크루즈(cruise)가 400 여 개나 닿는 로스카보스섬의 명소인 아취 모양의 바위(The Arch), 에쿠아도르에 있는 찰스 다윈의 진화론의 발상지인 갈라파고스의 섬들, 15~16세기의 페루를 지배했던 태양의 사람들이란 뜻인 잉카 문명의 발상지… 세계의 야외 박물관인 터키에 있는 세계 8대 불가 사이인 1만 명이 살았던 카파토키아의 지하도시, 인도차이나의 캄보디아에 있는 900년 전 건축된 찬란한 역사와 문화의 상징인 세계3대 불가 사이 앙코르 와트 신전, 베트남의 크고 작은 2천 개의 섬들이 푸른 나무들로 덮여 있는 아름다운 절경의 하롱베이(Harlong Bay),

파라호의 애환을 실은 5천년 이집트 문명이 흐르는 나일강 문명의 피라미드와 스핑크스, 중국의 56개 소수민족 중 52개의 종족이 살고 있는 소수 민족의 땅 소수 민족의 땅 운난성… 이세상에서 가장 춥고, 가장 바람이 세고, 가장 건조하여 '불모지'라고 불리는 높은 산들과 그 사이의 골짜기들 위에 쌓인 만년설과 빙벽의 높이가 3000m나 되는 하얀 대륙, 나무 한 그루 없고 꽃 하나 피지 못하고 빙산이 무수히 떠다니는 바다뿐이며 펭귄이 사는 남극탐험 등을 귀한 사진과 함께 생생하게 수려한 필치로 그리고 있다.

"여행이란 사람들이 많이 다니는 유명한 곳도 좋지만 알려지지 않은 곳들, 조금은 불편한 곳들, 또 힘든 곳들이 의외로 좋다"는 저자의 주장이 실감난다. 여행을 위한 철저한 사전 준비와 학습을 통해 여행에서 얻는 즐거움을 최대화 하려는 노력도 돋보인다. 두 분은 모험심이 정말 대단하다. 지구촌의 좋은 사람들과 스스럼 없이 어울리는 것이 정말 흐뭇하고 즐겁다고 말하는 저자는 진정으로 "세계 속의 자랑스러운 한국인"이며 훌륭한 민간 외교관들이다.

지구촌 구석 구석의 사람 사는 모습이 너무나 아름답다는 저자는 그들의 삶의 애환을 여실이 그리고 있다. 외국에서 삼성, 현대, LG의 간판을 보면 자랑스럽다는 저자는 '든든한 친정을 가진 새댁' 같은 느낌이 든다고 하였다. 밖에 나가서 살면 더 애국자가 된다는 말이 맞는 것 같다.

이 책이 지구촌의 구석 구석을 알려고 하거나 여행하려고 하는 분들에게 널리 읽혀서 사람 사는 모습의 아름다움을 느끼는 좋은 기회가 되기를 기대한다.

저자들이 이 책의 판매수입을 전액 남북한의 어려운 어린이들을 돕는 "함께 나누는 세상(Sharing Together Society)"에 기부하려는 뜻은 귀하기만 하다. "여행에 미친 닥터 부부"가 더 많은 세계인과 어울려 살며 그들의 존경을 받는 "세계 속의 자랑스러운 한국인"을 만드는데 기여하기를 바라면서 감히 추천의 말씀을 드린다.

2009년 10월
정창영
(연세대 명예교수, 연세대 전 총장, '함께 나누는 세상' 상임 대표)

책을 펴내면서

어렸을 때부터 어디 다니기를 좋아했나 보다. 아버지가 출장가시면 따라 갈 수는 없었지만 늘 길까지 따라나서 울곤 했던 기억이 난다. 출장에서 돌아오시는 아버지가 사 오시는 특별한 과자나 새로운 색깔의 옷은 나를 즐겁게 해주었고 미지에 대한 많은 호기심을 불러왔다.

초등학교를 졸업하고 여행을 하려면 버스 차장이 되어야겠다고 생각했다. 기가 막힌 아버지는 나에게 고모 집에 놀러 가자고 하시고 어머니더러 짐을 꾸리라고 말씀하셨다. 그때 여자 중 고등학교 선생님을 하시는 고모가 원주에 살고 계셨다. 그 후 난 그 왕 고모 덕분에 꼼짝없이 학교를 다녀야 했고 그리고 순조롭게 대학까지 졸업했다. 대학을 졸업 후 미지에 대한 꺼지지 않았던 불씨가 다시 피어나기 시작하여 미국까지 날라 왔다. 그러나 결혼, 출산, 육아 그리고 아이들의 교육 등으로 인해 나는 모든 꿈을 곱게 접어 가슴 한 켠에 넣어두고 정신 없이 다람쥐 쳇바퀴 돌리듯 그렇게 살아왔다. 막내의 마지막 대학 등록금을 내고 딸의 결혼식까지 치르고 나니 시간적으로 경제적으로 여유가 생기며 접어 놓았던 미지에 대한 꿈이 연기를 폴폴 내며 살아났다. 이제 엄마가 하고 싶었던 것을 하면서 살라는 큰 아들의 편지에 용기를 내어 내가 하고 싶었던 오지 여행을 시작했다. 어렸을 때부터 꾸어왔던 나의 꿈이 쉰을 훌쩍 넘긴 이 나이에 드디어 이루어진 것이다. 여행을 한다는 것은 나 자신이 속해있던 일상 생활에서 탈출해 전혀 다른 세계에 도전하여 새로운 환경을 접하며 전에 알았던 사실을 확인하고 또 새로운 사실을 배우는 것이라 생각한다.

인류 문명의 발상지인 나일강을 보고 와서 정리하는 동안 그 나라와 유사 또 다른 피라미드를 찾아 떠나 잉카문명의 페루, 아즈텍 문명, 그리고 마야문명에서 인류의 동질을 재발견하게 되었다. 그리고 또다시 그들과 비슷한 생활습관을 가진 사람들을 찾아 월남, 중국, 태국, 라오스 등지로 다녔다. 산골에서 강가에서 사는 그들을 만나 "찡"한 가슴으로 그들을 안아본다.

여행은 나의 몸과 마음의 시야를 넓혀주며 고정된 틀에서 벗어나 자유로운 사고를 하므로 항상 새로운 것을 받아드릴 마음의 문을 열어놓아 그로 인해 내 삶의 가치관이 값있게 변해간다고 믿는다. 여행을 떠나기 전여행지에 대한 준비작업을 하는 동안 가슴 두근거리고 행복에 겨워한다. 그리고 여행에서 돌아와 사진과 글을 정리하며 잊지 못할 추억을 접어 가슴 저 깊은 곳에 담아둔다. 훗날 더 이상 여행을 할 수 없는 나이가 되면 빛 바랜 추억으로 내 곁에 다가올 그 소중한 재산을 만들기 위해 나는 또 떠날 준비를 한다.

여행길에 늘 함께 동행하는 든든한 나의 가이드인 남편, 여행 목적지에 대한 정보를 알려주며 격려해주는 세 아이들과 동생 옥이가 있어 육십이 넘은 오늘도 즐겁게 여행을 할 수 있다. 여행 이야기를 재미있게 들어주시며 "말하듯이 쓰면 돼."라고 격려와 용기를 북돋아 주며 신문 연재를 할 수 있도록 도와주신 정진철 선배님, 그리고 별 소질도 없는 저에게 3년 동안 귀한 지면을 할애해 주신 한국일보, 웹 사이트를 만들도록 주선해 주신 김지수 선배님, 웹사이트 관리해주시는 황호 선생님, 바쁘신 중에도 흔쾌히 추천의 글을 써 주신 전 연세대학교 정창영 총장님, 또 이 책의 출판을 위해 삽화를 위시해 많은 도움을 주신 권용섭 화백님과 여영난 화백님 부부에게 이 자리를 빌어 정말 감사드린다.

결식 아동을 돕는 재단 "함께 나누는 세상"이 하는 아름다운 일에 조금이라도 동참하고 싶은 마음으로 이 책의 출판을 결심하였다. 이 아름답고 고귀한 사업이 더 이상 필요없는 배 부른 세상이 곧 오기를 기대해 본다. 늘 나에게 용기를 주고 힘을 실어주는 아름다운 친구들이 있기에 나는 행복하다. 그리고 내가 만나는 모든 사람들에게 나를 사랑하는 하나님의 은총이 함께 하길 빈다.

그림. 여영난 작

비록 글이 매끄럽지 못하고 표현이 적합하지 못해도 할머니가 들려주는, 엄마가 들려주는, 친구가 들려주는 이야기라 생각하고 읽었으면 좋겠다. 다만 독자들이 여행을 할 때 이 책이 조금이라도 도움이 되었으면 하는 바램이고 또 여행을 할 수 없는 사람들이 이 책으로 인해 대리 만족을 할 수 있다면 얼마나 다행일까 하는 바램이다.

2009년 10월 이 데레사 형숙

차 례

남극 탐험

Antarctic circle(남위 66.33도)

1. 지구의 최남단

젠투 펭귄들

남극권(Antarctic Circle, 남위 66.33도)으로 둘러싸여 있는 거대한 땅덩어리, 이 세상에서 가장 춥고, 가장 바람이 세고, 가장 건조하다는 그래서 "불모지"라고 불렸던 얼음 땅.

미국과 멕시코를 합친 넓이(전체 대륙 면적의 십 분의 일)만큼이나 큰 남극은 세상에서 가장 오염이 되지 않은 마지막 남은 보석 같은 땅이다. 4897미터의 빈손(Vinson Massif)를 비롯하여 시들리(Mt. Sidley, 4181미터), 파우어(Faure Peak, 3941미터), 프레이크(Mt. Frakes, 3877미터), 토니(Toney Mt. 3566미터), 베를린(Mt. Berlin, 3498미터) 등의 높은 바위산들과 그 사이의 골짜기들 위에 쌓인 만년설 그리고, 3000−4000미터나 되는 빙벽들로 이루어진 하얀 대륙, 이곳이 바로 남극이다.

만일 하루 동안에 이 만년설과 빙벽과 빙산이 녹으면 어떻게 될까? 해안의 높이가 267피트나 높아져 대부분의 대륙은 물 속에 잠기게 된다고 과학자들은 말한다. 12월 22일은 해가 지지 않고, 6월 21일

13

은 해를 전혀 볼 수 없는 곳,
6개월은 여름, 6개월은 겨울
이 계속되는 곳. 남극은 나무
한 그루 없고 꽃 한 송이 피
어나지 못하는 만년설로 뒤
덮인 바위산과 크고 작은 빙
산이 무수히 떠다니는 바다
일 뿐이다.

"눈 외에는 아무것도 볼 것
없는 곳에 무엇 하러 가느
냐?"고 친구들이 물을 때 난

"아무것도 볼 것이 없다니까 정말 볼 것이 있는지 없는지를 확인하
러 간다"라고 웃으며 대답하곤 했다. 사실 말로만 듣고 사진으로만
보아왔던 이런 곳을 가 볼 수 있다는 것이 어쩌면 특권처럼 느껴지기
에 언젠가 한번은 가보고 싶다는 꿈을 가지고 기회가 왔을 때 실현해
보려는 것이다. 여행이란 사람들이 많이 다니는 유명한 곳도 좋지만
알려지지 않은 곳들, 조금은 불편한 곳들, 또 힘든 곳들이 의외로 좋
은 기억을 남길 수도 있기에 난 그런 곳들을 선택하여 여행을 하려고
하고 있다. 나는 여러 해 동안 이 여행을 위해 조사를 했고 여행을 하
고 온 사람들의 사진전도 보며 혼자서 꿈을 키워왔었다.

드디어 떠날 배를 선택하면서 500-600명 이상이 타는 거대한 유람
선(Cruise ship)를 선택하지 않고 캐나다에 있는 '갭 어드벤처(GAP
Adventure)'라는 회사에서 운영하는 100여명의 손님을 태우는 탐
험선 '엠에스 익스플로러(M/S Explore)'를 이용하기로 하였다. 작
은 배는 큰 배보다는 조금은 더 위험하겠지만 첫째는 더 해안 가깝게
갈 수 있고 둘째는 승객이 적어서 도우미들의 도움과 관심을 더 많이
받을 수 있으며, 셋째는 남극 여행의 도움을 줄 학자 분들이 함께 떠
나기에 이 기회에 공부도 할 수 있기 때문이었다. 사실 내셔널 지오

그래픽(National Geographic)에서 일하시는 사진작가 케난 와드(Kennan Ward) 부부를 이 배에서 만날 수 있었고 또 언젠가 매스컴에서 만나게 될지도 모를 그들의 작품들을 이 배에서 직접 볼 기회도 있었다.

우리는 1월 16일 LA 공항을 출발하여 3시간 30분만에 텍사스 달라스 공항에 도착하였고 다시 아메리칸 에어라인(American Airline) 국제선을 갈아타고 10시간 30분만에 아르헨티나(Argentina)의 수도 부에노스아이레스 국제공항(Buenos Aires International Airport)에 도착하였다. 여기서 약 50분 정도 택시를 타고 국내선 공항에 도착하여 다시 지구의 최남단 항구도시 우슈아이아(Ushuaia)에까지 4시간 30분 걸려 드디어 남극으로 가는 배를 탈 항구도시에 도착하였다. 사실은 조금 더 일찍 도착

위. 남극 탐험을 위한 유람선 M/S Explore
아래. 아르헨티나의 최남단 항구도시 우슈아이아, 이곳에서 남극으로 가는 배가 떠난다

할 수 있었지만 우리가 탄 비행기에 기름이 충분하지 못해 중간 지점 도시에서 급유를 한 다음 계속 날아 갔기에 한 시간이나 더 걸린 것이다. 비행 도중 급유관계로 비행기가 불시착한 것은 처음 있는 일이므로 이해가 가지 않았다. 아무튼 비행시간은 18시간 정도이지만 집에서 출발해서 우슈아이아의 호텔에 도착할 때까지 걸린 시간은 약 하루 하고도 반나절이 걸렸다.

이곳 부둣가에 있는 앨버트로스 호텔(Hotel Albatross)에서 하룻밤을 보내고 다음 날 오전에는 우슈아이아 국립공원(Ushuaia National Park)을 여기저기 구경하였다. 남미의 중추적인 유명한 안데스(Andes)산맥의 끝자락 마지막은 양쪽으로 갈라졌는데 한쪽은 칠레(Chile)의 토레스델파인(Torres Del Paine)이 있는 그

우슈아이아 항구의 모습과 관광버스

유명한 파타고니아(Patagonia)이고 다른 한쪽은 이곳 아르헨티나 (Argentina)의 티에라델푸에고(Tierra Del Fuego)이다. 우리가 간 국립공원은 이 티에라델푸에고 안에 있다. 눈 녹은 물들로 가득 차 신비로운 색깔을 내는 호수들이 아름다운 산들과 어우러져 장관을 이루었다. 저 멀리 보이는 칠레의 파타고니아(Patagonia)로 연결되는 안데스 산들도 실루엣으로 안개와 어우러져 가슴이 시리도록 아름다웠다. 특히 땅끝 지점(land end point)에 도착한 우리는 알래스카에서 시작하여 캐나다 미국 멕시코 중남미 남미를 거쳐 연결되는 17,848킬로미터의 마지막 땅끝의 지점에 서서 푯말 너머로 시작되는 바다를 바라보며 상념에 잠겼다.

저녁이 되어서야 우리는 '엠에스 익스플로러' 함상에 올랐다. 포르투갈에서 온 35-40명, 그리고 27개국에서 온 60여명의 여행객이 함께 모여 선상에서의 주의사항을 들었다. 나누어 준 설명서엔 여러 가지 설명이 있었지만 나의 눈을 끈 것은 "누가 당신을 구조할 것이라고 기대하지 마시오"라는 것이다. 또 설명 시간엔 태평양과 대서양이 만나는 드레이크(Drake) 해협을 지날 때에는 파도가 거칠기 때문에 배 멀미에 대비하고 반드시 두 손이 자유로운 상태에서 선상을 걸어야 다치지 않는다고 안전을 강조한다. 도대체 얼마나 위험하면 이리도 미리 겁을 주나? 조심 또 조심하라고 두 번 세 번 강조한다.

2. 레미에르 해협(Lemaire Channel)

우슈아이아에서 남극까지는 약 600마일인데 가는 길에 어떤 곳은 거친 파도가 예상되므로 우리 함선이 시간당 평균 13노트로 항해할 경우 약 50 시간 정도가 소요될 거라고 하였다.

우슈아이아를 떠나 베이글 해협(Beagle Channel)을 지나 드레이크 통로(Drake Passage)를 지나야 남극을 갈 수 있다. 망망한 바다를 2일 동안 항해하는 도중에 소강당에서는 최초에 남극을 탐험한 사람으로부터 여러 탐험가들을 소개하고 새를 연구하는 과학자는 남극에서만 살고 있는 여러 종류의 펭귄들, 매처럼 생긴 페트럴(petrel), 갈매기보다 조금 큰 물새 앨버트로스(albatross) 등에 대한 강의를 하고, 고래와 물개를 전문으로 하는 동물학자는 자기의 전공분야를 강의하여 50시간이 넘는 항해시간이 지루하게 느껴지지 않도록 배려하였다.

18일 저녁 우슈아이아를 떠나 21일 아침 마침내 우리 배는 레미에르 해협에 들어왔다. 뜨문뜨문 보이기 시작하던 빙산과 얼음 덩어리들은 어느덧 우리 배를 빽빽이 둘러싸

위. 레미에르 해협에서 작은 빙산으로 둘러싸여 있는 배
아래. 피터만 섬에서

고 있었고 우리 배는 스르르 얼음을 가르며 계속 앞으로 향했다. 양 옆에 보이는 높은 산들은 모두 하얗게 빙벽으로 뒤덮어 있었고 둥둥 떠돌아 다니는 빙산 덩어리 위엔 물개들이 한가롭게 침대 삼아서 누어 잠을 잔다.

남극해에 도착한 우리 함선은 남극의 육지에서 몇 마일 떨어진 곳에 정박을 하고 우크라이나 과학자들이 머물고 있는 버나드스키 베이스(Vernadsky base)에 갈 예정이라고 했었는데 마이크로 들려오는 소식에 의하면 얼음이 너무 많아(80%의 바다가 얼음으로 덮여 있었음) 위험하기 때문에 그곳은 갈 수 없어 다른 곳으로 간다고 했다.

우리는 이렇게 기후와 수로조건에 따라 수시로 모든 일정을 취소하기도 하고 또 예정에 없었던 곳에도 갈 수도 있는 그런 예기치 못하는 탐험 같은 여행을 하고 있기에 난 감히 이 여행기에 "탐험"이란 제목을 붙인 것이다. 항상 육지에 도착할 때는 그곳을 관장하고 있는 기지의 허락을 받아야만 상륙할 수 있다고 한다. 21일 오후 70여 시간이 지난 후에야 우리는 드디어 피터만 섬(Petermann Island)에 내릴 수가 있었다.

우리 일행은 8대의 상륙정(Zodiac boat)에 나누어 타고 빙산을 헤치며 눈이 녹아 포근해 보이는 바위섬에 첫발을 디뎠다. 붉은 색깔의 흙이 가끔 보이지만 대부분은 풀 한 포기 자랄 수 없는 바위덩어리였다. 주둥이가 붉은 젠투 펭귄들이 우리 일행을 반겨 주었다. 때마침 갓 태어난 새끼 펭귄들이 어미 펭귄들의 가슴 속에서 낯선 방문객들을 쳐다보며 찍찍대고 있었다. 펭귄은 남극의 봄철 10월 말에 알(1-2)을 낳아 30-60일(종류에 따라 차이가 있음) 동안 가슴에 품어 새끼로 부화된다고 한다. 바닷가에서 작은 자갈을 수없이 물어다가 바위 위에 자갈둥지를 만들고 그 둥지 속에 알을 낳는다. 그래서 펭귄들에겐 자갈이 돈이라는 농담도 있다. 어미가 알을 품고 있는 동안 아빠 펭귄은 바닷속에서 크릴(kril, 새우 비슷함)을 잡아 어미를 먹여주어야 한다. 만일 아빠 펭귄이 돌아오지 못하면 어미는 알을 품는 일을 지속하여야 하므로 허기진 어미는 물론 정성껏 가슴에 품고 있던 펭귄 알도 함께 죽게 된다.

키가 1미터나 되는 황제(Emperor) 펭귄을 비롯하여 가슴에 오렌지빛을 하고 있는 킹(King) 펭귄(키는 96cm), 눈 주위는 하얗고 주둥이가 붉은 젠투, 가슴만 희고 온몸이 까맣고 키가 작은 아델리(Adelie),

젠투펭귄 사이에서
오수를 즐기는 물개

턱 밑에 검은 줄이 있고 발이 분홍색인 친스트랩(Chinstrap), 머리에 주홍 색의 여러 개의 깃털을 갖고 있는 마카로니(Macaroni) 등등 20여 종류의 펭귄 약 240만 마리 이상이 남극에 살고 있다고 한다. 그들은 절대 다른 종족과 교배를 하지 않으며 자기 가족을 냄새와 소리로 정확이 구별한다고 한다.

새끼 펭귄은 추위를 방지할 수 있는 회색이나 짙은 밤 색깔의 특수 털로 입혀져 있고 털 모양 때문에 크기가 어미와 별차이 없이 크지만 성인 펭귄과 새끼 펭귄은 털 자체가 달라 쉽게 육안으로 구별이 된다. 이 새끼 펭귄들은 성인이 될 때까지 어미의 가슴 속에서 자라게 되는데 이는 추위와 물개나 새들과 같은 다른 공격자로부터 보호를 받기 위함이라고 한다. 우리가 내린 이 섬은 젠투 펭귄의 서식지다. 그래서인지 다른 종류는 없고 온통 젠투 펭귄뿐이다. 짧은 다리로 뒤뚱거리며 적은 날개를 있는 데로 뒤로 재치고 걷는 모습이 귀엽기만 하다. 두툼한 분홍색 발가락을 있는 대로 쫘악 피고 걷기에 산 꼭대기에 있는 둥지에서부터 먹이가 있는 해변까지 그 먼 길을 걷는 피나는 행군을 할 수 있다.

3. 펭귄 하이웨이

펭귄이 다니는 길을 "펭귄 하이웨이"라 부르며 앞장선 펭귄의 뒤를 따라 일렬로 나란히 서서 올라가기도 하고 내려오기도 한다. 또 돌멩이가 있으면 팔짝 뛰어넘어가기도 한다. 날개는 있지만 나는데 쓰이지는 못하고 걸어 다닐 때 몸의 균형만 잡아준다. 그들이 다닐 때 우리는 "우선 멈춤"을 지켜야 한다. 이곳은 그들의 동네이고 우리는 방문객이기 때문에 그들의 생활 패턴을 그대로 지키기 위한 과학자들의 배려 때문이리라. 길을 내려가는 펭귄은 길을 올라오는 펭귄에게 옆으로 돌아서서 길을 양보해 올라오는 펭귄이 멈

위. 친스트랩 펭귄
아래. 펭귄 하이웨이

추지 않고 계속해서 올라오게 해준다.

그들은 지금 배속에 잔뜩 먹은 새우를 담은 채 뒤뚱거리며 둥지로 올라와서 머리를 흔들어 토하게 한 후에 그 토한 음식을 새끼에게 먹인다. 새끼들은 어미 주둥이 속에 머리를 통째로 디밀어 넣고 마음 놓고 어미가 토한 음식을 먹으며 자란다.

땅에서는 뒤뚱거리며 우스꽝스럽게 걷는 펭귄들도 일단 물 속에만 들어가면 물고기처럼 수영을 하고 돌핀(dolphin)처럼 물 위로 팔짝팔짝 뛰어오르는 것이 물고기 같기도 하고 돌고래 같기도 하다.

펭귄은 알을 한 개 내지 두 개밖에 품지 않으므로 다른 동물에게 알을 빼앗기지 않게 또 새끼로 부화된 다음에도 다른 동물에 먹히지 않게 필사의 노력을 하며 하늘을 향해 꽥꽥거리며 소리를 질러 겁을 주면서 보호한다. 어

위. 얼음 덩어리를 베개 삼아 누워 자고 있는 펭귄
아래. 빙산앞에 앉아 있는 스쿠아라는 새

둡고 긴 추운 겨울을 지나야 하는 그들은 겨울이 오면 수백 마리가 함께 모여 몸과 몸을 맞대어 웅크리며 붙어 서서 조금이라도 추위를 피하기 위해 그렇게 합심하여 겨울을 보낸다.

겨울을 잘 지낸 새끼들은 서서히 털갈이를 시작하여 새끼 때 가지고 있던 폭신폭신한 부드러운 털이 빠지고 기름기가 좌－으르르 흐르는 배쪽은 하얗고 등쪽은 까만 털로 바뀌며 멋있는 턱시도(tuxedo)를 입은 펭귄으로 변해간다.

펭귄들의 똥은 먹이 때문에 붉은 색을 띠며 또 이 새우 똥을 먹는 시스빌(sheathbill)이라는 하얀 작은 새는 펭귄 주위를 맴돌며 함께 살고 있다. 자연은 거대한 먹이사슬로 되어있다. 여기서도 그 법칙은 지켜지고 있었다. 작은 플랑크톤들은 새우들의 먹이가 되고 새우는 펭

귄이나 고래들의 먹이가 되며 펭귄은 새들과 물개들의 먹이가 된다.
또 물개들은 고래의... 먹고 먹히는 자연의 법칙, 약육강식의 법칙이
랄까? 그러나 이들은 배가 고플 때만 먹이를 잡아먹는다. 배가 부르
면 옆에 먹을 것이 있어도 관심이 없다.

인간처럼 자식을 위해, 손자들을 위해, 그리고 내일을 위해 열심히 먹
이를 모으지 않는다. 그래서 그들은 자기를 잡아먹는 물개들과 다른
새들과 함께 이 섬에서 행복하게 살고 있다. 예쁜 회색 털로 가득 싸
여있는 젠투 펭귄 새끼들을 가슴에 안고 자랑스럽게 하늘을 향하여
"째 액 꽥" "꽥 꽥" 소리를 질러대는 어미 펭귄이 대견스럽기까지
하다. 하얀 빙벽에 둘러 쌓여있는 이 작은 섬, 바닥에 둥둥 떠있는 크
고 작은 빙산들. 하늘도 바다도 산도 모두모두 하얀 곳! 이곳 남극 땅
에 내가 서 있다. 귀여운 펭귄들의 환영을 받으면서...

4. 위엔크(Wiencke)섬

우리 함선의 탐험 대장(expedition leader)인 이안(Ian)은 항상 제
일 먼저 배에서 내려 오렌지색 비상 백 같은 것을 상륙정에 싣고 우
리가 내리려고 하는 섬이나 육지에 내려놓은 다음 워키토키로 연락
하여 안전을 확인한 후에야 승객들은 상륙정을 타고 함선을 떠나 땅
으로 갈 수 있다. 그리고 모든 승객들이 완전히 육지를 떠난 다음에야
마지막 상륙정이 그 백들을 다시 싣고 배로 돌아온다.

▌ 비상백을 나르는 대장
이안

그 오렌지색 백 속에는 우리들이 배로 돌아 올
수 없을 만약의 경우를 대비해서 우리들이 잘
텐트, 슬리핑 백, 간단한 의약품, 히터, 음식물
그리고 물이 들어있다고 하며 쓰여지지 않기를
바라지만 준비를 하지 않았다가 막상 어려운
일이 생기면 모든 승객들의 생명이 위험할 수
도 있기 때문에 우리들이 섬이나 땅에 가게 되
면 꼭 가지고 가고 또 가지고 배로 돌아온다.

"유비무한"이라고 준비를 철저하게 하는 믿음직한 이들이 있기에 우리들은 마음 든든하며 안심하고 이 어려운 여행을 할 수가 있었다.

이 좁은 해협은 빙산의 골목길(iceberg alley)이라고 부를 만큼 크고 작은 빙산들로 가득 찼고 하얀 만년설을 이고 서 있는 산들과 어울려 창조주의 솜씨를 한껏 뽐내고 있었다. 다음에 우리가 내린 곳은 위엔크섬의 항구 라크로이(Lockroy)였다. 이 섬에서는 지금 몇 명의 생물학자들이 젠투펭귄에 대한 연구가 진행되므로 베이스로는 갈 수가 없었고, 섬 왼쪽 끝으로 가서 그쪽에 서식하고 있는 머리와 등은 까만 색깔이고 가슴과 배만 하얀 아델리펭귄들과 코모란(cormorant) 새를 볼 수 있었다.

코모란 새는 우리가 몇 년 전 에콰도르(Ecuador)의 수도 키토(Quito)에서 600–700 마일 떨어진 태평양에 있는 무인도 섬들인 칼라파고스(Galapagos)에 간 적이 있었는데 그곳이 이 새들의 서식

아취모양의 빙산

처여서 거기서 많이 본 적이 있는 새였다. 날개가 작아서 잘 날지는 못하지만 그 작은 날개를 피고 어찌나 빨리 달리는지 신기할 정도였다. 주로 검은색이고 목이 길며 발목이 굵고 튼튼해 보였으며 다리는 그리 길지 않았다. 이 새의 소원은 날개가 조금만 큰 것이란다.

내 생각에도 그렇다. 새는 날개가 커야 하는데 어쩌자고 만들다가 만 것처럼 되어버렸을까?

이 코모란도 부화한 지가 제법 되는 큰 새끼들을 키우고 있었다. 우리들이 방문한 시기가 새끼들이 부화한 후이기 때문에 여기저기서 많은 종류의 새들의 새끼들을 볼 수가 있었는데 얼마나 다행이었는지 모른다. 바위 둥지를 틀고 살고 있는 코모란의 새끼는 자세히 보지 않으면 아델리펭귄 새끼들과 구별이 잘 되지 않는다. 둘 다 짙은 회색이어서 구별이 잘되지 않았는데 자세히 관찰을 해보니 목이 긴 것이 코모란이고 목이 없다시피 한 것이 펭귄이다.

빙산 조각을 들고

여기서 만난 젊은 여자 연구원의 책임은 젠투펭귄 숫자를 세는 것이란다. 이 펭귄들이 둥지에 있고 새끼들이 어미와 함께 있으므로 쉽게 셀 수 있다고 하지만 아무도 없는 이 추운 곳에서 혼자 펭귄만 세며 사는 이 과학자 아가씨가 존경스럽기만 하다. 이렇게 이들은 생태계의 연구를 위하여 젊음을 바치는 것이다.

나도 바위에 앉아 새들을 관찰하며 이들이 바다로 다이빙하며 들어가는 모습, 수영하는 모습, 바다에서 나와 둥지로 걸어가는 모습을 보며 동물학자가 된 듯한 착각에 빠졌다. 난생 처음 이렇게 가까이 그들을 볼 수 있기에 마냥 신기하기만 하다. 또 이 펭귄들도 나를 무서워하지 않고 내 옆으로 걸어 다니기도 하고 나를 빤히 쳐다보기도 한다.

오늘은 3도라는데 바람이 없어서 그런지 그렇게 춥게 느껴지지가 않았다. 아마 내가 옷을 두툼하게 잘 입어서인가? 역시 오늘도 구름이 가득한 하늘, 후드득 비라도 한바탕 내릴 것 같이 찌푸린 날씨인데… 비 대신 눈송이가 곱게 팔랑거리며 내려와 빨간 내 점퍼 위에 사뿐히

앉는다. 혀를 내밀어 눈을 먹어본다.

"애들아! 나 지금 남극에서 눈 먹고 있-다." 라고 소리쳐 본다.

5. 온니섬(Orne Island)

아침식사 후에 우린 친스트랩 펭귄 서식지인 온니섬로 갔다. 우리를 태운 상륙정은 어마어마하게 큰 폭포가 있는 빙산(빙산 위의 평평한 면에 녹아있던 물이 낮은 한곳을 타고 내려오는 모습이 꼭 폭포 같았음)을 지나 여기저기 떠있는 무수한 빙산들 사이로 얼음과 물결을 헤치며 섬에 도착하니 턱에 줄을 하나 그어놓은 것 같은 수많은 친스트랩 펭귄들이 갓 태어난 등은 회색, 가슴은 하얀 털로 감싼 새끼 펭귄들과 함께 살고 있었다.

이들은 이곳에서 가장 따뜻한, 그리고 바람이 불지 않는 돌 틈 사이 등 안전한 장소에 자갈로 둥지를 만들어 그곳에다 알을 낳고 새끼를 키우고 있었다. 자갈 둥지를 만들기 위해는 펭귄은 둥지에서 바닷가까지 걸어가서 한 개의 자갈을 주둥이에 물고 다시 둥지로 돌아와야 한다.

수 십 번 내지 수 백 번을 왔다갔다한 연후에 둥지가 완성되면 그곳에다 알을 낳는데 자갈을 물고와야 하는 수고를 덜기 위해 남이 가져다 놓은 자갈을 훔쳐가는 얌체 펭귄도 있다 한다. 또 어떤 펭귄은 아직도 알을 품고 있었는데 펭귄 박사님에 의하면 새끼가 부화해도 자랄 수 있는 시간이 얼마 없어서 겨울이 닥쳐오면 추운 겨울을 지내기가 어려워 죽게 될 것이라 하였다. 저 어미펭귄은 무얼 하다 저리도 늦게 알을 낳았고 그리고 아직도 품고 있나?

자기 자식이 죽을 지도 모른다는 것을 알고 있기나 한지?

펭귄은 3년마다 알을 2개씩 낳아 품고 새끼를 키우므로 한번 실패를 하면 다시 3년을 기다려야 한다. 또 이곳은 스쿠아(skua)들도 서식하고 있었고 둥지엔 두 마리 정도의 새끼들이 어미의 보호를 받으며 자라고 있었다. 이 새들은 짙은 갈색이고 날개 끝은 하얀색이며 날개를 피면 길이가 약 2-3미터 정도인 매처럼 사나운 새이다. 이 스쿠아는 발에 물갈퀴가 있어 바다에서도 살수 있으며 주로 펭귄 알이나 펭귄 새끼를 잡아먹는다. 실지로 이 섬에서 우리들은 이 새가 새끼 펭귄을 잡아먹는 모습을 볼 수 있었다. 이 새의 색깔이나 둥지의 색깔이 주위의 바위 색과 비슷하므로 조심하지 않으

면 그들의 둥지를 침입할 수 있다. 이 새들은 이 섬의 독재자처럼 누구던지 자기 새끼 옆에 어느 정도 가까이 오면 소리를 지르기도 하고 낮게 날면서 쪼을 것 같이 위협을 가함으로 자기영역에 가까이 온 것을 경고한다.

우리 일행인 일본인 나까유기씨도 모르고 그곳을 갔다가 이 어미 새로부터 돌멩이 공격을 받고 혼이 난 적이 있었다. 다행이 두툼한 방한모자를 써서 다치지는 않았지만 얼마나 놀랐는지 그 이후엔 절대로 혼자 다니지 않고 여러 사람들과 동행한다고 했다. 스코틀랜드(Scotland)에서 오신 교장 선생님인 존(John)은 추운 이곳에서도 킬트(kilt, 영국남자들이 입는 치마)를 입고 스포란(sporran, 허리에 차는 핸드백)까지 한 정장을 하고 눈 속을 걸어 다닌다. 춥지도 않는지……

우슈아이아를 떠나 오늘 처음으로 파란 하늘을 보았다. 파란하늘에 하얀 눈 덮인 산. 하얀 바다에 둥둥 떠있는 푸른 빙산들.

우린 앞 사람의 발자국을 따라 일렬로 눈 덮인 산을 올라가선 다시 일렬로 차례차례 내려온다. 잘못하면 눈 속에 빠질 수가 있기 때문이다. 그래서 우리들도 "사람 하이웨이"를 만들고 그곳으로만 다녔다. 펭귄들이 "펭귄 하이웨이"로 그렇게 뒤뚱거리고 걸었을 때 우리들이 웃었는데 이제는 펭귄들이 우리를 보고 웃게 생겼다. 우

위. 바다물위에 떠있는 작은 빙산 조각들
아래. 스코틀랜드 킬트를 입은 교장 선생님 존

리들이 걸어 다녔던 "사람 하이웨이"의 흔적만 남겨 놓고 우리를 태운 상륙정은 얼음을 헤치며 그곳을 떠났다.

6. 파라다이스 항구(Paradise Harbor)

멀리 보이는 거대한 빙벽, 배는 오후에 다시 우리를 파라다이스 항구에 내려놓았다. 땅에 내리자마자 우리들은 2 마리의 바다표범 (leopard seal)이 누워 뒹굴고 있는 곳으로 갔다. 방금 점심식사로 펭귄을 먹었는지 바다표범한테서 펭귄냄새가 물씬거렸다. 동그란 두 눈을 껌벅이며 천진난만하게 누워있는 이 바다표범이 그리도 사나운 짐승이란 말인가?

우리들은 다시 "사람 하이웨이"를 만들며 높은 산까지 올라가서 눈에 누워 가파른 빙하 산을 미끄럼 타며 내려왔다. 펭귄은 배로 미끄럼을 타고 내려오고 사람들은 엉덩이로 미끄럼을 타고 내려온 것만 다를 뿐이다. 펭귄 동네에 와서 인지 몰라도 우리는 펭귄처럼 하는 행동이 매일매일 하나 둘 늘어갔다. 오래 이곳에 살다간 펭귄가족이 될 지도 모르겠다.

내려와보니 내 등에는 눈이 가득하였다. 등에 들어간 눈을 털다 자세히 보니 이들은 아주 작은 얼음 알들이었다. 난 옆에 흐드러지게 널려 있는 눈 같은 얼음을 한 움큼 집어 입 속에 털어 넣었다.

와~ 깨끗하고 짜릿하게 찬 얼음들이 내 입 안에서 녹아 내리고 그

상륙정과 우리 탐험선

맛은 다른 어떤 순수한 맛에 비길 바가 없었다. 맛도 있거니와 재미도 있고 또 이곳이 아니면 어디서 이렇게 먹어볼 것인가 하고 몇 번 집어먹었더니 이젠 입안이 얼얼하고 추위가 몰려와 으슬으슬 하다. 배로 돌아가 뜨거운 차라도 마시며 몸을 녹여야겠다고 생각하며 발길을 돌리는데 펭귄 한 마리가 얼음을 베고 누워있었다. 죽은 것 같아 가까이 가니 고개를 벌떡 든다. 난 추워죽겠는데 얼음 베개를 하고 자다니……

파도에 떠밀려 모래사장까지 온 작은 빙산을 보고 만지작거리며 있었더니 이제는 이까지 덜덜 떨린다. 상륙정을 타고 배로 돌아왔는데 먼저 온 상륙정의 사람들이 배로 올라가고 있어 우리는 조금 기다려야 했다. 우리 상륙정 드라이버인 파블로(Pablo, 칠레에서 온 남극을 무척 사랑하는 청년)가 얼음을 피해 배 머리 쪽으로 우리를 데리고 가서 대기하고 있다. 그런데 갑자기 맞은 편 빙벽에서 엄청난 것이 무너지는 굉음이 들려왔다. 돌아보니 빙벽이 무너진 곳에선 빙벽 높이만큼이나 높게 솟구친 하얀 물기둥이 다시 떨어지며 옆 빙벽을 쳤는지 그 옆에 있는 빙벽이 종잇장처럼 힘없이 계속 무너져 내리며 하얀 폭포 같은 물기둥이 여기저기 생기면서 그 여파로 집채 같은 에메랄드 색깔의 파도를 만들어 우리 쪽으로 밀려오는 게 아닌가.

너무나 순간적으로 일어난 이 모든 일들을 어찌 감당해야 할지……. 너무나 무섭고 두려워 나도 모르게 "lets go" 하며 소리를 질렀다. 모두들 입을 다물지 못한 채로 멍하니 빙벽만 쳐다보다가 배로 올라왔다. 라운지로 가서 따뜻한 물을 마시니 두렵고 얼어붙었던 장이 녹는지 오장육부가 찌르르 한다. 방으로 돌아가서 뜨거운 물로 샤워를 하고 창문을 통하여 밖을 보니 온통 얼음조각으로 가득 찬 바다 위엔 얼음 때문에 배로 접근 할 수 없는 우리 배의 상륙정들이 여기저기 물 위에 떠 있었다. 궁금하여 얼른 옷을 갈아입고 밖으로 나가니 우리 배는 완전히 얼음으로 둘러 쌓여져 있었고 우리 배에서 무너졌던 빙벽까지의 바다도 온통 얼음으로 뒤덮여 있었다. 이렇게 얼음이 밀려오는 시간이 5분도 걸리지 않았다고 한다.

빙벽이 무너지는 것을 영어로 "캐빙(Calving)"이라 하며 엘(l) 발음은 하지 않는다. 이 역사적인 순간을 목격한 파블로의 상륙정에 탄 6명의 승객과 그 순간을 재빠르게 비디오로 담은 남편은 금새 이 배 안에서 유명인사가 되었다. 나는 그제서야 왜 배가 늘 빙벽 가까이 가지 않고 1-2킬로미터 떨어진 곳에 정박하는지 이유를 알게 되었다. 그리고 이렇게 빙벽이 무너져 내리는 것이 얼마나 위험한 일인지도 알게 되었다.

순식간에 무너진 작은 빙벽으로 인해 이 넓은 바다는 얼음으로 온통 뒤덮여졌는데도 그 빙벽은 아무일 없었던 것처럼 떨어졌던 흔적조차 보이지 않고 그대로 서있었다. 여기저기 둥둥 떠있는 크고 작은 빙산들이 금새 빙벽에서 떨어져 나온 것들인데도 도무지 실감이 나지 않았다. 도대체 저 빙벽의 높이는 얼마나 될까?

이 남극에서도 제일 두꺼운 얼음이 있는 곳은 윌키스섬(Wilkes Island)이고 그 높이가 자그마치 4500미터나 된다고 하니 가히 짐작을 할 만하다. 이 남극은 지구에서 가장 건조하여 일년에 2인치 정도의 눈이 내린다고 한다. 일년에 내리는 눈이 5.0 센티미터이면 몇 년이 걸려야 1000미터나 되는 빙벽이 만들어 질까?

지금 남극에선 그 빙벽 속에 얼음을 분석해서 만년 아니 십만 년 전의 일어났던 어떤 사실들을 밝혀내는 연구가 활발하다고 하니 과학의 놀라운 발달이 경이로울 뿐이다.

하나 포인트에 살고 있는 물개 부부

7. 하나포인트(Hana Point)

이 세상에서 가장 바람이 세게 분다는 이곳 남극! 바람은 속도와 강도에 따라 다음과 같이 분류 된다고 한다. 가장 약한 것을 고요(calm) 그 다음을 산들바람

(breeze), 다음이 큰바람(gale), 노대바람(storm), 마지막으로 가장 무서운 바람을 싹쓸바람(hurricane)이라고 한다. 뉴스 시간에 종종 노대바람이 온다고 하면 제법 센 바람이고 카리브 해안(Caribbean)이나, 플로리다, 텍사스에 부는 허리케인은 집이나 농작물 등등을 초토화 시키는 것이 보통일 만큼 무시무시한 것이 일반적이다. 이곳 남극의 바람은 인도양에서 발생하는 사이클론(Cyclone)이나 남태평양에서 생성되는 태풍(Typhoon), 또는 카리브에서 불어오는 허리케인 같은 특성은 아니지만 끊임없이 시속

오수를 즐기는 물개

200마일로 불어대는 바람으로 허리케인을 능가할 만만치 않은 것이라 한다.

그렇다면 겨울엔 섭씨 영하 80도 이하로 수은주가 뚝- 떨어지게 추운 이곳에 과연 어떤 동물들이 살아갈 수 있을까? 특히 꽁꽁 얼어붙은 바닷물 속에는 어떤 고기들이 살까?

아이스 피쉬(Ice fish)를 비롯하여 약 120 종류의 고기가 바다 아주 깊은 곳에 산다고 하지만 열흘이나 있는 동안 한 마리도 보지는 못했고 펭귄들의 먹이인 새우(krill)들만 엄청나게 많이 살고 있었다. 펭귄 입 속은 바늘 같은 것들이 목구멍을 향해 뻗어 있으므로 한 번 입 안에 들어가기만 하면 아무것도 밖으로 나올 수가 없다. 그래서 마구 머리를 흔들어대며 먹은 것을 토해 새끼를 먹이는 어미의 모습은 처절하기조차 하였다.

왼쪽 해변에는 파도에 밀려왔는지 아니면 오랫동안 그곳에 있었는지 알 수 없는 고래 등뼈가 하나 놓여 있었다. 그 고래 등뼈의 커

다란 구멍 사이로 머리에 노랑 수술을 메달은 것 같은 마카로니 펭귄이 왔다 갔다 한다. 이 종류는 주로 남극연안 섬(Sub Antarctica Island)에서 서식하는데 어찌하여 이 멀리까지 왔으며 돌아가지 못하고 혼자 이곳 저곳 기웃거리며 다른 펭귄과 어울리지도 못하고 따돌림을 받고 있는가? 친구와 같이 왔으면 좋으련만⋯⋯

앞으로 이 펭귄이 어떻게 살아갈 것인가가 하릴없는 우리들의 걱정거리가 되었다. 걱정도 잠시 우리들은 또 다른 볼거리들을 보기 위해 배를 탔다. 우리들은 물개들 중에서도 가장 큰 해상 또는 해마(elephant seal)의 서식지인 하나 포인트(Hana point)로 갔다.

우리들이 본 이 물개들은 성인이 아닌 10세 정도 되는 청소년 물개들이었다. 눈을 껌벅거리는 놈, 고개를 들고 고래고래 소리지르는 놈, 물개 손 끝에 매달려 있는 손톱으로 등을 북–북– 긁는 놈, 나 죽었다라고 잠만 자는 놈, 그 옆을 왔다갔다하는 펭귄들... 이 코끼리해마(elephant seal)는 수놈 성인의 길이가 6–7 미터이고 몸무게는 4톤 정도이며 암놈은 3.5미터 길이에 몸무게는 1톤 정도이다. 아시다시피 이 물개는 정력이 좋아 수놈 한 마리가 암놈 20–30 마리를 상대한다니 우리네 남정네들이 왜 그리도 원하는지 알만하지 않습니까? 다른 쪽에는 해구(fur seal) 두 마리가 사이 좋게 놀고 있다. 우리를 위해 포즈도 취하며 왔다 갔다 쉴 사이 없이 분주하다. 이 물개는 수놈이 2미터 몸무게는 100킬로그램이니까 그리 크지 않고 암놈은 1.5 미터에 몸무게도 50킬로그램 밖에 되지 않는다. 이 종류는 수놈 한 마리가 4–5마리의 암놈을 상대하고 아기는 한 마리씩 11–12월에 출산하여 3년 정도가 지나야 성인이 된다.

여행사 주인을 엄마로 둔 캘리포니아에서 온 금발의 뚱보 아가씨가 해변가에 누워 있으니 꼭 흰 물개가 누워있는 것 같다고들 수군 댄다. 그 외에도 은빛 색깔의 검은 점이 콩콩 박혀있는 웨델 바다표범(Weddell seal), 겨울엔 짙은 회색이나 여름엔 은빛 흰색으로 변하는 게(crab)을 잡아 먹지도 않는데 억울하게 붙여진 이름의 크렙이터 해구(Crabeater seal), 암놈이 수놈보다 더 크고 사나운 바다표범(leopard seal) 등등 이 이곳에서 살고 있다. 저녁을 먹은 후 아직도 환한 이곳에서 우리는 상륙정을 타고 빙산 구경에 나섰다. 둥둥 떠 다니는 빙산 위에 누워있는 바다표범들은 자기를 찾아준 관객들에게 소리를 지르며 입을 벌려 펭귄냄새가 물씬거리는 목구멍까지 내 놓은 채 자기를 뽐내며 자랑하고 있었고 멀리 혹은 가까이 보이는 빙산들은 파도에 출렁거리며 이상한 휘파람 같은 소리를 냈다. 얼음이 가득한 바다를 조심스럽게 다니며 하늘과 산과 거대한 빙하의 계곡들을 둘러보며 보아도 지치지 않은 경치를 만끽하고 있다. 자연은 자연 그대로가 아름답다. 이 거대한 빙하, 거대한 빙산 이곳에 아주 작은 내가 있다.

8. 빌헬미나만(Wilhelmina Bay)

오늘은 빌헬미나만으로 고래구경을 떠났다. 여러 대의 상륙정이 앞서거니 뒤서거니 하며 둥둥 떠다니는 빙산들을 구경하고 다녔다. 1930년경 이곳으로 고래잡이 왔었던 배가 난파선이 되어 한 반 정도 침몰되어 있었다.

지금은 새들의 둥지가 되어버린 녹슨 배도 구경하며 한가롭게 다니다가 갑자기 우리 상륙정 드라이버가 속력을 내며 다른 배들을 뒤로 제치고 막 달리기 시작했다. 우리 상륙정 드라이버인 마크(Marc)는

남극의 빙벽과 파손된 채 남아있는 배

원래 "개 썰매"를 몰았던 캐나다 청년이다. 그러다가 친구의 소개로 이곳 남극에 와서 아름다운 이곳 경치에 매료되어 상륙정 드라이버로 일하고 있다고 한다. 마크는 한 20-30분 정도 달리더니 엔진을 끄고 우리들에게 고래 숨소리에 귀를 기울이라고 한다. 그러나 내 귀에는 아무 소리도 들리지 않고 빙산에 부딪치는 파도 소리뿐 그야말로 적막강산이다. 그러다가 한 사람이 갑자기 "저기, 저기" 하는 소리에 그 쪽을 바라보니 저 멀리서 고래 한 마리가 모습을 조금 보여주더니 곧 물 속으로 들어가 버린다. 또 반대 쪽에서 고래가 품어내는 물 기둥이 희미하게 보인다. 그리곤 사라져 버린다. 부끄러워서인가? 멋진 모습을 보여 주지 않는다. 그리곤 다시 나타나지 않았다.

실망한 우리 상륙정 드라이버는 다시 엔진을 걸고 약 5분 정도 해안 쪽으로 가는데 정면에서 한꺼번에 3마리의 낙타(humpback) 고래가 동시에 등을 물 밖으로 내놓더니 다시 물 속으로 들어가며 멋쟁이 꼬리로 우리들에게 환영식을 했다. 우리 승객 6명은 흥분하여 모두 벌떡 일어나 "여기! 저기!" 하며 아우성이다. 이때까지는 안전 수칙을 지키기 위하여 이 배 안에서 서려면 꼭 "내가 선다."라고 큰 소리로 말하여 다른 사람은 모두 앉고 오직 한 사람만 설 수 있는 게 법처럼 되어 있었다. 그런데 우린 너무 흥분한 나머지 모두 다 서 버린 것이다. 마크는 깜짝 놀라 "sit down, please(앉으라)"라고 하는 소리에 우리는 정신을 차리고 제자리에 앉아서 흥분을 감추지 못하고 어느 쪽에서 다시 고래가 나타나는가 사방을 둘러 보기 바빴다.

내 앞에 앉아있던 포르투갈에서 온 아저씨가 갑자기 소리지르며 손짓을 하는데 가리키는 쪽을 바라보니 배에서 약 5-7미터 떨어진 그곳에 큰 고래가 막 물 속으로 들어가는 모습이 보였다. 어마어마하게 큰 꼬리(flukes)를 바다 위에 쫙 피고 얼룩덜룩한 회색 꼬리를 자랑하듯 보여주고는 물 속으로 쑤-욱 들어갔다.

순간 우리가 탄 상륙정은 고래의 움직임 때문에 만들어진 파도에 출렁거리고 경이롭고 무서움이 엇갈린 우리들은 배의 밧줄만 움켜잡고 물결치는 대로 흔들거린다. 나는 아무 말도 못하고...

연이어 여기저기서 나타난 대여섯 마리의 고래들은 우리 배를 둘러싸고 빙글빙글 돌면서 등으로 푸~우하고 물을 품어내고는 고래등이 물 밖으로 나왔다가는 곧 물속으로 들어갔다. 이럴 때마다 커다란 꼬리를 자랑하고는 물 속 깊이 들어갔다가 다시 나왔다. 이렇게 여러 번 반복하면서 우리들에게 무한한 즐거움을 안겨 주었다. 처음에는 흥분되고 두려웠지만 조금 시간이 지나니 마음의 여유가 생겼다. 이제는 멋있는 사진을 찍기 위해 마음속으로 "one, two, three" 하면서 고래꼬리 사진을 수없이 찍어댔다. 산도 하늘도 바다도 온통 하얀 이곳에서는 사진기의 뷰어(viewer)마저도 흰색에 반사되어 아무것도 보이지가 않아서 나는 대충 어림짐작으로 적당하게 찍을 수 밖에 없었다.

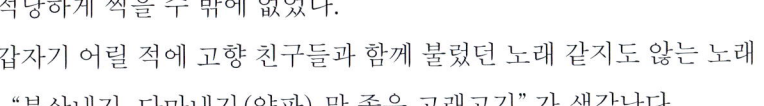
위. 떠다니는 빙산조각
아래.함께 여행한 우리
일행들.

갑자기 어릴 적에 고향 친구들과 함께 불렀던 노래 같지도 않는 노래 "부산내기, 다마내기(양파) 맛 좋은 고래고기"가 생각난다.

6.25 피난시절 부산에서 살았던 나의 남편은 그 곳에서 고래고기를 먹은 경험이 있다고 한다. 그이가 전쟁경험담을 이야기 할 때는 쇠고기보다 더 맛이 좋았다고 자랑을 한다. 고래고기는 정말 맛이 있을까?

아무튼 난 이곳 남극에서 몇 종류의 고래는 직접 보기도 했고 고래 박사님의 강의도 들었다. 남극에 살고 있는 75종의 고래는 크게 두 종류로 나눈다고 한다. 이빨을 가진 종류와 참빗살 같은 "발린 (baleen)"을 가지고 있는 종류로 나뉘어 진다.

샌디에고, 씨월드(San Diego, Sea World)에 있는 우리가 흔히 부르는 범고래(killer whale)인 "Orca"를 비롯한 고래들(sperm whale, southern bottlenose whale)은 전자에 속하며 낙타고래 (humpback whale)이나 대왕고래(blue whale) 그리고 밍크고래 (minke whale)는 후자에 속한다. 내가 남극을 여행하면서 만나 본 고래는 낙타고래와 밍크고래뿐이었다. 그리고 대왕고래는 여름은 남극에서 겨울은 북극에서 지나는데 그 몸무게가 무려 84톤, 길이는 24미터(79피트)이라고 한다. 고래에 대하여 강의하시는 박사님께서는 그 크기가 큰 코끼리 8 마리를 일렬로 세워놓은 길이로서 가장 큰 고래라고 설명하신다.

그러나 1950년 무렵 마구잡이 고래사냥으로 현저하게 그 수가 줄어들어 현재는 1,000-5,000 마리만 남아서 멸종위기에 처해 보호받고 있는 고래이며 이들이 떼를 지어 남극에서 북극으로 또 북극에서 남극으로 태평양 연안 가까운 곳을 따라 이동하는 것은 장관이라 한다.

아마 롱비치(Long Beach)나 산페드로(San Pedro)에서 출발하는 배를 타고 멀리 해상으로 나가서 이 고래의 이동(migration) 구경을 하러 가신 분들도 많을 것이다. 이들 발린고래들은 덩치는 크지만 먹이를 씹을 이빨도 없고 목구멍은 오렌지 정도의 크기이므로 펭귄들과 마찬가지로 플랑크톤이나 새우를 잡아먹고 산다.

우리는 성경에 나오는 "요나"가 "니누에 성"으로 가라는 명령을 받고 가지 않자 풍랑을 일으키어 잠시 고래 뱃속으로 들어갔다가 살아나온 이야기, 또 이탈리아의 동화 "피노키오"에서 고래 뱃속에 들어간 피노키오가 막대기로 쿡쿡 찔러 살아나오는 등의 이야기에 매

우 익숙하여 사실인 것처럼 믿으신 분들도 많을 것이다. 나 자신도
그렇게 믿었던 사람 중에 하나이다. 그러나 사실이 그렇지가 않다
는 고래 박사님의 명강의를 듣고도 좀처럼 믿어지지 않는 것은 무
엇 때문일까?

이빨이 있는 고래 중에서는 향고래(sperm whale)가 가장 커서 몸
무게가 30톤 길이는 14미터이며 보통 범고래(orca)는 몸무게가
4톤 길이가 7미터로 고래사회에서는 제법 작은 고래에 속하지만
가장 영리하고 삶에 대한 애착이 강한 종류이다.

믿거나 말거나 이 범고래는 엄마 고래가 가정의 중심이 되는 모계
사회체제를 유지하는 포유류동물로서 가족이 함께 대화하며 공동
생활을 하고 사는 수준 높은 영리한 물속의 황제들이다. 이 고래의
몸은 검은 색깔이나 눈 옆에서 귀 쪽으로 그리고 턱 밑에 하얀 점이
있는 것이 특색이다.

수놈의 평균수명이 한 60년, 암놈은 60−90년이며 암놈은 이 동안에 약 5마리의 새끼를 낳는다. 갓 태어난 고래새끼의 사망률은 40%이므로 암놈 한 마리가 평생 성공적으로 낳아 기를 수 있는 새끼 수는 3마리 정도이고 번식하는 데는 오랜 시간이 걸리기 때문에 고래박사님들의 걱정은 이만 저만이 아니다. 또 갓 태어난 새끼 고래를 영어로 "calf"라고 부르며 처음 4−6년 동안은 어미고래와 같이 다니면서 어미의 젖을 먹고 자란다. 날카로운 44개의 이빨을 가지고 있으며 주로 물개나 펭귄을 잡아 먹고 절대 사람은 잡아먹지 않는다고 한다.

아마 범고래(Orca)가 사람을 물었다면 그것은 그 사람의 입은 옷(wet suit) 때문에 물개처럼 보였기 때문이었을 것이라고 힘주어 이야기하는 고래박사님께서는 살인고래(Killer whale)이란 이름은 범고래에게 억울하게 붙여진 잘못된 이름이라 한다. 이 세상에 억울한 것이 어디 이것뿐이랴?

참아라! 참는 자는 복이 있으리라!

우리들은 시간이 허락하는 대로 갑판에 올라가서 병풍처럼 둘러싸인 눈 산을 바라보고 바다에 둥둥 떠다니는 크고 작은 빙산들을 보며 풀리지 않는 숙제장를 덮어버린 학생처럼 그냥 멍하니 그렇게 서 있

함께 여행한 사람들

을 때가 많았다.

산타로사(Santa Rosa)에서 온 베티와 폴란드에서 온 처녀 TV프로듀서 아가씨, 오스트레일리아에서 온 엘라인과 알란, 인도 선박회사의 거부 부부, 그리고 영국에서 오신 포니테일(pony tail) 아저씨 등등 이렇게 우린 모두 한 가족이 되었다. 그리고 우린 "Little red ship"인 엠에스 익플로러를 타고 옛부터 있었던 그렇지만 알려지지 않았던 아무나 쉽게 갈 수 없는 신비의 싸인 대륙, 그래서 1818년 처음으로 고래사냥 배가 Shetland에 온 것을 시작으로 수많은 용기 있고 모험심 강한 많은 탐험가들의 끊임없는 노력으로 발견된 이곳을 찾아왔다. 수 많은 탐험가들은 이곳에서 추위로, 기아로, 또는 질병(특히 비타민 결핍증)으로 죽어갔단다. 그러나 그들의 끊임없는 노력으로 이제 우린 쉽게 이미지의 땅을 찾아올 수 있게 된 것이다. 예전엔 누구든지 먼저 와서 깃대를 꽂으면 자기 땅이 되는 곳이었단다. 그러나 지금 이곳은 이곳에 주둔하고 있는

위. 함께 여행한 사람들 가운데. 캐나다 청년 마크와 함께.
맨아래. 고래에 대한 강의를 한 고래박사님.

모든 국가들이 공동조약(treaty agreement)을 만들어 인류 발전에 공헌하는 일들만 할 수 있도록 하고 있다. 이곳에는 세계 각국에서 만든 약 70개의 베이스가 여기저기 산재해 있는데 나라별로 보면 아르헨티나는 13개, 러시아는 12개, 미국과 칠레는 각각 7개, 독일과 오스트레일리아는 6개, 영국은 5개, 일본과 브라질은 3개, 스페인, 뉴질랜드, 남아프리카는 2개, 중국, 인도, 프랑스, 폴란드, 우루과이, 이탈리아 그리고 우리의 조국 대한민국이 각각 1개의 베이스를 소

내셔날 지오그래픽
사진작가 케난와드
와 함께

유하고 있다.

우리나라 베이스 이름은 "세종대왕"이라고 부르며 영어로는 "King Sejong"이라 부른다. 우리나라도 한 개의 베이스를 갖고 있다는 것이 나에게는 그렇게 기분 좋을 수가 없었다.

남극에 떠다니는 아주 큰 빙산엔 다 이름들이 붙여져 있는데 맥머도(Mc Murdo) 해협을 떠도는 길이 160킬로미터, 면적 3,100평방 킬로미터의 거대한 빙산 B-15A의 소식을 들었다.

2000년 3월에 빙벽으로부터 떨어져 나온 것 중 가장 큰 이 빙산이 여기저기 떠돌다가 맥머도 해안 5 킬로미터 지점에서 멈추어 더 이상 움직이지를 않게 되었다고 한다.

이렇게 되면 이 거대한 빙산이 바다의 조류를 막게 되므로 이곳 맥머드 해협에 겨울이 오면 얼음이 더 두껍게 얼게 되고 플랑크톤이나 새우들이 자라기 어려운 환경이 되므로 이곳에 사는 펭귄이나 다른 동물들은 먹이를 구하기 위해 더 멀리 걸어 가야 하기 때문에 어린 동물들은 물론 성년동물들에게도 많은 어려움이 있을 것이라 한다.

나는 남극에서 수영은 못했지만 주로 추운 지방에서 온 사람들은 얼음이 둥둥 떠있는 남극의 바닷물 속에 들어가 수영을 하기도 했다. 특히 스코틀랜드에서 온 존은 "얼마나 추웠느냐?" "수영할 만 하냐?" 등의 물음에 그는 "난 언제 죽어도 괜찮다. 울어줄 사람이 없으니까. 그래서 한 번 해보았다"라며 눈시울을 적셨다. 그는 아내와 사별 후 괴로움을 잊기 위해 여기저기 여행을 다닌다고 했다. 난 그의 말을 듣고 가슴이 찡-했다.

빙산은 모양도 크기도 달랐다.

정말 산같이 생긴 것, 아취모양으로 생긴 것,

그리스 신전 같은 모양,

또 큰 상처럼 생긴 것 등등.

이 바다에 둥둥 떠다니는 수많은 빙산들!

여기저기 흘러내릴 것 같은 빙하의 골짜기!

눈을 감으면 나타났다가 눈을 뜨면 사라져 버리는 꼭 꿈만 같은

이 남극여행은 나의 추억 속에 오랫동안 남아있을 것이다.

끝으로 이 여행을 할 수 있도록 용기를 준 나의 아이들에게 감사한

다.

2007년 11월 23일 나를 남극에 데리고 가서 여기저기 함께 다녔던

엠에스 익스플로러, 일명, "작은 빨간 배"가 남극의 빙하에 부딪혀 남

극의 찬 바다 속으로 가라앉아 버렸다는 소식을 접했다.

다행히 배에 탄 모든 사람들은 구조된 후에 배는 서서히 가라앉아 역

사 속으로 사라졌다고 한다.

안녕!

작은 빨간 배야, 고마웠다.

왼쪽. 수많은 빙산 앞
애 선 필자
오른쪽. 빙하를 미끄
럼 타고 내려오는 필
자의 남편

중국의 운난성

운난성 (Yunnan)

1. 머리말

중국 남서쪽에 위치해 있는 운난성(Yunnan)은 394,000평방 킬로
미터 면적에 아름다운 산과 강, 호수들이 있다. 인구는 약 6백만 명
이며 도청 소재지는 곤명(Kunming)이다. 이곳 저곳에 자리 잡은 소
수 민족들이 자기 종족끼리만 모여 살고 있어 도시마다 각양각색의
독특한 의상과 그들만의 전통을 지키며 산다. 마치 다른 나라를 방문
하는 느낌이 드는 곳이다.

구름아래의 마을이란 뜻을 가진 이곳은 일년 열두 달 내내 봄날처럼
따뜻하고 사시사철 온갖 꽃들이 만발하여 경치가 매우 아름답다고
한다. 그래서 무릉도원 같은 이곳을 찾는 내외국 관광객이 끊이지 않
는다. 남으로는 월남과 미얀마와 국경을 접하고 있는 중국의 서남쪽
에 있는 자치구로써 전 중국에 살고 있는 56개의 소수 민족 중 52족
이 이곳 운난성에 흩어져 살고 있다.

나는 이번 여행에서 이(Yi)족, 야오(Yao)족, 바이(Bai)족, 묘

(Myo)족, 낙씨(Naxi)족, 무수(Muso)족, 장(Tibet)족 등을 만나고 그들이 사는 곳, 그들의 전통과 습관 등 그들만의 생활상을 보려고 한다.

곤명을 시작으로 대리(Dali)를 거쳐 북으로 올라가 여강(Lijiang), 루구 호수(Lugu Lake), 그리고 티베트을 느껴볼 수 있다는 종디안(Zongdian)을 방문할 계획이다. 월남이나 라오스에서 만난 소수민족들인 후몽족들과 이들의 생활이 얼마나 비슷할 지도 궁금하였다.

로스앤젤레스(Los Angeles)에서 서울까지 비행기로 13시간, 그리고 서울서 곤명까지 4시간 20분이 걸린다. 곤명 공항은 북경보다는 작은 규모이어서인지 한결 간단하게 입국 수속을 할 수 있었다. 고도가 높은 악조건 속에서 전지훈련을 하러 왔다는 한국에서 온 한 운동선수도 만났고 그 선수를 도와 줄 몇 명의 훈련 보조원도 함께 만났다. 선수 하나를 키워내기 위해 이러한 노력과 투자로 그렇게 많은 훌륭한 체육인이 탄생하는가 보다.

하나 둘 짐을 찾아 공항을 떠나는데 아무리 기다려도 내 가방 하나가 나오지 않는다. 공항에는 영어하는 사람을 찾기도 마땅치 않고 밤 비행기라서인지 공항에서 일하는 사람도 몇 명밖에 없어 하는 수 없이 밖에서 우리를 기다리는 안내인에게 도움을 청했다. 결론은 내 가방이 아직도 서울에 있다는 것이다. 그리고 다음에 오는 비행기 편으로 보내준다고 하였다. 참고로 서울과 곤명은 일주일에 3편의 비행기가 다닌다. 그러니 사흘 후에야 내 짐이 온다는 것이다. 짐이 올 때쯤은 나는 벌써 다른 도시로 떠난 후 일 것이라는 것을 설명하며 선처를 부탁하였더니 북경을 경유해 다음날 호텔로 도착하게 해줄 테니 일단 호텔로 가서 쉬라고 한다. 달랑 가방 한 개만 가지고 여행하는 나에게는 오늘밤에 입고 잘 옷도 없다. 다행히 화장품과 세면도구, 녹음기, 카메라 등 중요한 물건들은 백팩에 넣어 다니기에 그렇게 하도록 부탁하고 공항을 빠져 나왔다. 입국 수속도 하지 않은 채 말이다. 내일은 꼭 짐이 도착해야 하는데… 가방이 도착하지 못해 어두웠던 내 마음은 공항을 벗어나자마자 말짱하게 잊어버린 듯 금세 밝아졌다.

대리에서 온 23살짜리 안내원 쉐리는 내 기분을 아는지 모르는지 지금 중국의 폭발적인 인구 증가를 막기 위한 정책부터 설명을 한다. 쉐리는 한족인 어머니와 이족인 아버지 사이에서 장녀로 태어났다. 가족들은 아직 대리에 살고 있지만 혼자 이곳에서 일하며 대학에서 경영학 공부를 한다고 하였다. 참으로 꿈이 야무진 아가씨다.

중국에는 초등학교에서 중학교까지 9년 동안은 의무교육으로 무료이지만 고등학교부터 대학은 자비부담이기에 가정이 여유가 없는 쉐리는 학비를 벌기 위해 일한다. 내가 학교를 다니던 1950년도나 1960년도에는 소위 "고학생"들이 많아 그 사연을 잘 알기에 가슴이 뭉클했다.

중국의 큰 도시에 사는 사람들은 한 명의 자녀만 낳을 수 있고 시골에 사는 사람들은 아들, 딸 상관없이 2명까지 낳을 수 있단다. 또 소

이족 여인과 아이들

묘족 여인의 의상

수 민족들도 2명의 아이를 가질 수 있게 정부가 배려한다고 했다.

운난성에 사는 사람들의 종교는 60%가 불교다. 같은 불교지만 남부 운난 사람들과 북부 운난 사람들이 믿는 불교는 좀 다르다고 한다. 버마의 영향을 받은 남부 지방에 사는 운난 사람들은 절은 크게 짓고 작은 불상들을 사용하며 법당 안엔 꼭 한 개의 큰 불상을 놓는데 비해 북부 지방 운난에 사는 다이(Dai)족들은 인도의 영향을 받아 절도 크게 지을뿐더러 불상도 큰 것을 사용하고 법당 안에도 여러 개의 불상을 놓는다고 한다.

호텔 숙박 등록 데스크 뒤로 걸려 있는 액자 속에는 각 소수 민족의 의상과 장식품이 들어 있었다. 그 중 가장 내 맘에 드는 것은 묘족의 의상이었다. 보통 때 입어도 좋을 것 같은데 어디서 구입 할 수 있을까? 사진을 찍어 놓아야 잊지 않을 것 같아서 피곤한 중에도 그 앞에 가서 "찰칵"하고 한 장 찍어 놓았다. 내일 아침 호텔 안의 상점을 뒤져 봐야지.

2. 곤명(Kunming)

(1)석림(Stone Forest)

"곤명에 와서 석림을 보지 못한다면 무얼 하러 곤명에 가느냐?"고 말할 정도로 유명한 "석림"이 곤명에서 그리 멀지 않은 곳에 자리 잡고 있다. 곤명에서 동남쪽으로 80km 떨어진 곳의 "석림(Stone Forest)"은 270만 년 전 바다였던 곳이 지층의 변동으로 인하여 바다 속에서 자라던 산호초들과 석회암이 비바람 등에 깎이고 닳아 오늘날 우리들이 보는 돌 숲을 이룬 곳이다.

해발 1800미터 고지, 4600평방 킬로미터(96,000에이커) 넓이에 산재해 있는 이 광대한 석림의 존재는 1360년 명나라 시대부터 전해 내려왔지만 이곳에 살던 사람들이 발견하였고 이중 350 평방미터만 개발하여 관광객들이 관람할 수 있도록 개방하였다. 이곳에는 약 10,000여 개의 석봉, 석주 석순들이 호수와 어우러져 장관을 이루고 있었다.

석림으로 가는 길목은 10월 말인데도 노란 색, 보라색 들꽃들이 흐드러지게 피어 있었고, 주민들이 사는 집의 평평한 지붕에는 가축들의 사료로 사용될 옥수수를 늘어놓아 마치 지붕이 노랗게 보였다. 또 이곳 사람들이 지붕에 모여 잔치도 한다고 한다. 그러니 집집마다 지붕으로 올라가는 사다리가 있는 것은 당연하다.

약 한 시간 반쯤 유료(35인민폐) 고속도로를 달리니 기기묘묘한 높

코끼리 바위

석림

45

다란 기둥 같은 석림이 하나씩 둘씩 모습을 드러낸다. 이곳에는 소수민족 이(Yi)족 중의 하나인 사니(Sani)족들이 살고 있는 곳이다. 이족은 다른 곳에서 옮겨왔지만 흰색 갈의 옷을 입는 백(white)이(Yi)족과 원래 이곳에 살던 원주민인 흑(black)이(Yi)족으로 나뉜다.

이족들은 빨간 색깔의 상의와 하얀 색깔의 바지를 입고 손으로 수를 놓아 장식한 예쁜 모자들을 쓰고 어깨에서 가슴을 가로지르는 휘장을 하고 있는데 그 휘장에도 예쁘게 놓은 수가 빼곡히 박혀 있었다. 모자 양쪽 위로 세모꼴로 만들어진 것을 달고 있는데 이는 기혼자의 표시이다.

매년 음력 6월 24일이면 이족들의 횃불 축제가 이곳 석림에서 열린다. 이때는 황소싸움, 줄다리기, 씨름 등을 하며 모든 이족들이 모여 즐기는데 볼 만하다고 한다. 특히 입구에서 십자수를 놓고 앉아 있는 사니 여인들은 참으로 고왔다. 붉은 글씨로 석주에 써 놓은 "석림"이라는 글씨 앞에는 이족들의 전통의상을 빌려 입고 사진을 찍는 중국인 관광객들로 북적거렸다. 나도 사진 한 장을 찍으려고 족히 20-30분은 기다린 것 같다.

수놓는 이족 여인들의 모습

대 석림, 소 석림을 비롯하여 코끼리 바위, 콩팥이 좋지 않은 사람이 만지면 병이 나을 수 있다는 콩팥처럼 생긴 신장 암은 너무나 많은 사람들이 만져서 왁스 칠을 한 것처럼 반질반질하게 되어 버렸다. 사람 하나만이 겨우 지나 갈 수 있는 좁은 동굴 통로, 팔짝 뛰어 만지기만 하면 평생 치통이 생기지 않는다는 공룡 이빨석, 병풍처럼 서 있는 병풍석, 바다 속에서 올라 왔다는 것을 증명하는 화석이 박혀있는 석주, 이름도 많고 사연도 많다. 역시 중국인다운 발상이 담긴 이야기들이다.

석림을 걸어 다니며 볼 때는 이 석주들이 아주 높아 보였는데 마지막 코스인 정자 위에 올라와보니 모두 발 아래로 보인다. 이 정자에서는 360도 파노라마 경치를 볼 수 있어 이 석림 전체를 한 눈에 볼 수 있었다. 석림 공원 안에는 군데군데 몇 개의 호수가 있어 이곳의 아름다움을 한층 더했다. 출구 가까운 곳에 자리 잡고 있는 넓은 잔디밭 광장은 옆에 있는 호수와 어우러져 이곳의 흥취를 더욱 돋우어 주는데 이곳에서는 가끔 음악회도 열린다고 한다.

광활한 이곳 석림 공원을 걸어서 돌아보는데 족히 2-3시간은 걸렸다. 석림 공원을 나와 그리 멀지 않은 곳에 있는 식당으로 갔다. 식당 한편에는 마침 유화백이 자기가 그린 묵화와 글을 전시하며 판매하고 있었다. 유화백은 한때 잘 나가는 화가였지만 청각을 잃은 후 현역에서 물러나서 칩거하고 있다가 지금은 여기저기에서 초청이 들어오면 그곳에 가서 그림을 그린다고 했다. 말은 통하지 못하지만 그가 그리는 그림을 보니 힘이 있어 보였고 꽃 그림은 얼마나 색이 화려하고 예쁜 지 마치 진짜 꽃 같아서 나비가 날라 올 것만 같았다. 정신 없이 그림을 구경하고 있는데 쉐리가 와서 "빨리 식사 하라"며 소매 자락을 잡아당긴다.

그림을 그리는 유화백

식탁에는 조그만 옹기 항아리 같은 그릇에 뜨거운 맑은 닭국이 담겨 있었다. 마셔보니 아주 맛이 있었다. 이 닭국은 이 집의 대표 음식이라고 하였다. 또 배추를 넣고 끓인 맑은 국이 큰 사발에 담겨 나왔는데 국물이 시원하고 담백한 맛이 아주 일품이었다. 김치만 있었으면 하는 아쉬움도 있지만 외국에 와서 국에 하얀 쌀밥이면 족하지 않을까? 중국 사람들이 좋아하는 오리 고기는 운전기사와 안내인에게 양보하였다. 여행을 떠나기 전에 미리 내가 먹지 않는 음식의 명단을 보냈는데 오리고기는 한 번쯤 맛보고 싶어 그냥 두었더니 첫 날부터 나온 것이다.

곤명으로 돌아와서 소수민족의 의상 전시관으로 갔다. 3층으로 되어 있는 낡고 오래된 건물 속으로 들어가니 이층부터 물건이 전시되어 있는데 이곳은 주정부와 개인이 합자로 운영하여 이익을 분배한다고 하였다. 각 층은 3개의 홀로 나뉘어져 있었다. 이층은 주로 의상과 장식품이 전시되어 있었고 3층은 더 보존 상태가 좋은 귀한 물건과 그림, 조각, 가구 등이 전시되어 있었다. 여러 소수민족들의 물건들이 사용했던 화려한 색상은 지금에 비해 하나도 뒤지지 않았다. 그들의 옷이나 장식들에는 그들이 얼마나 자식 특히 아들을 귀히 여겼는지 디자인과 무늬, 수예 등으로 표시하였다. 특히 나비, 용, 꽃을 장식에 많이 사용하였다. 묘족의 옷을 사 입고 싶었는데 그들의 왜소한 체격에 입던 옷들은 그냥 눈요기로만 만족해야 했었다.

서울에서 가방이 드디어 곤명 공항에 와 있다는 연락이 왔다. 쉐리는 북경과 서울을 다 거쳐 돌아온 내 가방이 부럽다고 했다. 그 말을 들으니 마음이 찡한다.

오늘 저녁은 이곳의 전통 음식인 "cross bridge rice noodle"을 먹기로 했다. 기름기가 둥둥 뜨는 삼계탕 같은 팔팔 끓는 맑은 국물이 먼저 나오고 뒤이어 쟁반에는 실처럼 가늘게 썰어 놓은 계란 지단, 파, 반으로 짤라 얇게 저며진 새우 두 쪽, 푸른 잎 야채 조금, 얇게 저며놓은 닭고기가 담겨 나왔다. 먼저 국물에 닭고기, 새우, 야채를 차례로 넣으면 금세 익는다. 거기다 갓 삶은 듯 한 약간 굵은 면발의 쌀 국수를 넣는다. 원하면 매운 맛이 나는 양념을 넣을 수 있다. 국물이 시원하고 맛이 있었고 쌀 국수라서 인지 한 그릇 먹고 국물을 마시니 배가 부르다. 곁들인 반찬에는 송이버섯 볶음, 희귀한 야채요리, 죽순요리 등이 나와 입맛을 돋구어 준다. 이 전통음식인 "cross bridge rice noodle"은 이(Yi) 족들의 음식이다.

밭일을 하는 남편을 위해 일하는 장소까지 가지고 나가는 새참 같은

소수민족의상

점심인데 일하는 남편을 위하는 소박한 아내의 마음이 가득 담긴 음식이다. 그래서 이곳을 방문하는 사람들에게는 꼭 먹어보라고 권하는 전통음식이다.

식사 후 우리는 소수민족의 공연을 보러 갔다. "Dynamic Yunnan"이란 이름으로 하는 이 공연은 소수민족의 전통음악과 춤을 보여주는 것이다. A석 입장료 280위엔($35.00)을 내고 앞에서 8번째 줄 가운데 앉았다. 약 70%의 각 소수 민족들은 그들의 고유 의상을 입고 30%의 전문가무단원들과 같이 출연한다.

창조, 해, 땅, 조국, 불, 개척자 그리고 공작의 꿈으로 연결되는 7막의 공연인데 각 무대마다 출연하는 출연진의 수가 50-60명은 족히 넘을 것 같다. 남녀가 각 부족의 독특한 의상을 똑같이 입고 그들의 고유악기를 연주하며 노래와 춤을 추는데 라스베이거스(Las Vegas)의 공연만큼이나 멋있었다. 북을 치며 천지신명에게 생명을 위하는 기원을 시작으로 막이 오른다. 큰 무대를 꽉 채운 많은 사람들의 공연은 볼 만하였고 화려한 의상과 빠른 율동은 흥미진진하였다. 소수민족의 하나인 티베트 족이 나왔을 땐 무대 옆에 쌓아놓은 돌무더기에 실과 돌을 얹고 두 손을 합장하며 무언가 기도를 드리는 장면이 나오는데 나는 티베트 독립을 위해 외국으로 다니는 달라이 라마를 위해 하는 기도라는 생각이 들었다.

원하는 독립이 이루어 지지 않고 중국에 합류된 그 티베트인의 한!
우리나라도 일본 치하 때 수많은 우리나라 독립군들이 중국에 머물면서 나라의 독립을 위해 목숨을 초개처럼 버리지 않았던가?
공연 중에는 사진과 비디오 촬영은 절대 금지라고 하고 중간 중간 경비원이 서 있어 아무도 사진 한 장 찍을 수가 없었다. 마침 극장 앞에

왼쪽. 쇼의 출연진
오른쪽. 소수민족 출연진과 함께

취호의 갈매기

서 막 공연을 마치고 나오는 두 명의 미남 소수민족 청년을 맞나 사
진 찍는 것으로 대신하였다. 안내인 쉐리가 권해서 본 공연이었는데
"참으로 잘 보았다." 라는 생각이 들었으며 곤명에 가시면 꼭 이 쇼
를 보기를 권한다.

(2) 서산공원(West Hill)과 취호(Diachi) 호수

곤명 시내에서 서남쪽으로 약 15킬로미터 떨어진 곳에 취호 공원이
있는데 이 공원 중심에 큰 호수가 자리 잡고 있고 그 옆으로 값 비싼
고급 주택가가 형성되어 있었다. 호수에는 때마침 시베리아로부터
겨울을 지나려고 온 갈매기 떼가 하늘을 뒤덮고 있었다. 바다도 아닌
호수에 웬 갈매기일까?

1985년부터 해마다 겨울이면 어김없이 이곳으로 날아와서 추운 겨
울을 따뜻한 운난에서 지난다는 갈매기들은 관광객들을 환상의 도
가니로 몰아넣기에 충분했다. 빵을 공중으로 던져주면 쏜살같이 내
려와 주둥이로 낚아채서는 곧바로 하늘 높이 올라가는 모습이며 머
리 위를 아주 낮게 날아 가깝게 자세히 볼 수 있어 여간 재미있지 않
았다. 그러나 많은 사람들이 한꺼번에 먹이를 줄 땐 공포 영화의 거
장인 알프레드 히치코크 감독의 "갈매기" 라는 영화 장면이 연상되는

곳이었다.

원래 갈매기란 한두 마리가 넓고 푸른 바다 위를 날며 유유자적하게 비행하여 나에게 늘 낭만적인 새로 자리 매김을 해오던 새였다. 그런데 한꺼번에 수 백 마리가 때로 몰려오니... 어쩌면 내가 들고 있는 빵 때문이라는 생각이 들어 들고 있던 빵 덩어리를 얼른 땅 바닥에 던져 버렸다. 금세 갈매기들은 나에게서 멀리 멀어져 땅 바닥에 떨어진 빵으로 향했다. 결국 빵이 사단이었다.

이 호수 주위는 운동을 하는 시민들, 관광객, 낚시꾼들로 북적거렸다. 원래 이 호수는 곤명호의 한 부분이었지만 세월이 지나면서 수위가 내려감으로 이 호수가 만들어졌다고 하였다. 담수(fresh water)인 이 호수는 약 300 평방미터의 크기로 중국에서 6번째로 큰 호수이며 평균 수심이 4.4미터이라 한다. 이 호수 남북으로 장충과 백학 두산이 마주보고 있고 동서로 금미봉과 벽계봉이 있어 경관이 수려하여 명나라 때부터 많은 사람들이 이곳으로 와 모여 살았다고 한다.

또 곤명에서 빼놓을 수 없는 명소로 "서산"이 있다. 원래의 이름은 벽계산이었지만 많은 사람들에게 "서산" 또는 "수미인산"으로 불려지고 있다. 곤명호 서쪽에 위치하고 있다 하여 서산이라고 불리는 산은 해발 2,500미터에 길이가 4킬로미터인데 공중에서 보면 여인의 누워있는 모습으로 머리카락은 곤명호 호수에 풀어헤친 형상을 하고 있어 일명 "수미인산" 즉, 잠자는 미인이라고도 부른다고 한다. 수미인산이라 부르는 서산에 얽힌 이야기도 중국인다운 이야기다.

위/가운데. 서산(용문교)
맨아래. 소수민족 안내원

51

서산을 올라가는 트렘

옛날에 한 고기잡이 남자와 그물을 엮는 아낙이 서로 사랑을 하며 행복하게 살고 있었다. 어느 날 남자는 사랑하는 여인에게 주기 위해 바다에서만 핀다는 귀한 꽃을 따러 집을 떠나 망망대해로 향했다. 그런데 꽃을 따러 간 사랑하는 이가 영영 돌아오지 않자 아낙은 남편을 잃은 통한과 그리움으로 밤낮으로 울어 그 두 눈에서 흘러내린 눈물이 500리를 흘러 곤명으로 들어와 바로 이 호수가 생겼고 울다 지쳐 기진해 누워버린 그녀의 몸은 산으로 변해버렸단다. 지쳐 누워있는 여인의 머리카락은 마치 호수에 잠겨 흩어져 있어 마치 여인네가 잠자는 듯한 모습을 하고 있다고 하여 "잠자는 미인"이라는 이름이 붙여졌다고 하니 정말 그럴 듯하지 않은가?

이 서산 안에는 화전사, 태화사, 삼청각 등의 고 사찰이 있고 용문 석굴, 천각 석굴 등 볼만한 것이 많이 있다.

차에서 내려 케이블카를 타기 위해 매표소로 향하는 도중 다른 소수민족의 의상을 입은 아가씨들이 눈에 띄는데 의상이 전혀 다른 모습이다. 의상이 독특해서 사진이라도 한 장 찍으려고 하면 곧 옆 사람 뒤로 숨어 찍을 수가 없었다. 특히 그들이 쓰고 있는 은장식이 달린 삼각형의 모자는 아주 예뻐서 우리가 보통 때 써도 될 것 같아 사진을 찍어 나중에 살 때 도움을 받으려고 시도했지만 실패했고 모자 구하는 것을 포기하고 말았다.

케이블카를 타고 약 20-25분 올라가서 정상에서 아래를 내려다보니 그야말로 절경이다. 족히 한 두 명이 걸어 다닐 수 있도록 돌을 깎아 만든 벼랑길을 따라 서산의 이모저모를 구경하면서 정말 중국이기에 가능하다는 생각을 하였다.

용문을 지나 중간 중간에 대리석으로 정교하게 조각한 조형물 들, 벽화, 전설이 깃든 마르지 않는 우물 등등 끝도 없고 한도 없이 이어지는 장관들로 다리가 아프다는 생각을 할 겨를도 없었다. 단청으로 곱게 단장한 중국의 사찰들은 우리나라 사찰이나 왕궁의 단청과는 색상이 달라 보였지만 곱게 물들은 단풍나무들과 어우러져 신령한 기운이 감도는 듯 느껴졌다. 사찰 앞마당에 세워놓은 커다란 향로봉에서 타고 있는 향불의 냄새와 고승이 읊는 불경 소리는 목탁소리와 함께 우리들의 마음을 차분하게 만들어 주었다.

서산에서 내려와 우리는 "운남가"라고 불리는 식당으로 안내되었다. 이곳은 소수민족들의 박물관이라고 부를 만큼 소수민족들에 관련된 많은 사진들과 물품들이 전시되어 있었고 특히 저녁 식사 시간에는 여러 소수민족들이 그들의 의상을 입고 공연을 하는 디너쇼가 있다. 실내 장식도 썩 잘 되어있는 고급 식당이었으며 음식 가지도 셀 수 없을 만큼 여러 가지가 나오니 이것저것 맛볼 수 있어 좋았다.

▌사찰 입구에 세워
진 문

운남가의 정식 식사

왼쪽 무대에서 출연진들이 나오는 곳은 남자의 사타구니 밑으로 나오게 만들어 놓았다. 여기저기 큰 남근을 만들어 원색적이랄까? 토속적이랄까? 그런 느낌이 나게 장식하였고 왼쪽 무대 출구에는 여성의 성기를 만들어 걸어놓았다. 아무튼 독특한 무대 장식이었다.

식사 후 동네 시장으로 구경을 갔다. 운남 사람들의 장거리도 우리네와 다를 바 없었다. 북적거리는 장터를 휘젓고 돌아다니며 생선전이며, 야채전이며, 곡물 전을 보며 중국 사람들은 별의 별 것을 다 먹는다는 생각이 들었다. 언젠가 중국에 왔을 때 한 안내인이 "중국 사람은 하늘에는 비행기, 바다에는 잠수함 그리고 땅에서는 자동차만 빼고는 다 먹는다며 모기 눈알도 먹는다." 는 이야기를 들은 적이 있다. 너무 궁금하여 어떻게 모기 눈알을 구할 수가 있느냐는 나의 질문에 그는 간단한 듯이 대답하였다. 동굴에 사는 박쥐들이 모기를 잡아먹지만 눈알은 소화가 되지 않아 박쥐의 위 속에 고스란히 남아 있기 때문에 박쥐를 잡아 위에서 모기 눈알을 꺼내 요리를 한다고 하였다.

서서히 어둠이 찾아오며 가게들은 하나 둘씩 전등불이 켜진다. 여기저기서 왁자지껄 사람들 떠드는 소리, 아! 사람 사는 맛이 난다.

딸 같은 안내인 쉐리는 내 팔을 끼고 엄마 같다며 아마 모르는 사람은 엄마와 딸이 시장 나왔다고 생각 할 거라고 하니 정말 딸이랑 시장 온 것 같은 착각에 빠져 이 골목 저 골목 휘젓고 돌아다니는 동안 운난성의 밤은 깊어만 갔다.

3. 대리(Dali) - 숭성사Chong Seng Monastery)

곤명에서 250 마일 서북쪽에 있는 대리는 당나라 시대 난자오와 대리왕국의 수도였었다. 버스로 7-8시간이나 걸리는 거리지만 비행기로는 약 45분밖에 걸리지 않는다. 곤명 공항 대합실에는 중국말을

하는 중년 여자 한 사람, 미국 펜실베니아에서 온 할머니와 여행하는
25-26세쯤 되어 보이는 백인처녀, 5-6명의 중국인 남자들, 그리고
우리를 제외하고는 모두 소수민족 노인들로 단체 관광을 떠나는지
할머니와 할아버지들로 장사진을 이루었다.

모두들 똑같은 모자를 쓰고 똑같은 색깔과 디자인의 옷을 입은 할머
니들은 처음으로 비행기를 타는지 지도자의 설명은 끝이 없다. 자기
가 서는 자리도 미리 정하여 놓았는지 착하게도 세 줄로 줄을 서서
비행기 탑승을 기다리고 있는 동안 지도자의 명령에 절대 복종한다.
난 내 옆에 앉게 된 할머니를 도와 안전벨트도 매어 드리고 다시 푸
는 법과 매는 법을 반복하여 가르쳐 드렸다. 안전벨트가 불편하신지
자꾸 만지작거리는 할머니에게 내가 매고 앉아 있는 것을 보여주며
풀면 안 된다고 반복해서 손짓으로 설명했다. 눈치 빠르고 똑똑한 할

▌대리공항에서 만난
소수민족 할머니들

머니는 소리 질러 안전벨트를 풀려고 하
는 다른 할머니들에게 안전벨트를 풀면
안 된다고 하시는 것 같았다.

비행기가 이륙하기 위해 활주로로 가니
와-하고 탄성을 지른다. 드디어 비행기
가 이륙을 한다고 기내 방송이 나오는데
도 여전히 어수선하고 시끄럽다. 이 아
수라장 같은 비행기 속에서도 난 잠시
동안 잠이 들었나 보다. 와글와글하는
소리에 눈을 뜨니 비행기는 벌써 대리에
도착했다. 오전 11시30분이다.

공항에서 기다리던 안내인과 함께 대리
시내로 들어오면서 나타나는 고풍스러
운 아름다운 집들을 보니 탄성이 절로
나왔다.

당나라, 송나라 시대부터 도읍지로 자리

잡은 이 도시는 지금도 고성이 남아있고 성 안에 많은 옛 집들이 잘 보존되어 있었다. 남부 실크로드(Silk Road)의 한 통로였던 이 도시는 마롱봉(Malong Peak)을 비롯하여 18개의 높은 봉우리가 있는 4100미터 높이의 창산(Cangshan)산과 귀처럼 생겼다 하여 에하이(Erhai)라고 부르는 길이가 42킬로미터 넓이가 8킬로미터 수심이 11미터나 되는 넓은 호수 사이에 자리 잡고 있으며 인구 400,000만이 살고 있다.

13족의 소수민족이 살고 있는데 그 중 약 65%가 바이(Bai)족, 그리고 소수의 한(Han)족, 이(Yi)족, 와(Wa)족, 묘(Miao)족 그리고 리수(Lisu)족이 옹기종기 모여 산다.

대리(Dali)는 해발 2,000미터 고지에 자리 잡고 있고 기후는 섭씨 15도를 유지하며 강우량은 1,100밀리미터로 나무가 무성하고 온갖 꽃들이 자라는 아름다운 도시로 "동양의 스위스(Switzerland of East)라고 부르며 바람이 많아 "City of Wind", 관리들이 많아서 많은 글을 썼던 고로 "City of Letter", 자연이 아름다워 "A Corner of Mother Nature" 풍부한 농경지와 고기가 많은 호수로 인해 "City of Fish and Rice" 등 수많은 이름을 갖고 있다.

대리는 구도시(old town)와 신도시(new town)로 나뉘어져 있다. 명나라 홍무 황제 15년인 1382년에 만들었다는 구도시는 가로, 세로가 2킬로미터 사각으로 동서는 9개의 길이 남북은 5개 길을 바둑판처럼 만들어 도시를 잘 정리하여 놓았고 그 주위는 8미터 높이의 성벽을 쌓아 도성 안에 있는 살고 있는 사람들을 보호했다고 한다.

사면에 성문을 만들어 놓았는데 서문은 완전히 새로 복원하였고 동문과

대리 고성 안

북문은 아직도 원형을 그대로 유지하고 있다고 하였는데 북문은 보수작업이 한창이었다. 우리는 서문으로 들어갔다가 동문으로 나와 오른쪽에 있는 호텔로 들어갔다. 호텔 접수계 뒷벽에는 큰 폭의 산수화가 걸려 있었다. 그런데 자세히 보니 붓으로 그린 그림이 아닌 대리석 돌이 아닌가. 그 뿐만 아니라 호텔 안에 있는 내 키보다 더 큰 화병, 화분, 테이블, 그리고 많은 장식물들이 대리석 이었는데 대리석에 있는 자연 무늬를 이용하여 산수화처럼 만든 것들이었다. 이곳에는 이렇게 자연 돌 무늬가 있는 대리석이 많이 나기 때문에 이를 이용하여 많은 예술작품을 만든다고 하였다.

위. 대리석 그림
아래. 삼월가

점심은 서문에서 길 하나 건너면 나타나는 삼월가(March Street)에 있는 식당으로 갔다. 이곳은 음력 3월15일에서 3월22일까지 일주일 동안 바이족의 축제가 열리는 곳이다. 일 년 내내 문을 닫아걸고 있다가 이 일주일 동안의 축제 때만 문을 연다.

얼핏 이해가 가지 않지만 그들에게는 너무나 당연하다. 1,000년 동안 지켜온 그들의 전통인 것을... 그러니 내년 3월에 축제를 보러 다시 오란다. 집들도 길도 모두 오랜 세월을 살아온 것 같다.

우리들은 북문을 통해 구 도시 대리 관광을 했다. 좁은 길 양쪽으로 이층집이 길을 따라 쭉 서 있었다. 어떤 집들은 기와와 기와 사이에 풀이 자라고 있어 이 집들이 얼마나 오랜 세월을 지나왔는지를 말하는 듯하다. 믿어야 할지 말아야 할지 모르겠지만 안내원의 말로는 이 집들이 약 1,500년이 된 집들이라고 한다.

유난히도 차(tea)를 파는 집과 보석 집, 한약 재료상이 많았다. 특히 이곳 창산에서 자라는 차는 유명하다. 산이 높고 햇빛이 좋고 바람이 잘 통풍하며 온도도 차나무가 자라기에 온도가 적합하다고 하였다. 차 종류에 따라 값이 다르지만 약 200년 된 차나 더 오래된 300년 된 차는 값이 금값보다 비싼 것 같았다. 차 시음장에서 70년생과 100년, 그리고 150년

바이족 여인들

생의 차를 마셔 보았는데 오래된 것일수록 차의 떫은 맛이 없고 순하고 향기로워 왜 많은 돈을 주고 비싼 차를 사는지 이해가 갔다. 길 한 켠에는 수로를 만들어 산으로부터 내려오는 눈 녹은 물이 흘러 들어오게 하고 이 물들은 호수로 흘러간다. 이렇게 집 앞으로 흐르는 물로 청소도 하고 꽃과 나무도 키우며 허드레 물로 사용한다. 물살이 세서인지 아니면 물이 차가워서인지 수로에는 이끼도 끼지 않았고 쉬지 않고 흐르는 맑은 물은 이 도시를 풍요롭게 보이게 하였다.

골동품 가게에 들어가 중국의 골동품도 구경하고 소수민족의 옷들도 구경하였다. 아주 예쁜 옷을 발견하여 너무 좋아 입어보니, 아뿔싸! 옷이 작아 한쪽 팔만 간신히 들어가고 나머지 팔은 들어갈 생각도 안 한다. 사가지고 간 다음 어떻게 고칠지는 연구하기로 하고 일단 예쁜 옷 한 벌과 온통 예쁘게 수놓은 방석덮개 두 개를 샀다.

그리고 남편이 가보고 싶어 하는 대리석 그림 만드는 집으로 옮겼다. 족히 7-8000 스퀘어피트는 되어 보이는 전시장엔 대리석으로 만든 그림, 가구, 화병, 주전자, 찻잔 그리고 많은 장식품들이 전시되어 있었다. 묵화를 쳐도 이렇게 잘 그릴수가 없을 텐데 이것이 다 자연 대리석으로 만들어진 것이라니⋯⋯

전시장에서 일하는 아가씨들은 모두 바이(Bai) 족으로 그들의 고유 의상을 입고 있었다. 아들 결혼 피로연 때 오신 손님들에게 답례로 드리면 좋을 것 같은 돌로 만든 조그만 주전자를 보았는데 앙증맞은 모양과 자연 돌 색깔이 아름다워 좋은 선물이 될 것 같았다. 약 150개를 사고 싶다고 하니 여러 명의 아가씨들이 작은 주전자를 담은 바구니를 들고 와 원하는 것을 고르라고 한다. 모두 다 예뻤다.

다 고른 다음 돈을 내겠다고 하니 어떻게 들고 가려는지 묻는다. 너무 무거워 들고 다닐 수가 없으니 천상 배로 부쳐야 한다는데 운송비가 물건 값보다 더 비싸다. 에라! 모르겠다!

아들 장가가는데 쓸 물건이니 돈 좀 쓰자고 나 자신에게 일렀다. 그 동안 남편은 자기가 원하는 그림을 몇 개 골라 놓았다. 다른 곳에서 볼 수 없는 정말 특별한 물건들이었다. 집까지 운송해주는 조건으로 물건을 구입하고 호텔로 돌아왔다. 값도 별로 깎지 못했다. 그 대신 주전자를 몇 개 더 덤으로 얻었다. 바가지 쓴 것은 아닌지 모르겠다. 그래도 아들 결혼식에 오시는 귀한 손님들께 작으나마 정성이 담긴 별난 답례품을 드릴 수 있다고 생각하니 금세 기분이 좋아진다.

다음날 일어나자마자 아침도 먹지 않고 새벽시장을 구경하러 갔다. 소수 민족 바이(bai)사람들의 일상 생필품을 사고파는 곳이다. 바이는 흰 색이란 뜻이다. 그래서 그들의 의상은 온통 하얀색 일색이지만 여자들은 머리에 예쁜 수를 놓은 머리띠를 두른다. 그러나 이 시장에서 만난 바이 족들은 그냥 보통 우리들과 같은 옷을 입고 있었다.

시장 왼쪽에는 상점들이 있지만 오른쪽에는 난전으로 아침 나절에 시장이 이루어지는데 외국에서 온 관광객들에게는 특별한

대리 새벽시장의 모습들

볼거리로 구경을 시켜준다. 이 장터는 어릴 때 5일장을 본 나에게는 잊혀졌던 아련한 향수를 불러 주었다. 시장에 발을 딛는 순간 난 이곳이 중국이 아닌 한국 시골 장터에 와 있는 것 같았다.

사람 사는 냄새가 물씬거린다. 길바닥에서 숯불을 피워놓고 호떡을

대리 고성가

구워 파는 아주머니, 진짜인지 가짜인지 알 수 없는 골동품처럼 생긴 물건을 들고 따라다니며 사달라고 조르는 아이들, 손수레에 잔뜩 실어 놓은 채 파는 야채장수 아저씨, 나무 조각에 생선 몇 마리 올려놓고 파는 주름이 가득한 할머니, 모두 정이 가는 동네 아줌마와 아저씨들이다. 이곳에서는 값을 흥정하여 싸게 살 수는 있지만 산 물건에 대해 보증이 되지 않는다며 잘못 사면 골동품인지 알고 가짜를 살 수도 있다고 안내인이 충고한다. 그러나 가짜면 어떻고 진짜면 무엇이 그리 대수인가? 내가 보고 좋으면 그만인 것을…

과수원에서 갓 따온 듯한 사과, 배가 먹음직스럽다. 특히 배는 여러 종류가 있었다. 어린아이 머리통만큼이나 큰 누런 배, 새색시 볼에 연지 발라놓은 듯 볼그스름한 배, 은행나무 잎처럼 노란 배 등등…

몇 년 전 딸아이가 둘째 아이를 가지고 있었을 때 그 아이를 위해 무엇을 만들어 줄까 생각하다가 여행 중에 샀던 수예품으로 조각 이불을 만들어 주었다. 그 이불을 보고 "너무 예쁘고 아까워서 더럽히면 안될 것 같아 아이에게 덮이지 않고 벽에 걸어놓겠다"며 딸과 사위가 얼마나 좋아했던지. 그 이후 나는 여행을 하면서 예쁜 그리고 별나 보이는 천이나 수예품을 보면 내가 좋아하는 사람들에게 나만의 독특한 작품을 만들어 주고 싶은 마음으로 사 모은다. 호텔로 돌아오는 길 차 안에서 이것으로 무엇을 만들까? 머릿속이 기분 좋게 복잡했다. 호텔에서 간단히 아침식사를 하러 들어갔는데 뷔페상 한 켠에 조그만 양념 그릇 안에 김치가 담겨 있는 것이 아닌가? 이게 웬 횡재람! 아무도 안 먹어서인지 약간 시큼한 게 내가 딱 좋아하는 김치 맛이다. 국수에도 김치, 볶음밥에도 김치, 와~ 신나는 아침상이다. 내일 아침에도 김치 꼭 먹어야지.

식사를 마치고 우리는 부지런히 숭성사(Chong Sheng Monastery)로
향했다. 당나라 시대에 난자오 왕국과 대리왕국의 황실 사찰로 사용
하기 위해 지은 숭성사는 대리 북서쪽 창산 산자락에 세워져 있는 절
로 이곳에 서 있는 세 개의 탑(Three Pagodas)과 함께 관광 명소로
유명하다. 이 절이 있는 대리에 사는 많은 사람들은 남녀노소 할 것
없이 염주를 손에 들고 다닐 만큼 불심이 깊어 이 도시를 "Kingdome
of Buddha" 라고 부르고 혹자는 "City of Sukamonie" 라고 부른다
고 한다. 난자오 왕국의 왕들과 대리왕국의 왕들이 다 이 숭성사에
와서 불공을 드렸다고 하니 그 때 이 절이 얼마나 번성했는지 알만
하지 않은가?
절로 들어가는 입구 양 옆에 세워진 가루다(Garuda) 새 모양을 한　　┃ 숭성사 3탑
가로등은 절 입구까지 이어졌다. 이 새가 옛날 이곳에 해마다 닥쳐오

는 장마와 장마 때 내려와 사람을 해치는 용과 싸워 주민을 보호했다고 믿기에 그 새를 만들어 놓았다고 했다. 표를 내고 절 입구로 들어가니 왼편에 큰 사진이 있었는데 이는 우리가 이곳을 방문하기 석 달 전 2006년 7월 12일 이 절에서 "불상 개안식" 을 가졌을 때 각 나라에서 초청받아 참석했던 108명의 고승들이 개안식 후 기념사진을 찍은 것이라고 한다. 불상 개안식이란 불상을 만들어 최초로 드리는 불공을 말한다. 108 염주, 108 고뇌 그리고 108 고승의 참석.

원래 절이란 산 좋고 물 좋은 곳에 자리잡고 있다고 했는데 이 절이야 말로 뒤로는 창산이 앞에는 에하이 호수가 있어 절경이었다. 약간 산을 향해 오르는 듯 길을 따라 올라가면 세 개의 탑이 보인다. 이 탑들을 "대리 삼탑" 또는 "숭성사 삼탑"이라 부르며 대리를 상징하는 대표적인 건축물이다. 이 중 가장 높이 가운데 서 있는 천심 탑 (Qianxun Pagoda)은 824년 당나라 시대에 만들어진 사각형의 탑으로 230피트 높이의 16층짜리 탑이며 앞에는 "Guarding the land forever" 라는 뜻의 글이 쓰여져 있었다. 양 옆으로 북서쪽과 남서쪽에 140피트 높이의 10층짜리 팔각형의 탑이 서있는데 이 양 탑은 가운데 탑을 향해 이탈리아 피사의 사탑처럼 약간 기울어져 있

숭성사 개안식에 참석한 각국의 고승들.

었다. 내 눈에는 마치 카메라의 삼발이 같은 모형을 하고 있다. 이 탑을 지나면 왼쪽으로 "취영지"라는 연못이 나오는데 연못 물에 비치는 세 탑을 배경으로 많은 사람들이 사진을 찍고 있어 한참 기다린 후에야 사람이 없는 사진을 찍을 수 있었다. 창산 기슭으로 사찰들이 지어져 있는데 청나라시대의 사찰이 있고 지나 더 올라가면 명나라 그 위에는 원나라 그리고 송나라 마지막으로 당

케이블카 대신 말을 타고 내려오는 필자와 남편

나라 시대의 사찰이 지어져 있었다.

기와 밑 처마에 칠하여 놓은 단청은 매우 아름다웠고 이곳에 있는 모든 사찰의 지붕은 황금색 기와를 사용하였다.

절에서 내려와 케이블 카(Cable Car)를 타고 창산으로 올라가 내려다보니 왼쪽으로 숭성사의 황금 지붕들이 줄지어 서 있고 저 아래는 바다 같은 호수가 보인다.

산 위로 올라오니 제법 찬바람이 분다. 비도 살살 뿌린다. 내려오는 길목에 자라고 있는 차(tea) 나무도 보고 에스키모의 이글루 같은 묘지도 구경하였다. 말이 산의 급경사를 내려갈 때는 말 위에 앉아있는 내 몸을 뒤로 젖혀 균형을 잡지 않으면 앞으로 꼬꾸라질 것 같았다. 때 마침 내린 비로 말이 미끄러질 때는 말고삐를 꼭 잡고 내 등이 말 등 짝에 들어붙도록 온 몸을 뒤로 젖혀 보지만 내 가슴이 덜컥 내려앉는다. 그렇다고 말에서 내려 걸어 내려간다면 내일 아침이나 되어야 도착할지 모른다. 그런데도 우리 말잡이는 구성지게 "대장금" 주

제가만 연속 불러댄다.

한국에서도 히트를 친 연속극 "대장금"이 중국에서도 "대히트"를 쳐서인지 이 연속극 주제가를 모르는 사람이 없을 정도이고 어린 아이들까지도 한복을 입고 싶다고 졸라서 중국에서 제작한 한복을 입은 중국 아이를 만난 적도 있었다.

이번 대리에서 우리를 안내한 안내자는 24살의 미스터 양으로 이(Yi)족이며 아버지가 농사일을 하기 때문에 두 명의 자녀를 가질 수 있어 손 위 형이 하나 있다고 했다. 옛날 이(Yi)족들은 아들이 17살이 되면 어머니는 은가락지나 옥가락지를 아들에게 주어 마땅한 여자를 만나면 결혼을 할 때 사용할 수 있도록 미리 준비해 준다고 한다. 또 아버지는 옥편(중국사전)이나 글을 쓰는 붓을 또 어떤 아버지는 칼이나 총을 아들에게 주어 그들의 장래를 준비하게 해 준다

위. 한복 입은 중국 소녀
아래.희주의 바이족의 집 우물

고 하였다. 지금은 이런 풍습이 많이 사라졌으나 아직도 이를 지키는 사람들이 있다고 하였다.

산에서 내려오는 길로 희주로 향했다. 희주는 대리에서 약 16킬로미터 북쪽에 있는 바이족의 민속촌이다. 이곳에서는 바이족의 결혼하는 의식을 보고 차를 마시며 기념품 상점들이 있으니 필요한 것이 있으면 사라고 하였다.

옛 고가가 그대로 남아 있는 작은 마을이었다. 이곳에서 일하는 아가씨들은 모두 바이족의 의상을 입고 있었다. 나무로 지은 이층집에 이층으로 올라가는 계단은 유난히 좁았고 우물은 겨우 두레박이 올라오고 내려갈 정도로 작았다. 벽에는 물감으로 그린 듯한 그림이 그려져 있는데 바이족의 전통

그림이고 건축물이라는 설명이 귀에 잘 와 닿지가 않는다. 대리 고성에서 많이 본 집들과 유사했기 때문인 것 같다. 군데군데 허물어진 담장도 보수하지 않은 채 그대로 있어 그곳을 타고 올라가며 자라는 넝쿨나무와 어우러져 낭만적으로 보였다. 잠시 머물고 우리는 그곳을 떠났다.

대리에서 북쪽으로 약 26 킬로미터 북쪽으로 올라가면 창산의 한 줄기인 신마(Shenmo)산 자락에 "나비 연못"이 있는데 이곳에 얽힌 애틋한 몇 개의 전설이 바이족들 사이에 전해 내려오고 있다.

예쁜 바이 아가씨는 한 동네에 사는 총각과 사랑을 하고 있었는데 이 고을 수령이 이 아가씨를 보고 첫 눈에 반해 첩실로 삼기를 원했다. 그 당시 중국에서는 부유한 사람이나 권력가가 여러 소실을 두는 것이 보통이었기 때문에 이상한 일이 아니었다. 어른들끼리 성사가 다 된 것을 눈치 챈 이 두 청춘 남녀는 이 연못으로 와서 빠져 죽음으로써 이루어질 수 없는 그들의 사랑을 지켰다. 이 소식을 듣고 동네 사람들이 뛰어와 보니 이 연못 위로 두 마리의 나비가 날아다니는 것을 보고 이 때부터 이를 "나비연못" 이라 부른다는 전설이 있다. 또 다른 이야기는 한 처녀가 동네 사냥꾼 총각을 사랑하였는데 받아 들여지지 않자 비련의 상심으로 이 우물에 빠져 죽었다고 한다. 그 이야기를 전해들은 사냥꾼 총각은 자기로 인해 죽은 이 아가씨에 대한 죄책감으로 그녀가 죽은 연못에 와서 뒤따라 죽었단다.

희주의 바이족의 고가

그 이듬해 죽은 그들이 나비로 환생하여 같이 이 우물 주위를 맴돌며 날아다니는 것을 본 사람들이 이 연못을 "나비연못" 이라 불렀다 한다. 이렇듯 슬픈 사연을 안고 있는 정사각형 모양의 연못은 넓이가 20 미터 수심이 4미터로 약 50평방미터 정도의 크기이며 봄철이 되면 흐드러지게 피는 진달래꽃, 차나무 소나무로 둘러싸여 있다.

또 이 연못가에는 연못을 가로지르며 누워있는 듯이 자라고 있는 실크 나무(Silk Tree)가 한 그루 있다. 이 나무는 매해 4월쯤이면 향기를 진동케 하는 꽃을 피우는데 이 꽃들이 마치 나비처럼 생겼다고 하여 나비나무라고도 부른다. 그런데 이 꽃이 필 무렵이면 형형색색의 나비들이 이곳으로 날아들어 꽃의 즙을 먹기 위해 대롱대롱 매달려 있는 모습은 참으로 장관이라 한다.

매년 음력 4월 15일에는 이곳에서 바이 족들의 "나비 축제"가 열리며 이때 많은 청춘 남녀가 청혼을 하기 때문에 이 연못을 "충성샘(Allegiance Spring)"이라고도 부른다고 한다. 왠지 코끝이 찡ー하며 가슴이 뭉클 한다.

4. 여강(Lijiang)

아침 일찍 대리를 떠나 여강으로 가는 길에 당나라 시대부터 대대로 내려오며 염색만을 하며 사는 사람들이 모여서 살고 있는 조그만 동네 쟈오청(Zhou Cheng)에 들렀다. 수국처럼 생긴 나뭇잎에서 나오

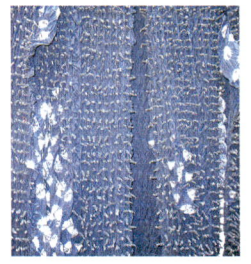

홀치기염 작업을 하고 있는 여인

는 자연 염료는 푸른색(감색)을 띄었고 그 푸른색으로 홀치기 염(tiedye)를 하여 모자, 원피스, 남자 상의, 치마, 책상보 등을 만들어 직판도 하고 있었다.

마당 한 모퉁이에 놓인 의자에 앉아서 매듭을 만들고 있는 할머니는 새파랗게 물든 손을 쉴 사이 없이 움직이며 매듭을 묶고 있었고 신기한 듯이 쳐다보는 나를 보며 주름이 가득한 얼굴에 환한 미소를 띄었다. 그

에하이 호수의 고기
잡이 배

옆에는 매듭을 다한 천 들을 염색하고 젖은 천 조각을 말리기 위해 줄에 걸어 놓았는데 마치 예술작품을 보는 듯 했다.

오른쪽으로는 에하이(Erhei) 호수가 왼쪽으로는 창산(Cangshan)이 병풍처럼 둘러싸여있는 사이로 난 길을 따라 우리를 태운 자동차는 흙먼지를 날리며 막힘 없이 그리도 아름답다는 "여강"을 향해 달린다.

나는 구경을 더 잘 하기 위해 자동차 앞자리에 앉았다. 에하이 호수에는 고기가 많은지 고기잡이 배가 점점이 떠 있었고 그물로 고기를 잡는 고기잡이 배도 많았다. 그 옆에는 남편이 잡은 생선을 손질하는 아낙의 손길이 바쁘게 움직인다. 호수에 한가로이 떠 있는 고기잡이 배는 호수에 자라고 있는 수초들과 어우러져 마치 한 폭의 그림 같이 아름다웠다.

우리를 태운 차는 계속 산 속으로 난 길을 따라 올라간다. 이 산을 넘으면 다른 또 높은 산이 앞을 가로막고 떡 버티고 서 있고 그 사이로 난 길을 따라 겨우 산을 지나면 또 다른 높은 산이 나타난다.

이 높은 산 중턱에도 옥수수 밭이 계단식으로 만들어져 있었다. 아무리 돌아보아도 사람이 살만한 집이 보이지 않는다. 어찌 이곳까지 농기구를 등에 걸머지고 걸어 올라온단 말인가? 우루밤바 강물만 흐르고 있다면 마치 페루의 마추피추를 연상시킬 수 있는 곳이었다.

여강 고성 동네

대리를 떠난 지도 몇 시간이 지난 것 같다. 아무것도 없을 곳 같은 적막한 이 깊은 산속에 휴게소인 듯한 곳이 나타나서 잠시 쉬고자 차를 세웠다. 이곳은 휴게소 겸 정부에서 운영하는 옥 가공 공장이 있고 이곳에서 가공된 옥들을 판매를 하는 전시장이 있었다.

세상에! 비싸고 귀한 옥 (Jade)을 이렇게 많이 한자리에서 보기는 처음이다. 옥에도 "찌따이"라고 부르는 단단한 옥과 "네푸"라고 불리는 연한 옥이 있다는 것도 처음으로 들었다. 옛날에는 중국에 옥이 많았는데 지금은 옥을 가공할 재주가 없는 "버마"에서 싼 값으로 옥을 가져와 중국에서 가공해 팔고 있다고 하였다. 색깔이 어찌나 맑고 파래서 예쁜 지 하나 사고 싶은 마음이 생겨 값을 물어보니 역시 좋은 옥은 이곳도 값이 만만치 않아 포기해 버리고 말았다.

이곳에서는 "동충하초"를 비롯한 여러 가지 희귀한 한약재도 팔고 있었다. 동충하초란 겨울에 죽어버린 벌레 속에서 풀이 자란 것인데 마치 만병통치처럼 사용되어 값도 웬만한 보약재 만큼이나 비싸지만 많은 동양인들이 선호하는 약재라고 하였다. 만져보니 딱딱하였고 색깔은 진한 갈색에 역한 냄새가 났다. 잠시 휴식과 함께 옥 반지, 옥 목걸이, 옥 팔찌, 옥 장식용 조각품 등을 실컷 구경하고 다시 여강을 향해 떠났다.

우리들이 탄 차를 운전하는 운전기사는 나이가 약 40세인 남자로 이름이 "슈" 씨인데 말이 없고, 얼굴도 무표정이지만 아침마다 내가 커피 캔디를 주며 "모닝커피"라고 하면, 웃을 듯 말 듯 한 표정을 지으며 "쌩큐"라고 하며 좋아하곤 했다. 항상 뜨거운 차를 넣은 보온

병을 들고 다니는 차를 억세게 좋아하는 운전기사 아저씨는 대리에서부터 우리가 여행을 마치는 샹그릴라(Shangri-la)까지 우리와 함께 다녔다. 무표정이 표정인 슈씨는 말이 없고 웃지도 않지만 운전 중 하품 한 번 하지 않고 안전하게 우리를 데리고 다닌 직업정신이 투철하고 정이 많은 사람이었다.

오후 2시가 되어서야 도착한 여강의 고성은 운난성 북부 산악 7,500피트 고지에 자리 잡고 있는 낙씨족, 장족, 모수족들이 살고 있는 옛 도시로 크기는 3.8평방미터 정도이며 성벽이 없는 성이다. 여성의 고성 안에는 환경 보호를 위해 특별히 허락을 받은 차들만이 들어갈 수 있으므로 우리들이 타고 온 차는 고성 입구에 우리를 내려놓고 그들이 머물 곳으로 가버리고 새로이 우리를 안내할 안내인 "로드니"를 따라 우리들이 머무를 고성 안에 있는 호텔을 향해 발걸음을 재촉했다.

좁고 꼬불꼬불한 길의 바닥은 돌을 깔았으며 많은 사람들이 다녀서인지 반질반질 거리는 게 마치 광택제를 발라 놓은 듯 하였고 흑

여강시 중심에 있는 광장

룡소(Black Dragon Pool)에서 흘러 나오는 물은 집과 집 사이에 만들어 놓은 개울로 흐르고 있었다. 졸졸거리는 물 흐르는 소리는 피곤한 심신은 이끌고 온 나그네의 마음을 달래주기에 족하였다. 물론 식수는 아니겠지만……

도무지 호텔 같은 것

은 전혀 없을 것 같은 좁은 골목길을 따라 끝없이 걸었다. 길 양쪽에 서 있는 기와집의 처마와 처마 사이가 맞붙어 있어 마치 처마 밑으로 비를 피해 걸어가는 듯한 생각이 들었다. 꼬불거리는 길을 따

낙씨족 여인

라 한동안 가니 드디어 조그만 광장이 나오고 상가가 나오기 시작하였다. 그리고 또 다른 조그만 골목길로 들어간다. 어떤 집 문칸을 넘는 것 보니 이곳이 우리가 머물 곳인가? 아휴! 형편없는 호텔이구나!

그런데 마주 보이는 큰 사진은 중국의 후진따오 수상이 아닌가? 밖과는 대조적으로 고급스럽게 꾸며놓은 접수부에는 낙씨 고유의상과 머리장식을 한 두 아가씨가 반갑게 우리를 맞는다. 로비 한 켠에는 우리 짐이 벌써 도착해 있었다. 이 호텔은 이 층짜리 건물이고 한 쪽으로만 방이 있으며 모든 방들은 정원을 향해 들어가는 문이 만들어져

목씨 성들이 사는 동네의 한 집

있었다. 호텔 방의 창문은 한쪽이 세 쪽 내지는 네 쪽으로 접히는 나무창문이 양쪽에 있어 이 창문을 열면 정원이 마주 보인다. 호텔 방 처마에는 붉은 등을 달아놓아 마치 내가 중국 무협 영화 속 객잔에 머무는 듯한 느낌이 들었다. 송나라 말부터 원나라 초쯤 되는 약 13세기에 낙씨 민족은 양자강의 상류인 금강(Jinsha River)을 건너고

옥룡설산(Jade Dragon Snow Mountain)을 넘어 지금의 여강 주위에 자리잡고 살게 되었다고 한다. 그 중 대표적인 "목"씨 성을 가진 "목"부와 "백"씨성을 가진 "백"부의 집들이 아직도 남아있어 낙씨족의 역사를 한 눈에 알아볼 수 있었다. 특히 "목"부 안에서 보았던 명나라 시대에 지어진 사찰의 벽에 그려놓은 선명한 색상의 프레스코(fresco)화는 마치 종교는 다르지만 터키의 카파도키아(Capadocia) 동굴 교회의 프레스코를 보는 듯 하였다.

낙씨족들은 약 1,000여 년이 넘도록 동파(Dongba)종교를 믿고 동파 상형문자를 쓰며 동파 음악과 춤을 간직하여 지금도 이를 지켜 내려오고 있었다. 우리나라 오 천년 역사에 비하면 짧다지만 문화혁명을 거친 그들이 이렇게 그들만의 문화를 간직한다는 것은 쉽지 않을 것이다.

고대 이집트에서도 또 다른 나라에서도 상형문자가 있었지만 지금까지 쓰이는 살아있는 상형문자는 오직 동파 상형문자라고 하며 이를 지키는 그들의 자부심은 대단하였다. 저녁 시간에는 이곳에서 공연하는 동파음악과 춤을 관람할 수가 있었다. 이곳에서 그

들의 음악, 악기, 춤 등을 볼 수 있다.

아름다운 강이 흐르는 곳이라는 여강의 고성은 이름에 걸맞게 골목마다 흐르는 시내가 있고 흐드러진 나뭇잎이 시냇물에 닿아 흥취를 돋우어 주고 집집마다 걸린 빨간 등불은 흐르는 물소리에 장단을 맞추는 듯 흔들리어 한가로움을 만끽할 수 있었다.

일 년 내내 하얀 눈이 있다는 5,600미터 높이의 옥룡설산(Jade Dragon Snow Mountain)자락에 자리 잡은 낙씨족들은 800년 동안 대대로 이곳에 둥지를 틀고 살고 있었다. 호텔 방에 짐을 넣고 식당이 있는 호텔 뒷문으로 나가 "사방가"라는 광장으로 나갔다. 이곳에는 남녀노소 많은 사람들이 모여 있었고 낙씨 고유 의상을 입은 노인들이 악기에서 나오는 노래 소리에 맞추어 둥글게 원을 만들어 손에 손을 맞잡고 춤을 추고 있었다. 관광객들도 함께 춤을 추는데 스텝은 간단해서 금세 따라 할 수 있었다.

낙씨 족 여인들의 의상은 치맛단에 푸른 색깔의 천을 댄 하얀 색깔

사방가에 나온 낙씨 (Naxi)족

이나 까만 색깔의 주름진 앞치마 모양의 치마를 까만 혹은 하얀색상의 바지 위로 앞치마를 두르듯 입고 파란 소매의 갈색, 감색 또는 흰색의 상의를 입는다. 그 위에 흰 띠로 앞가슴에 X자로 묶는데 처녀는 그냥 X자로 매지만 결혼한 여자는 흰 띠를 X 자 부분에서 꼬아서 X자를 만들어 표시하였고 북두칠성의 상징으로 수놓은 일곱 개의 둥근 패치를 매달은 것이 등에 나란히 있다. 그리고 허리에는 흰 천으로 만든 벨트를 매었는데 그 끈의 끝 부분은 예쁘게 손 수를 놓아 걸을 때는 그 벨트가 움직여 보기가 좋았다. 그리고 여자들은 주로 청색 인민군 모자 같은 것을 썼다. 그러나 안내인들이나 관광업에 종사하는 아가씨들은 더욱 밝은 색의 의상을 입고 북두칠성 상징의 일곱 패치를 머리장식에 붙여 놓아 예뻤다. 점심시간이 훨씬 늦은 점심은 야채음식을 맛있게 한다는 식당에서 맛있게 먹고 부지런히 고성을 벗어나 택시를 타고는 "흑룡소"로 향했다.

(1)여강(Lijiang)의 흑룡소(Black Dragon Pool)

여강의 고성을 벗어나면 여강도 다른 도시들과 별로 다를 바 없다. 이곳의 택시 운전기사는 모두 여자라고 소문을 들었는데 이곳에 와 보니 우리가 탄 택시 역시 여자 운전기사였다. 원래 이곳에 사는 소수민족들의 모든 일은 여자들의 몫이란다. 농사짓는 바깥 일부터 아이 키우고 살림 사는 그 모든 것들이 다 여자들 차지다. 그러면 도대체 그 체격 좋고 힘센 남자들은 그 정력을 다 어디다 쓰며 무엇을 하며 살까? 하루 종일 친구들 만나서 시를 읽고 쓰며, 악기 불고, 술 먹고, 아이 만드는 일 아마 그것이 전부다. 그래도 이곳 여인들은 그것을 불평하지 않는다. 당연히 해야 할 그들의 몫이거니 하고 숙명으로 받아드리고 사는 것 같았다. 특히 루구(Lugo Lake) 호수 근처에 사는 모수(Mosuo)족은 오랫동안 모계사회를 지켜 여인천국을 이루고 살고 있다고 들었다. 이곳 남자들은 그야말로 씨받이(?) 외에는 아무 일도 하지 않고 산다고 했다. 여인 천국이 아닌 남자 천국이라고 해야 하지 않을까? 이것도 모택동 주석이 시작한 문화혁명 이후에 좀 변했다고는 하지만...

1737년 당나라 시대에 만들었다는 흑룡소(Black Dragon Lake) 입구에는 네 마리의 돌 사자가 앉아서 우리를 맞이하였다. 두 마리의 숫사자는 입을 딱 벌리고 앉아 있었고 그 옆으로 두 마리의 암사자들이 얌전히 앉아 있었다.

일인당 60위엔의 입장료를 내고 정문으로 들어가니 약 12,000평방미터나 되는 큰 호수가 코끼리 산자락 밑에 떡 자리잡고 있었다. 호수 가운데는 팔각 정자가 세워져 있었고 멀리 보이는 하얀 돌다리는 호수에 비추어 한 폭의 그림 같이 보였다. 잔잔한 호수의 물은 어찌나 맑은 지 헤엄치는 고기들을 훤히 볼 수 있었다. 오른쪽으로 몇 개의 상점이 있었다. 그 중 하나는 손바닥으로만 산수화나 정물화를 묵

장족 전통 남자 복장 차림으로 말을 타고 휴대폰을 받는 모습이 참으로 아이러니컬하게 보였다.

화로 그리는 화가가 자기가 그린 그림을 전
시하고 판매하고 있었다. 참으로 예술에는
한계가 없나 보다. 그림은 붓으로만 그릴
수 있다고 생각했었는데….
마침 그곳에는 우리 집에서 멀지 않은 산마
리노(San Marino)에 사는 중국인 척추 신
경의사가 미국에서 본 중국 텔레비전 프로
그램에 이 분이 소개된 것을 보고 이곳을

방문하여 그의 그림을 보고 있었다. 몇 마디 해보니 우리가 아는 중
국인 의사 친구인 Dr. Wu의 친구였다. 그래서 Dr. Wu를 통해 남편
이름을 들은 적이 있다고 했다. 사실 1970년도 만해도 우리 동네에
는 동양인이 그리 많이 살지 않았기에 동양인인 것만으로도 서로 친
하게 지냈기 때문이었다. 이 분은 중국에서도 유일하게 손바닥만을
사용하여 그림을 그리는 화가로 소개되었다며 자기가 TV서 본 것을
설명하였다. 그리곤 그림을 몇 장 사서 미국으로 가져가겠다고 하여
우리도 덩달아 그의 그림을 두 장 샀다. 그리고 그 화가와 함께 우리
가 산 그림을 들고 기념사진도 찍었다.
바로 호수 뒤편에 서있는 산이 마치 코끼리처럼 생겼다고 해서 부르
는 코끼리(Elephant Mt.)산과 흑룡소 호수 사이로 난 작은 오솔길이
있는데 산보하기에는 아주 안성맞춤이었다. 이 호수 한편에는 "진주
샘"이라고 부르는 곳이 있는데 이곳은 우리가 발로 땅을 치면 물밑
땅 속에서 조그만 공기 방울이 나와 마치 진주처럼 보였다. 그래서
아마 그렇게 이름을 지어 부르나 보다. 참으로 신기하여 방방 뛰면서
끝없이 물속으로부터 올라오는 진주 같은 공기 방울을 보며 한 동안
시간을 보냈다. 진주 샘에서 약 20 미터 정도 걸어가면 물이 퐁퐁 솟
아 나오는 옹달샘이 있었고 이곳을 지나다니는 사람들은 그곳에 놓
여있는 바가지로 샘물을 떠서 마셨다.
마지막 출구에 있는 낙씨족의 문화재 박물관을 관람하러 들어갔다.

특히 2,000개나 되는 동파 상형문자를 소장하고 있는 전시장과 그들의 전통 의상 그리고 일반적인 동파문화재를 전시하는 박물관도 있었는데 이를 관람하는 동안 그들의 문화와 역사를 가까이 할 수가 있어 좋았다. 또 낙씨족들의 예술품만을 전시한 곳도 있었는데 특히 그들이 놓은 자수는 마치 사진을 보는 것 같이 정교하였다.

방 한 가운데에는 이 여강을 둘러싸고 있는 산들과 강들을 표시한 모형 지형도가 있었고 한쪽 벽에는 낙씨의 상형문자로 쓰인 책들이 유리관 속에 소중히 보관되어 있었다. 9명의 남자가 하늘 문을 열고 7명의 여자가 땅을 만들어 그들로부터 낙씨족이 시작되었다는 우리들의 단군신화 같은 낙씨족들의 신화도 이곳에서 들었다. 그것과 연관이 있는지는 명확하지 않지만 낙씨 여자들은 머리 장식이나 등에는 "북두칠성" 처럼 일곱 개의 둥근 원모양의 패치(patch)를 달아 장식하였다. 여강에는 주로 낙씨(Naxi) 족들이 주를 이르고 살고 있지만 간혹 장(Tibet)족이나 모수(Mosuo) 족을 만날 수 있다.

고성의 다른 쪽 입구 광장에는 이 여강의 유네스코 문화제 지정을 알리는 안내판과 더불어 물레방아를 만들어 놓았다. 그곳에는 장족들이 말을 가지고 와서 관광객들에게 말을 태워주고 사진을 찍어주며 장사를 하고 있었는데 털모자에 털가죽으로 만든 조끼를 입고 장화를 신고 있어 꼭 만주에서 독립 운동을 하던 우리나라 독립군 같은 느낌이 들었다.

어두워진 고성에는 붉은 등이 하나 둘 켜지고 사랑하는 연인들은 가운데 작은 양초를 넣은 종이 꽃 모양의 초를 사서 불을 붙인 후 개울물에 띄어 보낸다. 많은 촛불이 졸졸거리는 개울물을 따라 둥둥 떠내려가고, 개울 물 속을 자세히 보니 금붕어가 떼를 지어 몰려다닌다. 선들선들 불어오는 밤바람.

아~ 이곳이야 말로 진정 무릉도원이 아닌가? 밤에만 연다는 개울 옆 노점 호떡집은 순식간에 사람들의 줄이 길게 이어졌다. 이렇게 잘 팔리는데 일하는 사람이 많았으면 좋으련만…

함께 일하는 젊은 두 남녀는 크지도 않은 철판에다가 한 번에 꼭 하나씩만 호떡을 만들어 준다. 좀처럼 줄어들지 않은 줄 뒤에 서서 밤하늘을 바라본다. 유난히도 별이 빤짝이는 밤이다. 저기 북두칠성이 보인다. 은하수도 보인다. 별똥이 쉭─하고 떨어진다.

호떡집

(2)여강(Lijiang)의 옥룡설산(Jade Dragon Snow Mountain)

서둘러 아침을 먹고 만년설을 이고 있다는 "옥룡설산"으로 향했다. 여강에서 약 15킬로미터 북쪽에 자리 잡고 있는 높이가 5600미터나 되는 이 산은 높은 봉우리가 13개나 있으며 계속 북으로 이어져 히말라야 산으로 연결된다고 하였다. 옥룡설산이라고 부르는 이 산을 하늘에서 보면 마치 13마리의 용이 하늘로 올라가는 형상을 하고 있다는데 여기서부터 낙씨족이 시작되었다고 하여 낙씨 사람들은 이 산을 "영산" 또는 "신산"으로 부른다고 하였다.

낙씨족에도 곤명 쪽에 사는 피부가 하얀 낙씨족이 있고 피부가 까무잡잡한 이곳에 사는 낙씨족이 있는데 이들은 서로 반목하여 원수처럼 지내며 절대로 결혼을 하지 않는다고 하였다. 이를 알면서도 서로 사랑에 빠졌던 두 남녀는 결코 이루어질 수 없는 그들의 고결한 사랑을 이 산에서 죽음으로 지켰다는 슬픈 사연으로 인해 사람들은 이 산을 "사랑의 산"이라고 부른다고 하였다.

1987년 5월 8일 이 험준한 산에 도전장을 내민 미국인 산악인의 의해 단 한 번의 정복을 허락한 이 산은 그 이후로 도전한 그 어느 누구에게도 더 이상 정복을 허락하지 않았다고 한다. 영산으로 가는 길은 넓고 깨끗했다. 멀리 보이는 하얗게 눈 덮인 산은 신비스럽기마저 하다.

한 40분 정도 왔을까? 오른쪽에 골프장이 보인다. "이곳까지 골프를 치러 오는 사람이 있나 보다."라는 바보 같은 생각을 하고 있는데 우리 안내인 로드니는 이 골프장이 세계에서 가장 높은 고지에 있다고 은근히 자랑을 한다. 이 말은 분명 사실일 게다. 그러나 말만하면 세계최고! 세계최초!라는 말이 나를 식상하게 만들었다.
산 초입에 놓여있는 다리 오른쪽에 보이는 눈 녹은 물이 담긴 옥색 호수가 가슴을 시리게 한다. 다리 왼쪽 개울가에는 야크(yak) 떼들이 서있다. 눈 녹은 물에 발을 담고 서있는 저 야크들은 얼마나 발목이 시릴까?

구름 한 점 없는 파란하늘! 하얗게 눈 덮인 높은 산! 옥색물감을 풀어놓은 듯한 호수! 그곳에 그림처럼 서 있는 야크 무리들.
역시 산수는 중국이라더니, 아름다움의 극치다.
잠시 후 우리는 산으로 오르는 케이블카를 타기 위해 장사진을 치고 있는 긴 사람들의 행렬 꽁무니에 섰다. 차례도 없고 질서도 없다. 백인이나 흑인을 빼고 나면 그 얼굴이 그 얼굴이라서 누가 세치기를 해도 알 수가 없다. 로마에 가면 로마법을 따르기(?) 위해 우리도 로드니를 따라 열심히 '세치기' 작전에 돌입하였다. 집 안으로만 들어가면 케이블카를 금세 타는 줄 알고 열심히 작전을 수행하여 들어왔는데, 아이고 맙소사!

옥수채와 야크

꼬불꼬불 줄을 선 사람들로 이 작은 집은 꽉 차 있었다. 집 안 한 켠에는 작은 가설무대가 만들어져 있었는데 그 무대에서 두 젊은이가 이곳 민요인 듯한 중국 노래를 부르고 있고 그 옆에 중국 전통 의상을 입은 아름다운 아가씨는 그들의 시디(CD)를 팔고 있었다.

옥룡설산에서

그래도 노래를 들으니 좀 덜 지루하다. 옆에 서있는 사람이 무엇을 준다. 사탕 같아 보여 받아 보니 생강사탕이다. 고산병 예방에는 생강이 좋다고 하여 우리도 사가지고 왔는데, 깜빡 잊어버리고 꺼내먹을 생각조차 하지 않은 것이다. 몇 년 전 페루에서 고산증으로 고생을 한 경험이 있어 걱정을 많이 했는데 이번에는 거짓말처럼 아무렇지도 않다. 천천히 고도에 적응을 해서 괜찮을 거라는 말이 맞는 것 같다. 그러나 아직 속단은 금물이다. 산을 올라가 보아야 할 것 같다. 고맙다고 "쉐쉐"하면 사탕을 까 입에 톡 털어 넣었다. 맵지 않고 달아서 맛이 있었다. 열심히 먹어 두어야지. 만약 산 위에서 고산증세가 나타나면 정말 난감하지 않겠는가? 백팩을 열고 생강사탕을 통째로 꺼내 주머니에 넣고는 한 개식 까먹으며 지루한 줄을 기다렸다.

이곳 중국의 케이블카는 모두 스키장의 리프트(lift) 같은 것이다. 두 명이 타고 올라가게 되어 있었다. 산 중턱에 서 있는 나뭇가지엔 천으로 만든 빨간 하트가 여기저기 걸려있다. 사랑하는 연인들이 그들의 영원한 사랑을 맹세하기 위해 바로 이 "사랑의 산"에 와서 리프트를 타고 올라가며 나무에 걸어 놓는다고 하였다. 케이블카에서 내려 옥룡설산을 잘 바라볼 수 있는 지점까지는 걸어서 가야 하는데 가는 길은 나무로 잘 만들어 놓았고 만들어진 좁은 길가는 아름드리 높은 나무가 빼곡하다. 약 30분을 걸어가니 제법 시야가 터진 평평한 곳이 나온다.

사람들이 많이 있는 것 같다. 이 높은 산 꼭대기에서 무엇을 하는 사람일까? 가깝게 다가가 자세히 보니 장족과 이족 등의 의상을 입은

■ 위. 너구리 모자를 쓴
소수 민족들.
아래.전통의상을 갈아
입고 사진 찍는 중국
관광객들.

여인네들이 그곳을 찾은 관광객들에게 의상을 대여해 주고 옥룡설산을 배경으로 사진을 찍어주는 장사를 하고 있었다. 너구리를 잡아 한 마리 통째로 모자를 만들었는지 너구리 얼굴에서 꼬리까지 보이는 털모자를 머리에 쓰고 있는 여인들이 많았다. 마치 너구리 한 마리를 머리에 이고 있는 듯했다. 신기해서 사진을 찍으려고 하니 갖고 있던 물건으로 얼굴을 가리는 사람, 얼굴을 뒤로 돌려 버리는 사람, 아예 도망 가 버리는 사람들, 그리고는 소리지르는 폼이 사진을 찍지 말라는 신호로 들린다. 장족의 의상을 빌려 입은 여인이 사진을 찍기 위해 산을 배경으로 서 있다. 색동의 의상과 구슬로 예쁘게 장식한 머리에 쓰는 모자가 유난히 잘 어울린다. 몰래 망원렌즈로 원주민들과 모델들을 찍어 보았지만 나중에 보니 사진이 잘 나오지가 않았다. 또 이곳 저곳 다른 각도에서 산의 모습을 찍으려고 해도 구름이 이곳 아니면 저곳을 가리며 계속 훼방을 놓는다. 싸늘한 공기가 기분 좋게 얼굴을 때린다. 속세를 떠난 완전히 다른 세상이다. 정말 산신령이라도 나올 법 하다.

이곳 사람들의 해바라기 씨를 까먹는 속도는 가히 수준급이다. 내가 몇 개 까먹는 동안 이들은 거짓말 조금 보태서 한 주먹은 다 까먹는 것 같다. 해바라기 까먹는 모습을 구경하느라 내려오는 케이블카 순서를 기다리는 것이 지루하지 않았다. 산 위에서 내려오며 보는 경치는 더 더욱 아름다웠다.

주차장 한 켠에는 좌판에 꼬치구이를 만들어 놓고 파는 가게가 몇 개 있었다. 손님이 사면 그 자리에서 그것을 익혀준다. 작은 오리새끼에 서부터 온갖 야채까지 온통 가는 대나무 꼬챙이에 끼워 판다. 나는 옥수수를 하나 샀다. 삶은 옥수수를 다시 불에다 구워주었는데 여간 맛이 있는 게 아니다. 남편은 닭고기 꼬챙이를 사서 먹으며 맛있다고 날더러도 먹어 보란다. 점심 식사 후에 옥룡설산을 배경으로 만든 야외극장으로 "인상 여강(설산 편, Impression Lijian)"을 보러 갔다. 6막으로 구성되어 있는 뮤지컬로 약 500명의 출연진이 나와 10개 소수민족의 삶을 그린 작품이다. 하늘과 자연에 순종하고 열심히 살아가는 그들의 일상생활을 보는 듯하다. 여기서는 각기 다른 소수민족의 의상을 한 눈에 볼 수 있었고 그들의 생활과 음악을 접할 수 있는 그야말로 스펙터클 한 공연이었다. 특히 말을 달리며 나타난 장족들 보면서 위대한 무적의 징기스칸이 생각났다. 누가 뭐라 해도 징기스칸처럼 많은 영토를 확장했던 아시아인은 없었을 거다.

이탈리아(Italy), 피사(Pissa)에서 본 징기스칸 시대의 낡은 모자와 가죽으로 만든 말들이 기억난다. 입장권에는 햇빛을 가리는 선바이저까지 포함되어 있다. 야외 공연이고 고도가 높아 태양광선 차단제도 꼭 발라야 한다.

공연장 입구와 출구 천장에는 굵은 실로 매듭을 해서 장식하였는데 참 인상적이었고 벽에는 동파 상형문자의 글로 장식하여 특이하였다. 정말 돈이 아깝다는 생각이 들지 않았다. 나에게는 생각을 많이 하게 하는 공연이었다. 모든 관객들에게는 동파 글로 쓴 건강과 행복을 기원하는 종이를 넣은 봉투를 나오는 출구에서 선물로 주었다. 하얀 눈 덮인 옥룡설산은 구름 한 점 없는 파란 하늘과 어우러져 더욱 신령스럽게 나에게 다가왔다.

꼬치 구이

인상여강 공연 매표소
p. 82 인상 여강의 명 장면들

5. 여인들의 왕국, 루구 호(Lugu Lake)

태고의 신비를 담고 있는 루구 호수는 여강에서 약 250 킬로미터 북동쪽에 있다. 운난성과 쓰추안성의 경계를 이루고 있으며 해발 2700미터 고지에 자리 잡고 있는 이 호수는 여인들의 왕국의 주인인 모수(Mosuo)족들의 삶의 터전이다. 평균 수심은 약 45미터이지만 깊은 곳은 93미터나 되는 곳도 있다. 이 호수의 넓이는 52평방미터이며 이 호수 속에는 5개의 섬이 있고 라마교의 사원도 있어 모수 여인들은 배를 저어 이 섬에 와서 공양도 드리고 관광객을 배로 나르며 수입을 올리고 있다.

호수 북쪽에는 사자산(Lion Mountain)이 우뚝 서 있고 그 산 자락에 모수족들이 통나무로 집을 짓고 옹기종기 모여 살고 있다. 모수족은 원래 낙씨족에서 갈라져 나왔으며 지금 약 15,000여명이 이곳에서 살고 있다. '아버지', '남편'이라는 말이 필요하지 않아 그런 "단어"조차 없는 곳! '결혼', '이혼', '양육비', '친자확인'이란 말들이 존재하고 있지 않는 곳!

이 세상 하늘 아래 어디에 이런 곳이 또 있을까? 보지 않고는 믿을 수

루구 호수 (Lugu Lake)의 모습.

가 없었다. 나는 이번 여행에서 가장 잊을 수 없는 곳이 될 것 같아 벌써부터 흥분이 된다. 징기스칸의 아들 카불라이 칸(Kabulai Khan)이 중국의 남서부를 침략했을 때 이곳에 병사들을 머무르게 하여 그들이 머물던 숙소가 있었던 곳이란다. 차(tea)와 말(horse)을 교역하던 시절, 대상들이 누비고 다녔던 통로, 즉 차마고도였다고 한다. 그러나 지금은 외부 사람이라곤 소수의 관광객만이 찾을 뿐, 문명으로부터 고립되어 살고 있는 그들만의 행복한 보금자리이다. 자동차로 편도가 약 4-5시간이 걸리기 때문에 하루 밤 잘 준비물만 간단히 챙겨 백팩에 넣었다. 잠시 후 시내를 벗어나니 한가로운 농촌 풍경이 보인다. 그리곤 서서히 산으로 오르기 시작한다. 우리를 태운 차는 산 위로 난 좁고 꼬불거리는 길을 따라 어지럽게 달린다. 뒤를 돌아보니 아찔하다. 한 쪽은 수 천 길 낭떠러지다.

산 정상에 올라 잠시 쉬며 내려가는 길을 보니 이것은 마치 페루(Peru)의 마추피추(Machu Pichu)를 올라가는 길 같이 지그재그(Zigzag)이다. 옆에는 군인을 태운 트럭이 매연을 풍풍 내며 지나간다. 이 길은 중간 중간이 비포장 도로인데다 비가 와서 이곳 저곳에

루구호수로 가는 지그재그(ZigZag) 길

위. 사각형틀 모자를 쓴 이족 여인 오른쪽. 단장한 모수족 여인들.

산사태가 나 있었다. 껍질을 깐 호두를 파는 할아버지에게서 호두를 한 봉지 샀다. 모두 다 팔아도 몇 푼 되지 않을 것 같은 작은 양의 호두를 부서진 나무상자 위에 올려놓고 팔고 있었다. 물건을 가지고 이 높은 산꼭대기까지 올라와서 팔고 있는 할아버지가 측은해 보이기도 하고 장해 보이기도 했다. 호두는 나무에서 딴 지 얼마 되지 않아 촉촉한 게 여간 맛있지 않다.

산과 산 사이에 굽이굽이 흐르는 강은 햇빛에 반사되어 금(gold)강이 되어 흘러가는 듯하다. 한 구비를 지나면 다른 높은 산이, 또 넘으면 다른 산이 앞을 가로막고 있어 마치 모수(musuo)사람 외에는 아무도 루구 호수로 가지 못하게 막으려는가 보다.

점심시간이 되어서 한 마을에 도착했다. 길에 다니는 여인들의 의상이 독특하다. 사진을 찍으려는 나에게 안내인 로드니는 깜짝 놀라며 못 찍게 한다. 이들은 이족으로 외부인에게 아주 사나워 다른 족들도 모두 조심한다고 하며 잘못하면 차도 부수고 카메라도 빼앗긴다고 겁을 덜덜 낸다.

작년에 이곳에 한(중국인)족이 와서 운전을 하고 지나가다가 개 한 마리를 치여 죽이는 사고가 난 적이 있었는데 동네 사람들이 때로 몰려와 행패를 부리는 바람에 돼지 열 마리 값을 물어주고 풀려났고 어느 외국 관광객이 허락 없이 이족 여인의 사진 찍다가 곤욕을 당해서 안내인들 사이에는 이곳을 통과할 때 특별히 주의를 하는 곳이라고 한다.

까만 사각형 틀을 머리에 쓰고 다니는 여인들의 의상이 여간 신기하지 않았다. 그러나 조심하는 수밖에…

마침 한적한 길에 그 까만 모자를 쓴 두 여인이 걸어 가기에 사진을 찍게 허락을 받아 달라고 했더니 어마어마한 돈을 사진 모델로 내라는 것이다. 여기 사람들은 역시 다른 곳처럼 순수함이 보이지 않았다.

우리는 다시 루구 호수를 향해 떠났다.

첩첩 깊은 산이
깊은 계곡에는 굽이굽이 흐르는 강물이
끝없이 꼬불꼬불 이어진 산길이
하늘 높이 서 있는 나무들이 창 밖으로 휙휙
지나간다.

루구 호수 입구표시가 있는 산 정상에 도착
하니 눈발이 날리기 시작한다. 산 아래 보이
는 호수 쪽은 벌써 하얗게 눈이 쌓였다. 하늘
을 떠도는 구름들도 저 높은 산에 막혀 이곳
에서 모수족과 함께 사는가 보다. 눈 덮인 하
얀 산 아래 오른쪽으로 커다란 호수가 보인
다. 갑자기 코끝이 찡— 한다. 바람이 부니 날
씨가 갑자기 더 추워지는 것 같다. 조심조심
운전해 산길을 내려와 호수에 도착하니 눈은
그쳤지만 찌푸린 회색 하늘에 바람까지 불어
댄다. 춥고 배고프고, 말씀이 아니다.
점처럼 호수에 동동 떠 있는 수많은 새 떼들
은 춥지도 않은가? 곱게 치장한 아낙과 남자
들이 노 젓는 배를 타고 호수 한 가운데 있는
섬으로 가는 동안 내 눈은 아낙에게서 떨어
지지 않았다. 머리에 구슬과 꽃으로 단장하
고 예쁜 색깔의 옷을 입은 저 가냘픈 여인이
이 여인 천국의 주인공이란 말인가? 바람과
햇볕에 그을린 화장끼 하나 없는 얼굴이 왠
지 정겹게 느껴진다. 회색 하늘과 끝없이 이
어진 호수에 떠 있는 한편의 일엽편주에 앉

아 있는 그녀는 정녕 산수화 속에 꽃이었다. 물 속에 손을 넣어보니 얼음처럼 차다. 기분이 상큼하다.

섬에 내려 라마교 사원으로 향하는 좁은 길목은 온통 하다(hada)라 불리는 흰 천 조각이 걸려 있었고 바람에 휘날린다. 만져보니 명주 천이라 보드랍기 짝이 없다. 수많은 사람들이 그들의 소원을 빌며 걸어 놓았을 텐데 과연 이루어졌을까?

사원은 섬 제일 높은 곳에 자리 잡고 있었다. 사원에서 바라보는 사자산은 장엄하게 보였고 산자락에 옹기종기 모여 있는 집들은 정겨워 보였다. 소원을 비는 원통들이 사원 벽을 끼고 나란히 서 있었고 아이를 업은 아낙이 계속 원통을 돌리며 걸어온다. 사원 안벽에는 원색으로 그린 그림이 그려져 있었고 사원 한 가운데는 합장을 하고 기도하는 사람도 보였다. 다시 아낙네가 노를 젓는 배를 타고 선착장으로 돌아왔다. 그리고는 이 동네에서 제일로 좋다는 호텔로 갔다.

호텔에는 엘리베이터가 없는지 3층 방까지 걸어올라 가야 한다. 저녁식사는 야채와 버섯 볶은 반찬에 탕까지 진수성찬이다. 밥도 맛이 있었다. 식사 후 이곳 모수사람들의 민속춤과 노래를 구경하러 동네 회당으로 갔다. 발목까지 오는 긴 하얀 주름치마에 화려한 색상의 상의를 입고 알록달록한 줄무늬의 띠로 잘록하게 허리를 묶고는 꽃과 구슬로 머리와 얼굴에 한껏 맵시를 내고 치장한 동네 아낙들이 하나둘 모였다. 검은 바지에 금사가 섞인 화려한 색상의 상의를 입은 남

▌관광객을 실어 나르는
루구호수의 나룻배

정네들이 서 있는데 그들도 아낙네들과 마찬가지로 허리띠를 두르고 모자를 썼다. 한결같이 미남들이다. 이들은 합창으로 노래하며 춤을 춘다. 노래는 여강에서 만났던 낙씨족의 멜로디와 매우 흡사하였고 춤 동작도 비슷하였다. 끝없이 이어지는 춤과 노래는 타는 장작불과 어우러져 어두운 밤하늘에 울려 퍼진다. 그들의 얼굴에는 맑은 미소로 가득하다. 이 세상의 근심 따위는 보이지 않는다. 키드득 거리며 웃는 모습이 천진난만하다. 여강을 떠나올 때 남편은 농담조로 이곳 모수 여인들이 자기를 붙잡아서 아마 여강으로 못 돌아갈지도 모르겠다고 했는데 이곳 남정네들은 모두 키도 크고 인물도 좋아 헛물만 키고 말았다.

밤 11시가 되어서야 눈을 붙였다 싶었는데 벌써 아침이다. 눈곱만 떼고는 식당으로 냅다 달려가니 벌써 아가씨들은 아침 식사 준비에 바쁘다. 펄펄 끓는 물을 주전자에 얻어가지고 방으로 올라 와서 인스턴트 커피 두 잔을 만들었다. 창가에 앉아 호수를 바라보며 따끈한 커피를 마시니 기분이 상쾌하다. 간밤에 본 예쁜 아낙들과 그 잘난 남정네들은 다 어디로 사라졌는지 길에는 개미 한 마리 보이지 않는다. 참으로 별난 곳이다. 짐이라고는 별로 챙길 것도 없지만 그래도 가방에 넣고 식당으로 갔다.

위. 라마교 사원의
마니동과 천불상

이곳 사람들은 감자를 즐겨 먹는지 매 끼니 때마다 감자 요리가 나온다. 그런데 요리방법이 바삭거리지 않는 해쉬 브라운(hash brown) 스타일이다. 게다가 계란탕 까지… 인심이 좋아서 인지 밥도 세숫대야 같은 크기의 그릇에 담아 가운데 놓아 준다. 한 열 명은 먹을 수 있는 양의 밥이다. 푸근한 인심을 보는 듯해서 흐뭇하다.

위. 모수족 여인
아래. 모수족 남자

식사를 마치고 이곳에서 멀리 떨어져 있지 않은 곳에 아주 오래된 라마 수도승들의 승방과 사원이 있다고 하여 그곳을 향했는데 가는 길이 아주 힘들었다. 비로 인해 길이

물탕에다 산사태까지 나 있는 곳을 통과하려니 여간 힘들지 않았다. 그냥 돌아갈까 라고 생각하였는데 못 본다고 생각하니 아주 중요한 무엇을 놓치는 기분이 든다. 그래서 입을 꼭 다물고 아무런 말도 하지 않은 채 별난 동네 구경만 했다.

위. 모수족의 춤.
아래. 라마교 사원 앞에 사는 모수족의 집과 모수족 할머니

사실 운전기사 슈 선생의 대단한 운전 실력이 아니었더라면 아마 중간에 포기하고 돌아왔을 것이다. 고생 끝에 당도한 사원의 철문은 굳게 잠겨 있었다. 그런데 안내인 로날드가 큰 철문 안에 만들어진 작은 문을 열고 우리더러 따라 들어오란다. 안으로 들어가니 사원은 아주 조용하고 사람 얼씬거리는 모습을 볼 수 없었다. 기도 시간이기 때문이란다.

현란한 색상으로 그려진 라마교의 건축물들, 특히 지붕 위에 금빛으로 만들어진 장식들, 유리장 안에 보관되어있는 금으로 만든 천불상, 자주색 승복을 입고 있는 어린 수도승들의 수련하는 모습, 라마 고승들이 살던 곳 등을 볼 수 있었다.
나오는 길에 바로 사원 앞에 사시는 할머니를 만났다. 아기를 업고 있던 할머니 덕분에 그 댁에 들어가서 그들이 사는 집들의 구조를 자세히 볼 수 있었다. 몇 세대가 한 집에 사는 모습이 우리네 옛 생활 모습을 보는 듯하다. 고운 마음을 지닌 아름다운 사람들이 사는 루구 호수, 화장끼 없어도 너무나 예쁜 모수 여인들, 그리고 그들의 남정네들. 그들의 얼굴에 피는 해맑은 웃음은 천사

의 얼굴이 아닐까?

멀리 꼭꼭 숨어 자기들만의 세상에서 행복하게 오순도순 살고 있는 그들을 뒤로하며 꼬불거리는 산길을 따라, 강물 따라, 흐르는 구름 따라, 그렇게 작별하고 여강으로 돌아왔다.

6. 양자강의 상류, 진사강

티베트으로부터 흘러내리는 양자강의 시초인 상류의 강을 금색 모래가 많아 진사강이라고 부른다고 하였다. 이 진사강은 남으로 쭉 흘러내려 오다가 이곳에 와서 "V"자로 휘어지며 북쪽으로 흐르는데 바로 이곳을 "First Bend of Yangtze"라고 부른다. 강물이 180도 휘면서 이곳에 많은 흙들을 가져다 토적시켜 땅이 기름지니 사람들이 이곳에 농사를 지으면서 모여 살게 되어 동네가 형성되었다.

여강에서 약 70킬로미터 북쪽에 있는 "시구(Shigu)" 또는 "Stone Drum Town"이라 부르는 작은 옛 도시가 바로 이렇게 생긴 도시다. 이곳에는 대리석 돌로 만든 북이 정자에 걸려있는데 이는 명나라 때 여강에 사는 낙씨 족장이 다른 부족과의 싸움에서 이겨 전승 기념으로 세운 것이라고 하였다. 이 돌 북은 지름이 5피트이고, 두께가 2피트의 크기이며 이 북에는 전승에 관한 기록이 있다고 한다.

주정부에서는 이곳의 있는 집들을 유적지 보호차원에서 그 당시 모습 그대로 간직하게 했다. 허물어진 담벼락, 기와 사이에 자라고 있는 잡초들, 사각 돌로 만들어 놓은 좁은 골목길, 나무로 만든 작은 대문 등은 그대로 남아있어 이곳을 찾는 방문객들에게 좋은 인상을 주었다. 또 언덕 위에 집들이 지어져 있어서 그곳에 서서 저 아래 흐르는 강물을 바라보니 경치가 이만저만 좋은 게 아니다. 또한 바로 이곳이 모택동 주석과 장개석 총통이 싸우던 장소였다고 한다. 광주에서 모택동 주석이 12명의 대표를 선출하고 공산당을 창당하였을 때 약 300,000명의 홍군을 가지고 있었다고 하였다. 그런데 장개석 총통이 이들을 공비로 명명하고 토벌 작전에 들어가자 모택동의 홍군은 서쪽으로 밀려가며 사천성으로 운난성으로 그도 모자라서 버마 쪽으로 쫓기어 도망을 다니며 싸웠다고 한다.

이곳 진사강을 4번이나 건너며 피해 다니고 또 싸우면서 300,000명의 홍군이 5,000으로 줄어들 만큼 약세였지만 결국 장개석 총통을 밀어내고 중국의 공산당을 창궐하게 한 장본인이 된다.

1966년부터 1976년 동안 과감하게 행한 문화혁명으로 인해 많은 지식인, 예술인들을 감옥에 수감시킴으로 그들의 창작생활에 종지부를 찍게 하였고 또 그림, 조각, 음악, 책 등 모든 예술품을 없애버린 것은 아직도 작은 거인으로 알려져 전세계인으로부터 존경 받고 있는 모택동 주석에게는 옥에 티로 남아 있다. 지금도 많은 중국 사람들은 모택동 주석이 쓴 "한 점의 불꽃이 요원을 이룬다"라는 책을 즐겨 읽는다고 하며 나에게도 권하였다.

시구에서 북쪽으로 휘어진 진사강을 따라 가면서 넓고 완만히 흐르던 강은 서서히 산 속으로 흐르며 강폭이 좁고 물결이 아주 사나워 진다.

이 계곡은 종디안군과 여강군의 경계이며 이렇게 좁은 계곡이 약 15킬로미터 정도 계속된다. 종디안군(Zongdian County)에 있는 약 5,400 미터 높이의 하바설산(Haba Snow Mt.)과 여강군(Lijiang County)에 있는 5,600 미터 높이의 옥룡설산(Jade Dragon Snow Mt.) 사이로 이 진사강(Jhinsa River)은 흐르는데 이 계곡에 이르러서는 강폭이 약 25여 미터 정도로 좁아진다. 양쪽에 마주 보이는 두 산이 높아서인지 그 사이로 흐르는 강물과 계곡은 더욱더 깊어 보였다.

우리는 이 강가로 내려가기 위해 잘 만들

▌ 시구의 집들과 시구의 돌 북

어 놓은 계단을 한 계단 한 계단 밟으며 조심
스럽게 내려갔다. 소용돌이 치는 거친 강물이
흐르는 강 한가운데 바위가 하나가 박혀 있
었다. 사냥꾼을 피해 달아나던 호랑이가 이
곳에 이르러 바로 이 바위를 딛고 건너뛰었
다는 전설로 인하여 이곳을 "Tiger Leaping
Gorge"라고 부른다는 전설을 믿어야 할지...
이 계곡의 경치는 여강 쪽에서도 볼 수 있는
데 반대쪽이 훨씬 더 경치가 좋은 것 같다. 마

사자 돌산과 Tiger
Leaping Gorge

치 캐나다에서 보는 나이아가라 폭포가 미국 쪽 보다 볼 것이 조금
더 많은 것처럼 말이다.

계곡 아래는 나무로 튼튼하게 만든 덱(deck)이 있고 울타리를 둘러
놓아 안전하였지만 그 곳에 서 있으니 계곡으로 지나가는 바람결이
너무 세어 날아갈 것 같아 무엇이던지 꼭 잡아야 될 것 같았다. 소용
돌이치며 흐르는 강물에서는 물 분무가 흩어진다. 물 흐르는 소리가
계곡 속에서 메아리가 되어 더 크게 내 귀를 때린다. 계곡 아래서 산
을 올려다보니 까마득하게 더 높게 보인다. 산의 모습은 보는 각도에

따라 모양이 달라진다. 사자 얼굴 모습을 한 돌산도 있고 새의 모습을 한 돌산도 보인다.

이곳은 다 대리석 돌산이다. 스위스에서 이탈리아로 들어오는 길목에서 대리석을 캐내는 산을 보았는데 이곳은 내가 직접 대리석 돌들을 만져볼 수 있는 산들이 바로 옆에 있으니 중국의 자원은 무궁무진하다는 생각에 부럽기조차 하다.

강에서 올라오는 길은 가마 꾼들의 도움으로 고생하지 않고 가마를 타고 왔지만 우리를 메고 오는 도중에서 4−5번을 쉬며 올라온 가마 꾼들의 고생이 심했을 것 같아 많이 미안하였다. 좋디안으로 가는 조금은 힘들고 오래 걸리는 협곡을 따라 난 길로 가고 싶어 부탁하였는데 추가요금과 사고가 나도 회사에서 책임지지 않는다는 각서를 쓴 후에야 허락을 받고 계곡을 관통하는 여행을 할 수가 있었다. 운전기사 "슈"선생의 허락 받기가 쉽지 않았지만 길이 나쁘면 다시 돌아 좋은 길로 간다고 단단히 얼음장을 놓은 후에야 자동차 핸들을 잡았다.

왼쪽엔 하바설산이 오른쪽에는 수천 길 낭떠러지, 그 밑으로 진사강이 흐르고 있는 절경 중에 절경이지만 운전기사는 운전대를 꽉 쥐고 무척 신경을 쓰는 것이 눈에 보인다. 그래도 우리들이 잘 구경하라고

가마꾼

중간 중간에 차도 세워주어 아름다운 계곡의 사진도 찍게 배려를 해주어 정말 고마웠다. 하늘에 닿을 듯이 높이 서 있는 대리석 돌산을 쳐다보며 파란하늘이 더 파랗게 보이는 그야말로 기가 막히는 아름다운 경치를 보고 있자니 혼자 보기가 너무 아까워 사진을 마구 찍어댔다. "언제 나이가 더 먹어 한가할 때 친구들과 함께 이 사진을 보며 사진여행을 해야지." 라고 말이다.

사실 내가 특별히 이 길을 고집한 이유는 낙씨(Naxi)족이 신령하게 여기는 "백수대"라는 곳을 보기 위해서다. 이백수대는 터키의 파묵깔레(Pamukkale)와 흡사하게 석회수

가 나와 쟁반처럼 물이 담기는 곳이 만들어져 흘러내리는 곳이다. 터키의 파묵깔레의 규모가 훨씬 더 크고 또 그곳에서는 뜨거운 온천수가 나오는데 비해 이곳은 차가운 물이 나온다는 점이 다르지만 우선 모양이 비슷하니 볼만하지 않을까? 그래도 세상에 이런 흡사한 곳이 있다니 그것도 조금 돌아가면 볼 수 있는 것을 어찌 놓칠 수가 있겠는가?

아슬아슬한 협곡을 지나는 동안 정말 단 한대의 자동차도 만나지 못했다. 계곡을 지나니 차가 서서히 높은 산을 올라가고 발 아래는 진사강이 평평한 초원지대를 흘러가는 것이 보인다. 이 강이 흘러 흘러 상해로 가고 황해로 들어간다. 하바설산은 만년설로 덮여있고 산허리에 구름이 걸려있어 금세 산신령이라도 나타날 것 만 같다.

잠깐 잠이 들었나 보다. 눈을 뜨고 밖을 내다보니 길 옆으로 집들도 보이고 식당 간판도 보인다. 백수대가 있는 동네다. 산 속이라 해가 지기 전에 얼른 봐야 할 텐데... 마음이 조급해 진다.

이 백수대의 물을 신성 시하는 낙씨족들이 일 년에 한 번씩 이곳에

▎백수대

모여 제사를 지내는데 볼만하다고 한다. 낙씨 전통 옷을 입은 아낙이 내게 다가와 종이쪽지를 보여준다. "bed and breakfast"라고 영어로 쓴 쪽지다. 민박을 하는 집 아낙이 우리가 그곳에서 묵는 줄 알고 와서 그 종이쪽지를 보여준 것이다. 아마 영어권 사람이 써 준 듯하다. 입장료를 지불하고 백수대로 향하여 올라가는데 가는 길을 잘 만들어 놓아서 그리 힘들지는 않았지만 고산이기에 자주 쉬며, 물을 마시며 조심스럽게 올라갔다.

페루에서 고산증 증세로 고생을 한 경험이 있어 이곳에 와서는 천천히 고도에 적응하며 여행을 하고 있는데도 이곳 백수대를 오르는 길목에서는 고산증 증세가 나타나는 듯하다. 한 15-20분 정도 올라가니 얼음 동산 같은 것이 나타나는데 자세히 보니 다 석회수로 인해 생긴 것이다. 이곳 저곳에 볼품없이 자라난 들꽃들이 우아하게 바람에 흔들린다. 웅덩이에 고인 잔잔한 물 위로 보이는 하늘은 더할 나위 없이 아름답다. 신성한 곳이라 만들어진 길 외로는 갈 수도 없고 위험할 수도 있다. 만들어진 길을 따라 쭉 돌아 나오는데 족히 30분은 더 걸리는 것 같다. 하얀 둥근 그릇에 초록빛깔의 물을 담아놓은 것 같은데 층층으로 몇 개씩 이어져 있다. 물에 손을 넣어보니 역시 물이 차다. 달 밝은 밤에 선녀가 목욕을 하러 내려오는 곳이 아닐까? 생각해 보았다. 그리고는 목욕하러 내려온 선녀가 둥근 탕 속에 들어가서 목욕하는 상상을 해본다. 어디에 나무꾼은 꼭꼭 숨어있을까? 참으로 평화스럽고 아름다운 곳이다.

역시 이곳을 들리기를 잘한 것 같다. 풀 무더기에 털썩 주저앉아 마주 보이는 산과 그 밑으로 이러지는 푸른 논과 밭, 띄엄띄엄 보이는 집들이 석양의 빛을 받아 한 폭의 수채화를 보

백수대가 있는 동네

는 듯하다.

줄줄 물 흐르는 소리,

쩍쩍대는 산 새 소리,

산들산들 부는 바람 소리

나도 이 들과 함께

이 속에서 하나가 되고 싶어라.

산 속이라서 그런지 뉘엿뉘엿하던 해가

산속으로 숨더니 밤이 성큼 다가와 순식

간에 칠흑 같이 어두운 세상을 만들어 버

백수대

렸다. 밤바람은 달아오른 나의 뺨을 시원하게 식혀준다. 은가루를 뿌
려 놓은 듯 수많은 별들이 밤하늘에 반짝인다.

7. 샹그릴라(Shangri-La), 쫑디안(Zhongdian)

북부 운난성 바로 티베트 아래 있는 작은 티베트(Little Tibet)이라
고 불리는 이 도시는 만년설로 덮인 높은 산들로 빙 둘러 쌓여있고
그 아래로 넓은 초원과 호수가 있는 무릉도원 같은 도시이다. 봄이
오면 온갖 꽃들이 만발하여 그야말로 지상낙원처럼 아름답지만 문
명과는 거리가 조금 떨어져 옛 모습만을 고집하며 살고 있는 장족들
의 보금자리이다. 한때는 티베트의 영토였다. 티베트을 여행하는 많
은 사람들이 거쳐 가는 관문이기도 한 이곳은 그래서인지 작은 도시
임에도 공항이 있었다.

운난에서 재배되는 차를 티베트으로 또는 인도로 팔기 위해 만든
"차마고도"라는 길이 바로 이 동네를 통과한다. 이 도시는 여강에
서 북쪽으로 200킬로 정도 떨어져 있지만 우리는 "백수대", "진사
강 계곡" 등을 구경하며 오느라 꼬박 하루가 걸렸다. 사실 북경에서
이곳까지 오려면 기차로 4일이나 걸린다고 한다. 3,300미터 고지에
자리 잡고 있는 볼 것도 대단하지 않다는 이 도시가 3개나 되는 이
름을 갖고 있다는 것부터 흥미로웠다. 티베트 사투리로 "내 마음 속

의 해와 달"이라는 뜻을 가진 "샹그릴라"라는 도시 이름은 영국인 작가 "제임스 힐튼(James Hilton)"이 1933년에 발표한 소설 "Lost Horizon(잃어버린 지평선)"에서 나오는 가상의 도시이다.

인도에서 근무하던 영국의 영사 Conway씨 외 3명이 인도의 Baskul에서 일어난 폭동을 피해 도망 나오다가 한 티베트인에게 피랍되고 그들이 탔던 비행기는 히말라야 산 주위에서 추락하게 된다. 세상으로부터 고립되어 살고 있던 그곳 현지인의 도움을 받아 "샹그릴라"에 있는 라마 사원으로 들어가게 되고 거기서 만난 라마 승정원으로부터 이 모든 것이 계획된 것이라는 것을 듣고 아연실색한다. 누구든 이곳에 사는 동안은 늙지 않고 살 수 있으나 이곳을 벗어나는 즉시 원래 나이로 돌아간다는 믿기 어려운 이야기가 사실인 그 유토피아의 땅 샹그릴라에서 그들은 살게 된다. 그리고 후계자를 위한 계획된 납치라는 이야기를 듣고 고민 끝에 라마 승정원의 후계자가 되지만 후에 그곳을 탈출하였고 시간이 지난 후 다시 되돌아가려고 하였지만 그곳을 다시 찾을 수가 없었다는 그래서 영원한 유토피아를 남겨준다는 줄거리의 소설이다.

눈 덮인 높은 산, 넓은 초원, 명경 같은 호수, 그리고 따뜻한 이 도시가 소설에 나오는 도시와 매우 흡사하다 하여 중국 정부에서는 2001년부터 이곳을 "샹그릴라"라고 공식명칭을 붙여 지금은 그리 부른다고 한다.

▌수도하는 손자를 만나러 온 할머니

사실 "Lost Horizon"을 읽은 많은 서양인들의 머릿속에는 "푸른 달이 있는 계곡(blue moon valley)"인 "샹그릴라"라는 도시야말로 "무릉도원"임에 틀림없다. 그래서인지 호텔이름, 휴양지 이름 등에 이 이름이 많이 사용되는 것을 발견할 수 있다. 미국의 루즈벨트(Roosevelt) 대통령은 본인 재임 시 대통령의 별장인 데이비스 별장(Camp Davis)을 샹그릴라(Shangri-La)로 불렀다고 하는 이야기도 들었다. 또 다른 이름은 진탕전(JIangtang Town)이다.

오기 전부터 들어온 이곳에 대한 좋은 이야기 때문인지 몰라도 밤하늘에 빤짝이는 별만을 보고 이 도시에 들어왔는데도 왠지 기분이 좋다. 고도에 있는 라싸를 가기가 힘들 것이라고 생각한 나에게는 이곳에서 티베트의 모습을 조금이라도 볼 수 있을 것 같아 기대되었다.

라마 승려들

1679년 달라이 라마 5세와 청나라의 강희제가 협력하여 지었다는 라마 사원인 송찬림사(Ganden Sumtseling Monastery)가 이곳에 있다. 이 사원은 라싸(Lasha)에 있는 포탈라(Potala) 사원의 축소판이라고 하였고 이 주위에 작은 300여 개의 작은 사원과 수도승들이 기거하는 곳도 함께 있다. 자주색과 누런 머스터드(mustard) 색상의 승복을 입고 같은 색상의 모자를 쓴 라마승들도 제법 많이 눈에 띈다. 언덕 위에 세워진 금빛이 찬란한 송찬림사 사원의 지붕은 모두 금색으로 단장했고 그 밑 처마는 단청으로 장식되어 있다. 지붕 위에는 라마교의 상징인 금으로 칠한 두 마리의 사슴을 마주보게 세워놓았

송찬림사

고 지붕 네 귀퉁이는 봉황새가 날아가는 모습을 만들어 놓았다. 사원 안에는 수백 명의 라마 고승에서 어린 동자승까지 앉아서 소리 내어 합창으로 경을 읽고 있었다. 우리는 사원 안

위.시내의 상점들
아래. 자이언트 마
니통

을 돌아볼 수는 있지만 사진이나 비디오 촬영은 금해 있고 또 경을 읽고 있기 때문에 말도 할 수 없어 궁금한 것은 나와서 물어야 하는데 라마교의 지식이 없는 나는 물어볼 것이 없었다.

사원 안에 조그만 방이 있었는데 그 방에는 찢어진 북이 걸려 있었고 북 사이사이 하다와 돈이 꽂혀 있었다. 언뜻 낙랑공주가 사랑하는 호동 왕자를 위해 찢었다는 자명고 생각이 나서 한번 두들겨 보았는데 어찌나 소리가 좋은지…

방을 하나 차지할 만한 북이라면 분명히 사연이 있는 북일 텐데 물어 보지를 못했다. 대귀 산 언덕 아래에는 돌리며 기도할 수 있는 마니통(Giant Prayer Wheel)이 세워져 있었고 그 위로 쭉 올라가면서 양쪽 길에는 관광객들을 위한 기념품 가게, 식당, 차 집 등이 있으며 더 계속 더 올라가면 마지막으로 큰 광장으로 연결되는데 이곳이 관광객을 위한 중심지이다. 이곳에 사는 장족은 야크(yak)에서 나오는 야크 고기를 비롯하여 야크 우유, 야크 치즈, 버터 차등을 즐겨 먹는다. 특히 저녁 무렵쯤 되면 이곳 광장에는 작은 난전(open market)이 벌어지는데 볼거리가 많고 여러 종류의 꼬치구이를 파는 가게가 많아 음식을 사면 직접 그 자리에서 불에 구어 준다. 사람들이 고기나 야채 등을 가는 대나무 꼬챙이에 끼워 쉬쉬카밥처럼 불에 구어 먹는 모습은 이곳에서 흔히 볼 수가 있다. 광장에서 우리들이 머무는 호텔 쪽으로 걸어 나오면 야크 바(yak bar)라는 한국 식당이 나온다. 특히 이곳에는 내가 좋아하는 송이버섯이 많이 생산되는데 지금은 철이 아니라 말려 놓은 것 외에는 없어 말린 송이버섯으로 만든 요리밖에는 먹을 수가 없었다. 그래도 역시 송이버섯은 말려도 맛이 있다. 내가 맛있게 잘 먹으니 오월에 다시 오란다. 오월엔 내가 좋아

하는 송이버섯도 많이 나오고 여러 종류의 산나물도 시장에 많이 나온단다. 그리고 온갖 꽃들이 만발하여 그야말로 "천상의 도시"가 된다고 하니 언젠가 한번은 5월에 다시 이곳에 와야겠다. 역시 여행 안내자는 손님을 끌어드리는 방법도 다양하다고 생각하며 웃었다.

도시의 가로등도 라마 사원의 상징을 본 따 만들었고 길거리는 깨끗하며 자동차는 많지 않았다. 가게도 노란색과 붉은색상의 천을 이용해 밸런스 스타일이지만 아주 짧은 커튼을 이중으로 만들어 입구에 달아 놓았다. 거리에서 또 상가에서 중국과는 좀 다르다는 느낌을 받았다.

지금은 중국 정부에서 한족을 이곳으로 이주시켜 중국화를 만들려고 한다. 또 티베트의 라싸까지 철도도 놓았다. 관세음보살의 화신으로 태어나는 달라이 라마를 대치하기 위해 판체 라마까지 세웠다고 한다. 50년이나 달라이 라마가 돌아와 주기만 기다리던 어느 장족 할아버지는 지금도 매일 달라이 라마가 고국으로 돌아오기를 기도한다고 하였다. 빨리 돌아오지 않아 그를 기억하는 자기들이 다 죽게 되면 아무도 달라이 라마를 알아보지 못하지 않겠느냐고... 지금 인도에서 조국 티베트의 광복을 위해 혼신의 힘을 쓰고 있는 달라이 라마는 이미 70세가 되었다고 한다. 언젠가 텔레비전에서 달라이라마를 본 적이 있다. 얼마나 조국 해방을 그리며 애태우고 있을까. 얼마나 조국에 돌아가고 싶을까. 일제압박에서 살던 우리네 처지가 떠올랐다.

"중국 사람에게는 중국 정부가 티베트 사람에게는 티베트 정부가 필요하지 않겠느냐"는 그 젊은이의 말이 아직도 내 귀에 쟁쟁하다. 그리고 내 가슴을 무겁게 짓누른다.

▮ 장족의 옷을 파는 상점.

에콰도르
갈라파고스 섬들

1. 진화론의 발상지, 갈라파고스 섬들

갈라파고스(Galapagos)의 섬들은 남미에 있는 에콰도르에서 약 600마일 서쪽, 태평양 속에 자리잡았다. 화산으로 이루어진 크고 작은 19개 섬들로 이루어져 있고 크기는 약 3000 평방 마일에 달하며 이 섬들은 모두 에콰도르 영역이다.

1535년 Tomas De Berlanga가 갈라파고스 섬 중에 하나인 이사벨라(Isabella)라는 섬을 발견하고 거북 등처럼 생겼다고 하여 갈라파고스라고 불렀다고 한다. 이 섬들은 육지에서 멀리 떨어져 있는 지리적 조건으로 한동안 죄인을 수용하는 감옥으로 사용되기도 했다

인구 17,000명이 19개중 4개의 섬(San Cristobal, Santa Cruz, Isabella Floreana)에 나누어 살고 있고 나머지 섬들은 모두 무인도로 다른 곳에서 쉽게 볼 수 없는 희귀한 종류의 동식물들이 많이 서식하고 있다.

특히 이 섬들은 육지와 멀리 떨어져 있는 관계로 처음엔 방치되었지

에콰도르 수도, 키토 (Quito)
왼쪽. 발트롬섬의 유명한 피나클

만 보호정책으로 지금은 희귀 동물들의 천국이 되어 버렸다. 일년에 약 90,000 명 (예전엔 20,000명으로 제한했음)의 관광객만 허용하고 있다.

이 섬들 중 가장 큰 이사벨라 섬은 적도 선상에 놓여 있고 남북의 길이가 85 마일이나 되며 이 갈라파고스 섬들이 차지하고 있는 면적의 반을 차지할 정도의 큰 섬이다. 이 섬을 중심으로 왼쪽엔 페르난디나 섬이 오른쪽에는 산티아고, 산타크루즈 등등의 섬들이 오순도순 붙어 갈라파고스 섬들을 이루고 있다. 이 갈라파고스 섬은 현재 갈라파고스 국립공원 (Galapagos National Park)과 찰스 다윈 리서치 스테이션(Charles Darwin Research Station) 두 곳에서 관리하고 있다.

우리 식구 다섯 명은 마이애미에서 비행기를 갈아타

에콰도르 수도, 키토에 있는 동정녀 마리아 상.

고 안데스(Andes) 산맥 가운데 3,000 미터 (9,000ft) 고지에 있는 에콰도르의 수도 키토(Quito)에 도착하여 시내 호텔에서 하룻밤 자고 그 이튿날 아침 일찍 Guayaquil를 거쳐 약 3 시간 후에 갈라파고스의 유일한 공항이 있는 발트라(Baltra) 섬 공항에 도착하였다. 승합차 같은 버스로 공항에서 멀지 않은 항구로 이동하여 그 곳에 대기하고 있던 작은 배(승객 100 여명)에 승선함으로써 우리들의 갈라파고스 여행이 시작되었다.

약 30 여명이 되는 승객들이 라운지에 모여 서로 인사를 나누고 얼굴을 익히는 시간을 가졌으며 여행하는 동안 우리들이 꼭 지켜야 할 사항들에 대한 설명을 들었다. 워낙 승객수도 적었지만 주로 가족단위로 왔기 때문에 사람들의 이름 외우기는 어렵지 않았다. 섬에 내려서 안내원을 따라 길을 걸을 때 표시된 경계(주로 돌이나 나무표시) 밖으로는 나가서는 절대로 안 되며 동물이나 식물들을 만지려고 하지 말고 이곳에 있는 어떤 것들, 돌멩이 하나 풀 한 포기라도 섬 밖으로 가져가서도 안 된다는 것이다.

화산재에 따라 해변(black sand beach, red sand beach, golden sand beach, white sand beach)마다 특색이 있고 어떤 섬은 "blue foot boobies"가 떼지어 살고 있고 어떤 섬은 온통 "marine iguana"가 바위를 뒤덮을 정도로 떼지어 살고 있는 등 섬 마다 독특한 다른 것들이 눈에 띄었다. 그러니 관광객들이 가져갈 수 있는 것은 오직 사진과 좋은 추억뿐이라고 강조한다.

사실 거북이나 이구아나들이 모래 속에 알을 낳고 가기 때문에 잘못하면 우리들이 이 알들을 밟을 수 있다는 것도 뒤늦게 알게 되었다. 또 이곳은 절대로 안내원 없이는 여행을 허락하지 않고 가이드들은 정부에서 실시하는 특별한 교육과 시험에 합격한 사람들로 이들은 그냥 가이드가 아니고 "Naturalist" 라고 불려진다.

우리들의 가이드 나쵸는 이곳 갈라파고스섬에 있는 동물, 식물, 해양, 기후 그리고 역사를 줄줄이 꿰고 있어 마치

에콰도르 나라와 갈라파고스의 섬의 지도

갈라파고스의 "walking dictionary"처럼 보였고 그는 자기 직업에 아주 만족하고 또 자랑스러워 하고 있었다. 보통 한 명의 Naturalist 밑에 약 20 명 정도가 한 조가 되는데 우리들의 경우엔 10 명이 한 조가 되었다. 우리 식구 5명, 일본에서 온 젊은 두 청년, 스웨덴에서 온 세 아가씨 이렇게 한 조가 되어 같은 배(조그만 모터보트)도 타고 산책도, 식사도 함께 하며 여행이 끝날 때까지 한 식구처럼 지나게 되었다.

이 그룹에서는 우리 부부가 최고 연장자이고 또 우리 아이들이 "엄마", "아빠"하고 부르니 다른 사람들도 덩달아 "엄마", "아빠"하고 불러 우린 그룹의 "아빠", "엄마"가 되어서 8명의 아이들을 데리고 다니는 즐거운 여행이 되었다.

2. 발트롬 섬(Bartlome Island)

발트라(Baltra)섬을 떠난 배는 북쪽으로 달려 점심시간이 지난 후에야 우리를 Bartolome 섬에 내려 놓았다. 이 섬은 갈라파고스에선 제일 나중에 생긴 섬이라고 하며 이 섬이 생긴 지는 500,000년이 되었다고 한다. 물에 발을 적시지 않도록 나무로 덱(deck)을 만들어 놓아 배에서 직접 섬으로 갈 수 있게 해 놓았다. 발을 내어 딛는데 옆에서 무엇이 움직인다. 자세히 보니 온통 물개들이 소풍 나온 것처럼 검붉은 화산석 바위에 누워 있다. 사람들이 가까이 다가와도 무서워 도망갈 생각도 없이 눈만 끔뻑거리며 우리를 바라본다.

이 섬은 용암으로 이루어져 있어서 모두가 검붉은색이다. 산꼭대기 정상까지 만들어 놓은 나무계단을 따라 걸어 올라가는 길에 나타나는 화산석처럼 새까만 도마뱀들이 무섭다고 소리치던 나의 딸 쥬디에게도, 귀엽다고 한 마리 잡아 손에다 올려 놓고 관찰하는 막내둥이 조(Joe)에게도 이제는 더 이상 관심을 끌지 못할 만큼 수많은 도마뱀들이 여기저기 지천으로 깔려있다. 생명의 강인함은 중간 중간 파란 풀들이 화산석 사이사이로 자라고 있는 데서도 볼 수 있었다.

산 정상을 올라가는 계단에는 손잡이(side rail)가 있어 산을 오르는 것이 힘들지 않았다. 산을 오르는 동안 저쪽 바다에서 불어오는 시원한 바람이 땀을 식혀 주었다. 저 아래 바닷가에 우뚝 선 바위 탑(pinnacle)이 출렁이는 바닷물에 하얀 파도를 만들고 있고 사방은 고요한 정적에 싸여 있다. 우리는 이 곳 등대 앞에서 가족기념사진 촬영을 하고 이곳에만 산다는 갈라파고스 펭귄을 구경하러 갔다.

키가 약 30−35cm이고 하얀 배에 짙은 회색 털, 검붉은 주둥이, 검은 발이 꼭 다른 물새들과 비슷해 보였다. 보통 펭귄은 남극처럼 추운

발트롬 섬의 등대 정상에서

곳에서만 사는데 이 종류만 적도에 살고 있기에 특별히 보호하는 희귀종이라 한다. 이 때까지 내가 보아 온 펭귄 중에서는 가장 못생긴 (?) 것 같았다. 그래도 우리 안내인 나쵸의 이 펭귄사랑은 대단하였다. 우리들이 사진을 잘 찍을 수 있게 아주 가까이 펭귄 옆으로 모터보트를 대어주며 적도의 펭귄을 사진에 잘 담으라며 웃는다.

위. Galapagos penguin.
아래. 수영을 즐기고 있는 필자의 남편과 아들.

우리는 오전, 오후 이렇게 하루에 두 번 작은 배를 타고 섬으로 가서 하이킹도 하고 수영도 하였다. 그리고 우리들이 배에 있는 동안 주로 밤이나 점심 후 낮잠(siesta, 이곳 남미사람들은 점심 식사 후에 꼭 낮잠을 잔다)자는 시간을 이용하여 배는 다음 행선지로 움직인다.

산 위에서 본 바위 탑의 크기나 모양은 산 위에서 볼 때보다 바다에서 보니 더욱 웅장하고 멋있어 보였다. 맑은 바닷속에는 많은 고기떼들이 왔다 갔다 한다. 남편은 물속에 들어가고 수영을 하고 싶은 모양이다. 이 섬에는 우리가 수영을 할 수 있는 곳과 수영을 할 수 없는 곳이 정해져 있는지 난감한 표정을 짓던 나쵸가 "아빠가 대표로 수영을 하라"는 허락이 떨어지기가 무섭게 남편은 벌써 풍덩 하고 물 속으로 들어갔다. 호수처럼 잔잔하던 바다가 출렁거리며 물결을 만든다. 뒤따라 고등학교 수구 주장인 막내 조가 아빠 도우미 자격으로 물 속으로 뛰어 들어갔다. 물이 너무 차서 만약을 위해 따라 들어갔고 다른 아이들도 아빠에게 무슨 일이라도 생기면 도와 줄 대기상태로 아빠를 주시하며 있었고 보트도 계속 수영하는 곳을 바짝 따라 붙었다. 수영을 하는 바닷물 속을 자세히 보니 수많은 작은 고기떼들이 남편과 아들이 수영하는 뒤를 따라 같이 헤엄친다. 아마 엄마고기라고 생각했나 보다. 아니 인어라고 생각했을 수도 있겠지? 인어가 되어 태평양 바닷속에서 고기떼들과 함께 수영하며 보내는 시간도 좋은 추억이 되리라. 물에서 나온 남편은 영원히 잊지

위. 발트롬섬에 있는 유명한 피나클
아래. 적도를 밟고 지나간 사람들만 받는 '적도통과 증명서' 사본

못할 경험이라고 흥분하고 있다. 우리들은 남편을 "Fish's father"라고 놀리며 여행이 끝날 때까지 그렇게 불렀다.

3. 산티아고 섬(Santiago Island)

우리가 잠든 사이 우리를 태운 배는 산티아고 섬 북쪽 해안에 정박했다. 아직도 우리는 적도 아래에 머무르고 있다. 이번 여행에선 적도를 갈 때 두 번, 올 때 두 번 이렇게 모두 네 번을 지나게 되고 적도의 바다신인 냅튠의 허가서도 받는다고 한다. 적도에는 무슨 표시가 있는지? 줄이 그어져 있는지? 궁금하기만 하다.

매일 아침 배에서 바라보는 바다에서 붉게 떠 오르는 해돋이 광경은 말로 표현을 할 수 없도록 아름답다. 우리를 태운 이 배는 작고 또 승객수도 적어서인지 늘 갑판에 뷔페처럼 상을 차려놓고 먹고 싶은 것을 마음대로 덜어 먹을 수 있다. 야채나 과일은 아주 작은 그릇에 담아놓아 조금밖에 먹을 수 없으나 생선요리 또 소고기 요리는 푸짐하다. 그러나 과일 중에서 바나나만은 얼마든지 먹어도 좋을 만큼 수북하게 쌓아 놓았다. 모든 식품을 에콰도르에서 이 섬들로 가져 오는데 이 나라가 바나나 수출국이어서인지 어디를 가도 바나나는 풍년이다.

어제 저녁 라운지에서 하루 종일 본 것들을 복습한 후에 다음날 보러 갈 곳을 미리 예습하였는데 동물이름, 새 이름, 식물이름이 모두 뒤죽박죽이 되어 뭐가 뭔지 모르겠다. 아이들에게 자꾸 물어보는 것도 자존심이 상해 아는 척 하고 앉아 있으려니 더욱 답답하다. 다행이 일본에서 온 "다나까"가 영어를 잘 못해서 그 아이 핑계로 물어 볼 수밖에...

marine iguana, boobies, frigate bird, sally light foot crab, cormorant, albatross, finch 등등 생전 처음 듣는 이름들, 그래도 펠리칸(pelican), 홍학(flamingo), 물개, 거북 정도는 나도 쉽게 알아 듣겠는데 말이다. 남편은 자꾸 나보고 배워서 남주는 것 아니니 노트 필기하라고 한다.

우리가 내린 산티아고 해변은 온통 용암으로 뒤덮여 있었고 어떤 얇은 층의 용암이 계속되는 파도와 환경에 의해 주저앉아 드문드문 크게 구멍들을 만들었다. 그리고 그 작은 동굴 안은 곧 바다로 연결되어 있어 그 속으로 바닷물이 철썩 이며 들어왔다 나갔다 하며 하얀 거품을 만들었다. 우리들은 모두들 그 주위에 걸터앉아 소리도 지르고 발도 흔들며 파도소리와 더불어 함께 즐기는 동안 저쪽 끝 얕은 바다에선 물개들이 육지로

위. 파도에 의해 푹 꺼져 버린 용암석 위에 앉아 있는 사람들
아래. 블루풋 부비(blue footed booby)

뒤뚱거리고 올라오고 있었다. 우리들은 나쵸의 인솔하에 물개들이 있는 방향으로 가서 얌전히 앉아 이들이 우리 곁에 다가오길 기다렸다.

우리가 먼저 동물을 만지면 안되지만 동물들이 다가와서 우리를 만지는 것은 괜찮다고 해서 모두 숨을 죽이고 앉아 그 행운을 기다리고 있었다. 그 행운은 우리 팀에서 가장 어린 우리 막내아들인 조에게 찾아왔다. 우리들은 그 물개가 조의 발을 핥으며 냄새를 맡는 것처럼 흥흥거리며 코로 비벼대는 것 같은 동작을 소리 없이 보고 있었다. 몸통이 온통 새까만 아기 물개였다. 여러 마리의 물개들이 무리 지어 있었는데 다른 놈들은 가까이 오지 않고 철없는 새끼 물개들만 천방지축 제 마음대로 돌아다닌다.

저쪽 까만 용암 사이로 빨간 "sally light foot crab"들이 떼지어 왔다 갔다 한다. 아주 큰 놈부터 새끼 게까지 용암 바위 속으로 들어갔

blue footed booby

다 나갔다 하며 숨바꼭질을 한다. 큰 게는 색깔이 주홍 색이 있는 빨간색이며 여간 예쁘지 않은데 비해 새끼들을 색깔이 잿 빛이어서 예쁘지 않았다. 보통 살아있는 게는 색깔이 별로이지만 삶아 놓으면 색깔이 붉으며 먹음직스럽다. 그런데 이 게들은 살아 있는 것이 꼭 삶아놓은 게 색깔과 아주 흡사하다. 이곳 갈라파고스에서 게를 잡아 먹어도 된다고 하면 일본친구들이 제일 먼저 시식할 것 같다. 이들은 삶아 놓은 것 같은 게를 본 순간부터 계속해서 일본에서 먹던 게 얘기만 한다. 하기야 나에게도 밤에 팔러 다니는 영덕 게가 먹고 싶어 아버지를 졸라서 사 먹었던 어린 시절의 기억, San Francisco의 Fisherman's Wharf 에서는 내 머리통만한 킹크랩을 주문해서 슬슬 끓는 물에 삶아주면 그 놈을 들고 테이블로 가선 턱받이를 한 후에 나무망치로 두들겨 가며 먹던 생각들이 주마등처럼 지나간다. 그러니 이 게만 봐도 군침이 도는 것은 나뿐만이 아니라 모두들 침 꼴깍하는 소리가 들리는 듯하다.

4. 적도

우리들이 이 섬을 방문한 계절은 많은 동물들이 새끼를 만드는 시기인지라 이 "sally foot light crab" 들도 종족번식의 법칙에 순응하기 위해 여기 저기에서 사랑놀이에 한창이다.

우리들 모두는 용암이 흐르며 만들어 놓은 자연석 의자에 앉아 흥미로운 게들의 행동을 관찰했다. 두 마리의 게가 가슴과 가슴을 맞대고 약 2-3분 사랑을 나눈 후엔 서로 헤어져 바위 밑 시원한 곳을 찾아가 입에서 거품을 빠글빠글 내며 기운이 소진한 듯 축 늘어진 모습으로 숨을 할딱거리며 쉬고 있다. 이제 몇 달 후에는 또 새끼 게들이 태어날 거고 또 늙어 죽던지 다른 동물에 잡혀 먹히던지 그렇게 흔적도 없이 사라지지만 계속 새끼를 낳기 때문에 이곳을 오는 모든 사람들에게 흥미와 군침 돌게 할 것이다.

또 발이 파란 "blue footed booby"가 이곳에 살고 있었다. 목이 길고 유난히도 주둥이가 뾰족하며 오리발같이 물갈퀴가 있는데 색깔이 터코이즈 색깔이다. 나쵸는 발 색깔에 따라 red footed booby, masked booby, blue footed booby 이렇게 세가지 종류가 이 갈라파고스에 살고 있다고 한다. 키가 약 1 미터 안팎이고 날개를 폈을 때 양 날개의 길이는 약 1.5 미터가 되는 이 새들은 주로 바위에 둥지를 틀고 무리를 지어 다닌다. 물 속에서 고기를 사냥한 후 물 밖으로 나와서 예쁜 푸른 두 발로 물 위를 걷는 듯 차는 듯하며 하늘을 향해 일렬로 떼지어 올라가는 모습은 얼마나 장관인지 아직도 눈에 선하다.

오늘 밤 우리 배가 적도를 지난다는 이야기를 듣고 꼭 선창에 나가 적도가 어떻게 생겼나 보리라고 마음먹고 일찍 잠자리에 들었다. 한숨 자고 일어나면 시간이 대충 그곳에 도착할 시간이었다. 자명종 시계를 맞춰놓고 살짝 잠이 들었는데 갑자기 가슴이 답답하고 숨을 쉬

red footed booby와
blue footed booby

어도 공기가 모자라는 것 같은 공포가 밀려오니 더 이상 숨을 쉴 수가 없을 것 같다.

말도 나오지 않고 너무나 급박한 상황이라 옆에 자는 남편을 마구 흔들어 깨워 부축을 받아 갑판으로 올라가서 찬 밤공기를 마시니 한결 도움이 되었다. 이 배에는 의사가 없고 의무요원이 한 분 있는데 그저 응급 조치만 해결해 줄 수 밖에 없어서 난 왈칵 겁이 났다. 어떻게 하던지 별 탈없이 이 고비를 잘 넘겨야 할 텐데...

복식호흡으로 호흡조절을 하고 칠흑 같은 밤하늘을 쳐다보며 적도의 용왕과 토끼 거북 이야기 생각을 하며 여기저기 갑판을 왔다 갔다 하는 동안 서서히 가슴 답답한 증상이 사라졌다. 찬 밤바람이 좋지 않을 것 같아 다시 방으로 돌아와 잠을 청하는데 또 똑같은 증상이 나타났다.

나는 아예 베개와 담요를 들고 갑판으로 올라와서 그 곳 의자 위에다가 잠자리를 폈다. 아마 오늘밤은 여기서 자야 할 것 같다. 별하나 보이지 않는 칠흑같이 까만 하늘, 검은 바다, 배 뒤쪽에 달려있는 초라한 전등불 마저 없었다면 아마 우린 검은색 속에 파묻혀 있을 것 같다. 전등불 빛을 따라 새의 길이의 3-4배정도 긴 꼬리를 가진 눈부시게 하얀 새 한 마리가 밤이 새도록 그 긴 꼬리를 흐느적거리며 우리 배를 따라온다. 아마 밤이라서 더욱 희게 보이는 것 같다. 꼭 전등불을 매달아 놓은 막대기에 묶여있는 것처럼 일정한 간격을 유지하며 날아 우리와 함께 적도를 향해 가고 있다. 나중에 그 새의 이름이 red billed tropic bird인 것을 알았다.

갈라파고스 핀치

검은 바닷물 속을 보니 고기가 헤엄치는 모습, 그 고기를 잡아 먹으려는 돌고래들의 모습이 전등불 때문인지 잘 보인다. 쏜살같이 따라오는 돌고래를 피해 죽기살기로 도망가는 고기들의 물결 가르는 소리들, 그러나 곧 모든 일이 끝나버리고 아무 일 없었던 것처럼 다시 조용해지는 검은 바다! 삶과 죽음이 순식간에 이루어지고 또 이루어지는 반복되는 상황을 나는 그저 물끄러미 바라다 볼 뿐이다.

지칠 줄 모르는 밤바다의 돌고래들과 고기들의 전쟁에서 항상 물고기가 잡혀 먹히고 만다는 결론을 알면서도 제발 안 잡히고 멀리멀리 도망가기를 원하는 나의 마음을 아는지 모르는지 잡아 먹히는 상황은 반복되고 나는 여전히 갑판에 서서 속수무책으로 그냥 그 약육강식의 철칙을 구경만 할 뿐이다. 불쌍한 고기들!

재주를 잘 부리고 사람 말을 잘 들어 귀여움을 많이 받는 돌고래가 그렇게 사나운 폭군이 되어 물고기들을 잡아 먹는 줄은 정말 몰랐다.

우리를 태운 배는 계속 검은 바닷물을 헤치며 북으로 북으로 향하여 달리고 한 마리의 긴 꼬리 흰 새는 아직도 우리 배 끝에 매달린 초라한 전등불 막대기 뒤에서 바다로 떨어질 듯 떨어질 듯이 날고 있다.

아무리 둘러봐도 어디가 적도인지... 적도라고 그어 놓은 금도 없고 막대기 표시도 없이 끝없는 망망한 검은 바다 위에 떠 있는 작은 배는 고요한 정적 속으로 우리를 이끌고 간다.

5. 이사벨라 섬 (IsabellaIsland)

북적이는 소리에 눈을 뜨니 벌써 아침 해가 저만치 떠올라 있었다. 우리 배는 산티아고섬을 떠나 북쪽으로 가면서 간밤에 이사벨라섬을 중심으로 서쪽에서 한 번 동쪽에서 한 번 이렇게 적도를 두 번이나 지났다.

이사벨라섬은 갈라파고스섬 육지의 반을 차지하는 가장 큰 섬이며 적도 선상에 있는 꼭 해마(seahorse)같이 생긴 섬이다. 이 섬에는 5600 피트나 되는 Volcan Wolf라는 높은 산도 있고 바닷물이 들어와 만들어진 큰 호수도 있었으며 약재로 쓰였던 여러 종류의 식물들도 많이 자라고 있어 약이 없었던 시대에 살던 이곳 주민들에게 도움을 주었고 온갖 나무에 달리는 열매들은 새들의 먹이가 되어 서로 공생하며 조화를 이루고 살아가는 평화로운 동물의 천국이다.

옛적에 이곳을 항해하던 배들을 노략질하던 해적선들의 본부였으며 또한 고래잡이 배들이 고래사냥을 하던 곳이었다고 한다. 우린 작은 배를 타고 섬에 닿은 후 산 정상을 향해 올라가기로 했다. 사람이 한 두 명이 다닐 수 있는 좁은 산길을 앞서거니 뒤서거니 하며 가는 동안 여러 종류의 나무들, 새들, 바닷물로 채워진 호수, 멀리 발 아래 내려다 보이는 만경창파의 바다를 보며 이 곳이 이사벨라 섬인가, 카탈리나 섬인가 잠시 혼동하기도 하였다.

호화로운 요트, 예쁜 그림 같은 집, 북적대는 인파, 그리고 즐비하게 늘어선 상점들만 있다면 이곳이나 내가 사는 로스앤젤레스 서쪽에 있는 카탈리나 섬과 별반 다르지 않을 것 같았다.

잎 없이 메마른 앙상한 나뭇가지에 앉아 있는 보잘것없고 작은 핀치(finch, 참새종류의 새)를 보고 그 유명한 다윈(Charles Darwin)의 진화론(Theory of Evolution)이 여기에서 연구되었다 한다. 영국인 다윈이 1830년 이곳을 찾아와서 생태계 연구를 하며 자기집 동네에 사는 영국 핀치와 이곳에 사는 갈라파고스 핀치를 비교해 그 진화론을 정립시켰다니 새 한 마리, 풀 한 포기가 예사롭지 않다.

끼억끼억 거리며 울고 날아가는 새 소리, 횡-하고 이따금 한 번씩 불어주는 바람소리를 뺀다면 이곳은 그야말로 적막강산이다. 이럴 때 갑자기 저 바다 위에 나타난 해골을 그린 까만 깃발을 단 해적선 위엔 애꾸눈 선장이 망원경으로 여기저기 무엇을 찾고 있다. 그들의 눈에 들어온 한가로이 유유자적하며 여행하고 있는 호화 여객선을 발견하고선 곧장 그 여객선 옆으로 다가간다. 선전포고를 하고 일방적으로 싸우는 무법의 해적선과의 싸움 장면을 상상한다. 디즈니랜드에서 해적선 놀이기구를 타고 보아 왔던 장면들이다. 지금이 어느 때인데 해적선 운운을 하느냐고 꿈 깨라는 남편에게 지금도 그런 일이 일어날 수 있을 거라고 반박을 해보지만 일장춘몽 같은 상상이어서 혼자 피식 웃고 말았다.

먹을 수 있는 열매라고 따주어 먹어보니 딸기 종류 같은 게 새콤달콤 여간 맛있지 않았다. 오른쪽 편 아래쪽으로 내려다 보이는 바닷

물이 들어와 만들어진 잔잔한 호수는 크기
는 다소 작지만 백두산 천지와 매우 흡사하
다. 아마 이곳이 해적들의 본부였는지도 모
르겠다. 왜냐하면 이 호수는 바다 쪽에서는
잘 보이지 않게 얕은 산으로 둘러 싸여 있지
만 아주 크고 깊어서 해적들이 숨어 살기에
는 지리적 조건이 매우 유리하다.

산 정상에 올랐다가 우리 일행은 다른 길로
하산하여 바닷가로 내려오는데 날개가 반
쯤 잘려진 것 같은 까만 새들이 날지도 못

하고 걸어서 도망가는데 어찌나 빨리 가는지 날아가는 거나 별반 다
르지 않았다.

나쵸는 이 새는 코모란(cormorant)이라고 불리는 새로 원래 날개가
그렇게 생겼다고 했다. 날 수 없는 이 새는 색깔이 검으며 목이 통통
하면서 약간 길고 발은 짧고 발목은 굵었다.

세상에, 어쩌자고 날개를 반 동강으로 만들어 놓으셨을까... 날개가
없으니 저 푸른 넓은 창공을 한번 시원하게 훨훨 날아 보지도 못하고
그저 달리기 선수마냥 평생 이렇게 뛸 수 밖에 도리가 없다. 여기가
이 코모란 새들의 서식지인지 많이 눈에 띄었다. 검은 바위와 새들의
색깔이 같아 자세히 보지 않으면 구별하기가 그리 쉽지 않다.

한편 이 섬 저 섬 골고루 퍼져서 살고 있는 펠리칸(pelican)은 고기
잡이 선수다. 이 펠리칸들은 하늘을 얕게 뜨며 날다가 고기를 보는
순간 주둥이를 물로 향해 그냥 화살이 꽂히듯 물속으로 들어가 고기
를 낚아챈다. 여러 마리의 펠리칸들이 이렇게 할 땐 꼭 하늘에서 갈
색 돌멩이가 떨어지듯 여기저기서 물 속으로 첨벙거리며 들어가는
모습은 참으로 장관이다.

고기떼가 몰려 있는지 없는지는 하늘을 나는 새 떼들을 보면 틀림이
없다. 고기가 많을 땐 꼭 새들이 떼지어 저공으로 날며 공격 개시를

하고 있다. 새들은 시력이 엄청 좋아야 할 것 같다.

6. 페르난디나 섬(Fernandina Island)

페르난디나 섬은 이사벨라 섬 서쪽에 있으며 적도 아래에 위치한 갈라파고스 섬 중에서 가장 왕성하게 용암을 분출하고 있는 화산이 있는 섬이다.

우리가 배에서 내린 곳은 소다로 부풀려 놓은 밀가루 반죽 같은 시커먼 용암이 바다까지 흘러 내려와 있었고 그 위로는 용암색깔과 같은 검은 바다 이구아나(marine iguana)가 즐비하게 깔려 있어 우리들에게 신비와 경이로움을 주었다. 이구아나는 육지에서 사는 초록 색깔의 이구아나와 물에서 사는 검은 색깔의 바다 이구아나가 있는데 이 동물은 파충류로 모양은 도마뱀과 비슷하게 생겼지만 크기는 성년 이구아나가 약 2미터나 되며 돌고래와 크기가 비슷하다. 이 동물들은 꼬리를 술렁술렁 흔들며 바다에서 수영도 하고 새끼를 등에 태우고 여기저기 엉금엉금 기어 다니기도 한다. 이들이 걸을 땐 천천히 다녀 우리들은 쉽게 만져 볼 수 있다고 생각했는데 막상 우리들이 그들 곁으로 다가가니 어찌나 빨리 도망을 가는지……

이 괴물 같은 동물은 바위에 붙어 있는 이끼들이나 작은 해초를 먹고 사는 채식 동물이다. 이구아나의 머리통은 꼭 기원전에 살던 공룡 종류와 흡사하며 정감이 가지 않는 동물이지만 자기새끼를 등에 태우고 수영도 하고 걷기도 하는 모성애가 강한 동물인 점은 인정해야 될 것 같다.

바다에 사는 이구아나들은 바위에 엎드려서 한결같이 코로 물을 찍찍거리며 내 보내고 있는데 이는 바다에 있는 이끼나 수초를 먹음으로써 몸 속에 축적되어있던 염분을 배설하는 작용이라고 한다. 그래서인지 바닷물에서 올라온 이구아나들이 바위

해적선의 본부였을 것 같은 바닷물 호수

에 엎드려 여기서 "찌익" 저기서 "찍—"하고 소금물을 뽑아내느라 분주하다.

이구아나는 머리 쪽에는 뭉텅하고 짧은 가시 같은 것으로 덮여있는데 물 속에서 살아서인지 이곳에 이끼가 끼어 어떤 곳은 파란색의 이끼가 어떤 곳은 붉은색의 이끼가 자라고 있어 어찌 보면 꽃을 매달고 있는 것 같았고 등에서 꼬리까지 가운데에 가시 같은 것이 꼭 생선 등에 있는 지느러미처럼 매달려 있다.

우리들은 바위에 앉아서 이 못난 괴물들을 구경하고 있는데 갑자기 돌고래 한 마리가 나타나더니 이구아나의 꼬리를 덥석 물고는 양 옆으로 도리질을 하며 이구아나를 마구 흔들어 댔다. 나쵸도 우리들도 모두 숨을 죽이며 그 광경을 보고 있었다. 한참 도리질을 하며 흔들던 돌고래는 이구아나의 꼬리를 꽉 문 채 물 속으로 쑥 들어가 버렸다. 맛이 있을 것 같지도 않은데...

위. 잘 생긴 바다이구아나
아래. 갈라파고스의 도마뱀

파란하늘,
솜사탕처럼 피어 오른 하얀 뭉게구름,
이따금씩 기분 좋게 불어오는 시원한 바람.
명경 알처럼 맑은 바닷물.

아~ 나는 뒤로 벌떡 넘어지며 물속으로 풍덩 들어갔다. 아이들은 벌써 저만치 바다 깊은 곳으로 들어 가면서 돌고래가 많으니 빨리 물 속으로 들어와 함께 수영하자고 하지만 왠지 내키지 않아 얕은 바닷물 속에 주저앉아 아이들이 돌고래들과 함께 수영하며 놀고 있는 모습을 바라보며 물 속의 모래를 집어 등이랑 어깨 위로 올려놓고 모래찜질을 하였다.

내가 움직이지 않고 가만이 있으면 금새 고기

떼들이 내 곁으로 몰려온다. 옆에서 왔다 갔다 헤엄치는 작은 고기들을 자세히 보니 노랑색, 파란색, 오렌지 색, 회색 그리고 검은 색깔의 고기가 점박이, 줄무늬, 통통한 놈, 길다란 놈, 납작한 놈 정말 별고기가 다 많다.

일본에서 온 다나까상은 수영에 자신이 없다고 내 곁에 앉아 고기잡이에 열중이고 다른 일본친구는 수영솜씨가 물개 수준이어서 물만 보면 깊이 들어가서 조개며 성게, 불가사리 등을 잡아가지고 나와서 내 곁에 쌓아 놓는다. 다시 바닷속으로 던져 버릴 것들이지만 구경하라고 잡아오는 마음씨가 아름다워 옆에 수북이 쌓아 놓고 좋아하였더니 신이 나서 더욱 열심이다. 따가운 햇살에 나는 물 속에 몸을 담그고 수많은 사연을 얘기하고 싶은 파도소리에 내 귀를 맡겼다.

7. 후드섬(Hood Island)

배는 우리들이 자는 동안 적도를 두 번이나 지나고 이사벨라 섬 북쪽을 돌아 다시 남쪽으로 내려와 후드(Hood) 섬에 도착하였다.

일명 라비다(Rabida) 섬이라고 불리는 이 섬은 갈라파고스의 거북이 알을 낳아 모래 속에 파묻어 놓고 가면 찰스 다윈 리서치 스테이션의 연구원들이 이 알들을 거두어 부화기에 넣어 부화시키고 어느 정도 키운 후 다시 바다로 돌려보내 멸종위기에 처해있는 거북을 보호하는 작업을 가장 활발히 하고 있는 섬이라 한다.

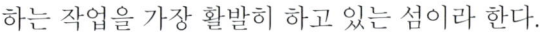

■ 빨간 모래사장에 살고 있는 불가사리

야-! 드디어 거북을 보게 되는구나!

'알을 볼 수가 있으면 금상첨화이겠는데, 새끼 거북이도...'

마음 급한 우리 몇 사람은 거북이가 마치 우리를 기다리고 있기나 한 것처럼 서둘러 작은 배로 옮겨 타고 섬으로 왔다. 우리를 섬에 내려놓은 나쵸는 나머지 사람들을 데리러 정박하고 있는 배로 다시 돌아가고 섬에 남은 우리들은 붉은 벽돌을 갈아 놓은 것 같은 빨간 모래 위를 걸어 다니며 고춧가루 같은 모래가 신기해서 한 줌 쥐어 보기도 하고 빨간 물이 빠져 나오나 하고 물 속에도 넣어보았다. 그 빨간 모래 위로 대여섯 마리의 불가사리(starfish)들이 누워 있었지만 빨간 모래 위에 빨간 불가사리는 쉽게 눈에 뜨이지 않아 한참 후에야 불가사리를 발견하였다. 난 우선 두 마리를 잡아들고 사진부터 한 장 찍고 돌아보니 크고 작은 불가사리가 여기저기 바위 위에 수없이 널려져 있었다. 그리고 예쁜 소라 껍질, 조개 껍질도 지천으로 깔려있었다. 나는 제일 크고 예쁜 놈으로 골라 물에 말끔히 씻은 후 소라 껍질에서 바닷소리가 들려오는지 귀에다 대어 보았다. 정말 쏴-하는 소리에 금새 파도가 밀려오는 듯 하였다.

언제부터인지 나는 바닷가에만 가면 작은 조가비를 줍는 버릇이 있다. 구멍을 뚫어 목걸이를 만들어 목에 걸어보고 싶은 생각도 있었겠지만 아마 그 조가비에서 나는 찝찔한 바다 내음이 좋아서였을 것 같다. 그래서 하얀 모래사장에 널려져 있는 조가비만 보면 늘 한두 개씩 주어오곤 했었다. 바다에 가기가 쉽지 않았던 1960년도의 한국에서나 운전만 하면 금새 바다를 갈 수 있는 지금도 이 버릇은 버려지지가 않는다. 주워 온 조가비에 구멍을 만들려고 못으로 구멍을 파다가 부서뜨려 산산조각 난 조가비를 들고 안타까워 했던 기억, 그래서 그 다음부터는 아예 구멍 난 조가비를 찾느라고 애썼지만 그리 쉽게 찾을 수는 없었던 기억, 그런데 그런 작은 조가비가 아닌 큰 소라껍질이 이렇게 굴러다니니 난 횡재한 것 같아 크고 색깔도 좋은 소라껍질 하나를 집어 아이들이 없을 때 내 가방 속에다 깊숙이 집어 넣었다.

(1)만타레이(manta ray)

불가사리, 조가비에 온통 정신이 팔려 시간이 얼마나 지났는지 모르겠지만 아이들이 오지 않아 불안한 마음으로 정박하고 있는 배를 바라보니 아이들을 싣고 섬으로 오던 배는 오다 말고 바다 한 가운데 멈춰 서 있었고 아이들은 모두 물속으로 첨벙거리며 들어가서 물 위에 떠있다. 무슨 일인가 하고 자세히 보니 이상한 큰 삼각형의 각진 것이 물속을 들어갔다 나왔다 한다. 고기 같지는 않고 물개 같지도 않은데 거리가 멀어서 인지 자세히 보이지가 않아 뭐가 뭔지 확실히 모르겠다. 아이들은 물 위에 동동 떠서 그 이상한 고기인지 무엇인지 알 수 없는 것들과 수영을 하고 있다.

궁금한 우리들은 크게 소리 내어 나쵸를 오게 하여 무슨 일인지 물으니 지금 이곳에 만타레이가 약 5-6 마리가 나타나서 아이들이 그곳에서 함께 수영을 하고 있다고 한다. 다나까도 남편도 모두 그곳에 가겠다고 하여 우린 다시 배를 타고 아이들과 만타레이가 함께 어울려 수영을 하고 있는 곳으로 갔다. 그곳은 물이 깊은 지 물 색깔이 시커멓고 무서워 망설였으나 나쵸가 나를 잡아 줄 테니 물 속으로 들어오라고 해서 용기를 내 물 속으로 들어갔다. 나는 나쵸의 손을 잡고 만타레이가 있는 곳으로 다가갔다.

등에는 짙은 푸른색이 도는 검은색이고 배는 역시 푸른색이 도는 하얀색인데 어찌나 큰 지 그 고기 날개에 부딪히면 우리는 십 리는 날려갈 것만 같아 두려운 마음에 가까이 갈 수도 멀리 갈 수도 없이 그저 그렇게 있는데 그 큰 고기는 요리조리 잘도 사람들을 피하며 다닌다. 그리고 그 고기는 등에는 서너 마리의 다른 종류의 작은 고기들을 업고 다녔다.

만타레이는 가오리 종류에서는 가장 크다고 하며 성년 만타레이의 넓이는 보통 6-8 미터 무게는 약 3,000 파운드가 나간다고 한다. 이 고기는 주로 플랑크톤이나 작은 고기들을 먹는데 입은 사각형으로 배쪽에 붙어있어 양쪽 날개로 음식을 끌어 모아 물과 함께 먹은 후 물은 아가미 사이로 뱉어내고 나머지 입 안에 남아 있는 음식을 먹는다고 한다. 한번에 한 마리 내지 두 마리만 새끼를 낳고, 새끼를 낳을 때 어미는 코랄이 많은 얕은 물가로 가서 새끼를 낳는다고 한다.

아이들은 지치지도 않는지 계속해서 만타레이를 따라 수영을 하지만 난 배로 돌아와서 내가 타고 있는 배보다 더 큰 만타레이를 바라보며 거북들은 새까맣게 잊은 채 오전 내내 물 위에서 처음으로 만난 작은 집채만한 가오리에 정신을 빼앗기고 말았다.

(2) 바다 거북

점심시간 후 우리들은 거북들이 알을 낳아 모래 속에 파묻어 놓고 떠난다는 곳으로 가기로 하였다. 좁은 길 사이로 양쪽에는 알 수 없는 나지막한 나무들이 빽빽이 자라고 있었

바다 거북이 알을 낳으러 오는 바닷가에서 혹시나 하고 모래 속을 뒤져 본다.

고 숲 건너 저편에 있는 조그만 호수엔 한가롭게 서 있는 몇 마리의 홍학들이 연신 주둥이를 물속에 파묻고 무엇을 잡아 먹는지 바쁘다. 작은 새들의 재잘거리는 소리와 멀리서 들려오는 파도 소리, 그리고 이따금씩 휑하고 불어오는 바람소리를 뒤로 하고 말없이 씩씩거리며 나쵸를 따르는 우리들의 얼굴은 땀으로 얼룩졌다.

약 한 시간 정도 갔을까? 앞에 보이는 얕은 언덕만 넘으면 바닷가라는 말에 다시 용기를 내어 소리들을 지르며 뛰어갔다. 평평하고 널따란 모래사장이 완만하게 바다로 연결되어 있고 눈부시게 하얀 모래 위로 새끼 거북들이 엉금엉금 기어가는 것 같았는데 막상 가까이 가서 아무리 눈을 비비고 보아도 거북은커녕 아무 것도 보이지 않는다.

나쵸는 웃으며 두리번거리는 내 옆으로 와서 갈라파고스 섬들의 바다 거북 보호정책에 대해 설명하였다. 멸종 위기에 처한 거북 보호를 위해 산란기 동안 거북들이 육지로 올라 와서 알을 낳아 모래 속에 묻어두고 떠나는 즉시 다윈 센터 연구원들이 이 알들을 표시하여 연구소로 가지고 가서 부화기에 넣어 새끼 거북으로 태어나게 한 후 어느 정도 자라게 한 다음 있었던 바로 그 장소로 다시 옮겨져 안전하게 바다로 되돌려 보내지기 때문에 지금은 이곳에서 거북 알이나 새끼 거북을 볼 수 없다고 하였다. 또한 이 산란기 동안 연구원들은 이

곳에서 밤낮 상주하여 한 마리라도 더 많은 거북을 생존시키기 위한 피나는 노력을 한다는 것이다.

우리들은 거북들이 알을 묻는 장소도 구경하고 바닷가에 앉아 이런 저런 거북 이야기를 하며 바닷가까지 걸어가서 서너 마리의 큰 바다 거북들도 볼 수 있었다.

지금까지의 연구로는 약 7 종류의 바다 거북이 생존해 있고 모양이나 색깔 크기에 따라 분류하며 작게는 100 파운드에서 크게는 1000 파운드까지 나가는 거북이 있단다. 모래 속에 묻혀진 알들은 모래 온도에 따라 차이는 있지만 약 60일의 부화기를 거쳐 새끼로 태어나고 새끼 거북이 성년이 되기까지는 종류에 따라 다르지만 약 15—50년이 걸려 다른 동물에 비해 매우 느리게 자라는 동물이라 한다.

한 번 바다로 돌아간 수놈 거북은 대체로 육지로 다시 돌아오지 않고 알을 낳으려는 암놈 혼자서 주로 밤에 육지로 와서 모래 구덩이를 판 후 껍질이 물렁물렁한 알을 80—120개 정도 낳고는 뒷발로 모래 구덩이를 모래로 덮고 앞발로 꼭꼭 다진 후에 모래를 사방팔방으로 흩어 놓아 알이 있는 곳을 다른 동물이 알아볼 수 없도록 한 후 바다로 돌아가면 다음 알을 낳으러 올 때까지 자기가 까놓은 알을 돌보지 않는다고 한다. 그때부터 모래 속에 묻혀진 이 거북 알들은 어미의 도움 없이 혼자서 부화한 후 바닷물 속으로 돌아가야 한다. 부화한 아기 거북들이 바다로 기어가는 동안 새들이나 다른 동물의 먹이가 되기도 한다. 그러나 시력이 좋지 않은 어린 아기 거북들이 해변가에서 바다 냄새만을 맡으며 기어가는 머나 먼 거리를 안전하게 바다로 돌아가기는 그리 쉽지 않아 바다로 살아서 들어가는 거북의 수는 아주 적다고 한다.

인간의 생활과 밀접한 관계를 가지고 좋은 동물로 남아 있는 거북은

15억년 전부터 살고 있었다는 것이 화석으로 증명되었고 우리에게
는 책으로 신화로 함께 살아 온 동물이다.

거북은 십장생 속에 들어있는 동물이라 오래 사는 동물인 줄 알았는
데 평균 수명이 약 100세라고 하니 생각보다 오래 사는 동물이 아니
었음을 배웠다. 특별히 지난 100년 동안 많은 사람들에게 거북 고기,
거북 알, 거북 박제품이 인기품목으로 떠오르면서 마구잡이 사냥을
하는 통에 국제적으로 멸종 방지 협약이 지켜지지 않는다면 언제인
가 이 바다 거북은 바다에서 더 이상 볼 수 없는 멸종으로 불려질 때
가 곧 올 거라고 한다.

거북들에게 한없는 미련을 두고 우리는 발길을 돌려 홍학들이 있는
호수로 갔다. 동물원에서만 보아오던 홍학이 이렇게 자연 속에 있으
니 이상하게 신비스러운 느낌마저 든다. 호숫가엔 예쁜 분홍색의 깃
털로 감싸여진 홍학에게 잔인스럽게 속살을 다 파 먹히고 버려진 큰
바다 소라 껍질이 여기저기 널려져 있었고 방문객을 맞이한 홍학들
은 긴 목을 쭉 피고 우리들을 빤히 바라보며 긴 다리로 사뿐사뿐 춤
추듯 물 위를 걸어 다닌다.

8. 산타크루즈 섬(Santa Cruz Island)

이 섬은 사람들이 사는 섬이므로 우리들은 오랜만에 사람들이 사는
곳으로 돌아왔다. 또 이번 여행에서 여러 번 들어왔던 찰스 다윈 리
서치 스테이션을 방문하고 그곳에서 어떤 일들이 일어나고 있는지를
실지로 보고 배울 수 있었다.

큰 길(겨우 차 두 대가 지나갈 수 있을 정도의 넓이)가에 있는 식당
들, 마켓, 간이용품점, 기념품 가게들은 아주 작은 규모였고 눈망울
이 유난히도 큰 아이들이 강아지들과 어울려 길거리에서 뛰어 노는
작은 마을이었다. 식당 부엌에서 나온 아주머니가 설거지하고 남은
물인 듯한 것을 길바닥에 휙 뿌린다. 풀썩거리던 먼지가 잠시 없어
진다. 한참 걸어서 동네 끝쯤 되는 곳에 이 동네 집들과는 대조가 안

찰스 다윈 리서치 스테
이션 (Charles Darwin
Research Station) 앞
에 세워진 표지판

될 만큼 좋은 건물이 눈에 띄었다. 이곳이 바로 찰스 다윈 리서치 스테이션이었다.

이곳에는 많은 종류의 거북들이 있었다. 갈라파고스 섬에 사는 거북(giant tortoise)는 모두 15종류이며 3종류는 벌써 멸종되었고, 11종류만 남아 있는데, 그 중 한 종류는 한 마리만 남아있는 것을 Pinta라는 섬에서 발견하여 지금은 이 곳 연구소에서 보호 사육되고 있다고 하였다. 이 거북들은 평균 길이가 약 1.2 미터 무게가 500 파운드로 큰 종류의 거북들이다. 또 거북들은 이빨이 없으며 강한 턱으로 먹이를 먹는 채식 동물이라고 한다.

지금은 약 14,000마리의 갈라파고스 거북이 갈라파고스 섬들에 산재해 살고 있는데 이들은 워낙 느리기 때문에 먹이를 구하러 다니다가 염소나, 들쥐, 멧돼지들에게 잡아 먹히고 또 사람들의 마구잡이 사냥으로 그 수가 자꾸 줄어들고 있어 여간 걱정이 아니란다.

<ET>, <Star Wars>, <Jurassic Park>으로 유명한 스티븐 스필버그 영화 감독이 이곳에 왔다가 이곳에 있는 거북들을 보고 "ET"라는 영화의 주인공인 ET의 얼굴을 바로 이 갈라파고스 거북의 얼굴 모양으로 만들었다고 한다.

우린 먼저 작은 방으로 들어가 이곳에 대한 설명과 거북들의 관한 강의를 듣고 거북을 부화시키는 곳, 새끼들이 옹기종기 모여 사는 곳들을 지나 이 종자로는 세상에 마지막으로 남은 한 마리의 수컷 거북을 만나 볼 수 있었다.

70-80세의 나이를 가진 "Lonesome George"라는 이름을 가진 거북은 갈라파고스 거북의 한 종류이다. 암컷 2 마리와 한 우리 속에 같이 넣어 놓았는데도 도무지 교배를 하지 않아 자칫 잘못하면 이 종류의 거북도 멸종될 위기에 처해 있어 세계에서 유명하다는 거북 마스터베이션(Masturbation)을 전공하는 수의사들을 초빙하여 여러 번 시도 하였지만 성공하지 못했다고 한다. 그리고 우리가 방문하기 전해인 1996년도에는 이탈리아에 있는 예쁜 수의사 아가씨를 모셔와

마스터베이션에 성공해 정충들을 암놈들에게 골고루 삽입을 했지만 역시 성공은 하지 못했다고 한다. 그래도 일단 마스터베이션에라도 성공을 하였기 때문에 이곳은 기대에 부풀어 있었다.

가장 간단한 방법은 이 Lonesome George가 자기 스스로 교배를 하면 되는데 이 할아버지 거북은 암놈 거북을 절대로 가까이 하지 않는다는 것이다. 남편은 바위덩어리처럼 한구석에 웅크리고 앉아 눈만 끔뻑거리며 수많은 학자들의 애간장을 녹이고 있는 이 Lonesome George에게 마음을 바꿔 종족 번영의 사명을 완수하라고 일장 훈시를 하였다.

예쁘게 만든 나무 계단을 쭉 따라 돌아가니 그곳엔 거북들이 물을 먹을 수 있도록 만들어 놓은 곳이 한 두 군데 있는 조그맣고 평평한 땅이 있는 거북 놀이터(?)가 나왔고 거북 몇 마리가 엉금엉금 기어 다니고 있었다. 그 옆엔 여성 사진작가인 듯한 분이 삼발이에 카메라를 고정시켜 놓고 무슨 사진을 찍으려는지 아예 땅바닥에 주저앉아 거북만 쳐다보며 있었다.

나중에 알고 보니 이 사진작가는 거북 물 먹는 장면을 촬영하기 위해 벌써 몇 시간째 이곳에서 기다리고 있다는 것이다. 거북이 물 먹는 것이 그리 흔치 않다는 사전지식이 없는 나는 그저 의아할 뿐이었다.

사진작가를 도와 주어야 하겠다고 하면서 남편은 거북더러 이리 오라고 손짓도 하고 큰소리로 불러 보기도 하고 노래도 부르고 별 짓을

물 먹는 거북이

다해도 이 거북들은 듣는 척도 하지 않는다. 나중엔 휘파람을 불며 거북을 유혹하였는데 그 휘파람에는 응답이라도 하듯 거북은 서서히 물 있는 곳으로 다가와 물 구덩이에 머리를 들이미니 땅바닥이 안방인 양 퍼지러 앉아 있던 사진작가는 용수철 튀듯이 일어나 연신 고맙다는 말을 하며 사진 찍느라 분주하다.

남편은 사진작가를 도와 사진사 보조 노릇을 하는 동안 별 흥미를 느끼지 못한 나는 어슬렁거리며 다른 볼거리가 없는 지 기웃거리며 거북들이 모여 있는 곳으로 갔다.

큰 아름드리 나무들이 즐비하게 서있는 어떤 곳에 도착하니 거북 우리가 있었는데 누렇게 색이 바랜 나뭇잎들 사이에서 좀처럼 움직이지 않는 거북을 찾기는 그리 쉽지 않았다.

엉금거리며 기어 다니는 거북들이 내 시야 에 들어 오기까지는 한참 시간이 흘렀다. 한 20 마리 정도의 거북들이 허리춤까지 차는 화산석으로 만들어진 울타리 속에 흩어져 사육되고 있었다. 그런데 이 거북들이 갑자기 여기서 끽- 저기서 끽끽- 소리를 질러댄다. 소리나는 곳을 자세히 보니 수놈 거북들이 질러 대는 것 같다. 암놈 거북 등을 기어 올라가던 수놈 거북이 딱딱하고 매끄러운 암놈 등을 발톱으로 걸으려고 안간힘을 쓰지만 걸 곳이 마땅하지 못해 자꾸 미끄러진다. 수놈의 앞발이 암놈 목 주위 갑옷 가장자리에 와야만 앞발 발톱으로 걸어 암놈 등을 올라올 수 있기에 수놈들은 필사적인 노력을 한다. 여러 차례 실패 후 다행히 성공한 놈들이 교배하며 지르는 소리였다.

난 갑자기 남편과 사진작가 생각이 났다. 물 먹는 사진도 귀하지만 거북 교배하는 것도 흔치 않을 것 같아 되돌아가 알려주어 그들과 함께 돌아와보니 어떤 거북은 올라갔다간 미끄러지고 또 올라가기를 연거푸 하며 아직도 못 올라가 그 자리에 있고 어떤 놈은 성공하여 고성방가하며 우리들에게 또 다른 자연의 모습을 보여 주었다. 난생 처음으로 보는 모습이었다. 이 여성 사진작가도 여러 번 이곳에 왔지만 처음으로 이런 장면을 사진에 담을 수 있었다며 여간 좋아하지 않았다. 사진작가는 연신 "wonderful, wonderful, thanks, thanks"을 연발하며 사진을 찍는다. 난 물끄러미 거북들을 바라보며 나도 몇 장면을 나의 카메라에 담았다.

오후에 우리들은 흰 상어(white shark)를 보러 Devil's Island로 갔

다. 섬이라고 육지가 있는 것이 아니라 상륙할 수조차 없는 날카롭게 생긴 높은 바위 돌, 한두 개만 우뚝 서 있는 바위섬이었다. 바다의 조류가 만나는 지점이고 물이 차기 때문에 수영을 잘하는 사람만 물 속으로 들어가라는 안내인의 설명에 이어 여기 바위 속엔 동굴도 있고 그 속에는 많은 희귀한 물고기들을 볼 수 있다고 우리들을 유혹하였다. 내가 아는 상식에서의 상어는 사람을 잡아먹는 식인상어다.

우리 속에 짝지은 거북들

영화 "Jaws"가 생생하게 내 머릿속에 기억되어 있고 또 몇 달 전엔 식인 상어들이 플로리다(Florida)의 해변 얕은 곳까지 와서 사람을 해치지 않았던가? 유니버설 스튜디오(Universal Studio)에 매달아 놓은 상어만 봐도 모든 상어들은 사람을 잡아먹는다고 믿고 있었던 나에게 이곳에 사는 상어는 다 채식상어이기 때문에 안전하다고 하지만 좀처럼 믿기지가 않는다.

물은 그리 깊지 않으나 소용돌이가 심해 위험하다고 해서 우리 배는 안전한 곳을 찾아 여기저기 헤맨 후 바위에서 조금 떨어진 곳을 찾아 배를 정박하고 바닷속으로 한 명 한 명, 풍덩―거리며 들어갔다. 무섭지도 않는지… 한참이 지난 후에도 아무도 물 속의 경치를 알려주러 나오는 사람이 없어 답답하기만 하고 궁금증에 내 몸은 근질거린다. 무료하게 혼자 배 위에 남아있던 나도 마침내 살살 배를 붙들고 한 발 한 발 차례로 물 속으로 들어가서 한동안 뱃전을 붙들고 있다가 발로 배를 차면서 물 속으로 들어가 드디어 상어여행을 시작했다.

유난히도 하얀 모래 위로 낮게 헤엄치는 여러 마리의 짙은 회색 상어들은 그리 크지 않았고 사람을 헤칠 것 같지 않은 그냥 큰 물고기 같은 상어들이었다. 아이들은 상어를 따라 물 속으로 들어갔다 나왔다

하고 상어들과 헤엄치고 놀더니 더 많은 상어가 바위 쪽에 있고 그곳
엔 동굴이 있다고 다들 몰려가 버렸다. 넓은 바닷속 상어들이 우글거
리는 곳에 또 나 혼자 남아 있게 되었다.

순간 왈칵 무서운 생각이 들면서 배로 돌아가야 하겠다는 생각과 동
시에 내 몸은 평행을 잃어 물 속으로 쑥—들어가고 짠 바닷물도 한 모
금 꿀떡 마셔 잠시 정신을 잃었다. 몇 번 몸이 물 밖으로 나올 수 있어
우리 배를 찾아 구조를 요청하려고 손을 흔들었지만 아무도 보는 사
람 없이 나는 물 속으로 또 쑥—들어가 버렸다. 어떻게 해야 할지 모
르겠는데 이러다가 죽겠구나 하는 생각이 나며 순간 정신을 가다듬
고 내 몸을 움츠리고 바다 밑바닥까지 내려가도록 하니 발이 모래를
닿는 것 같았다. 나는 죽을 힘을 다해 발로 모래를 차고 물 밖으로 나
온 후 크게 호흡을 하고 얼굴을 물에 넣고 있는 힘을 다해 우리 배가
있는 곳으로 헤엄쳐 갔다.

간신히 배까지 온 내가 배를 붙들자 배가 기우뚱하는 바람에 졸고 있
던 보조 안내원이 그제서야 나를 보고 도와주어서 간신히 배로 기어
올라 왔다. 배로 돌아오자마자 이제는 살았다는 생각이 들면서 마셨
던 소금물로 속이 느글거리고 울렁거리며 두통이 심해 어찌할 바를
모르겠다. 타이레놀이라도 한 개 먹었으면 좋겠는데 영어가 먹통이
니 통하지가 않는다. 빨리 큰 배로 돌아갔으면 좋겠는데 아무도 돌아
오지 않는다. 아마 무척이나 재미있나 보다. 남편은 어떨까? 걱정이

뒤에 보이는 섬이
Devil 섬이다.

다. 젊은 아이들과 같이 다니다가 나처럼 사고나 나
는 것이 아닐까 라고 생각하니 문득 두려움에 온몸
이 떨린다.

배 밑창에 벌떡 누어 하늘을 보니 유난히도 푸른 하
늘은 그냥 아무일 없었던 것처럼 그대로 있고 강렬
한 태양은 소금에 절은 나를 자반 고등어로 만들려
는지 마냥 뜨거운 빛을 내려 쪼인다.

128

9. 갈라파고스섬들

꿈인 듯 생시인 듯 왁자지껄 떠드는 소리에 눈을 뜨니 아이들이 하나씩 둘씩 배로 올라 온다. 서로 무엇을 보았는지 누가 어떤 동굴을 들어갔는지 침을 튀기며 자랑이 한창이다. 이것이 이번 여행의 하이라이트라며 흥분이 가라앉지 않은 들뜬 목소리로 얘기하는 아이, 상어 꼬리를 잡으려다가 놓쳐 버렸다는 아이, 어떤 동굴이 얼마나 길었는가 내기하자는 아이들로 배 안은 갑자기 시장 바닥이나 된 듯 시끌거린다.

아무도 나에게 무슨 일이 있었는지 모르기에 "왜 혼자 먼저 나왔느냐?"고 묻는 말을 귓등으로 넘기며 아무 소리하지 않고 얌전히 배 귀퉁이에 앉았다. 머리가 깨지는 것처럼 두통이 심했다. 웃음도 나오지 않는다. 남편은 약간은 미안한 듯 수상한 듯 눈치를 보더니 별일 없느냐고 물어온다. 그냥 골치가 좀 아프다며 말수를 아끼느라 대답도 시큰둥하게 해버렸다.

blue footed booby

멋쩍어 하며 옆에 와 앉은 남편이 야속하기만 하다. 그러나 여행이 끝날 때까지는 아무에게도 이 말은 하지 않겠다고 맘 먹었다. 이제까지 잘 지나고 마지막 날 사고가 날 뻔한 것이다. 그래도 천만다행으로 별일이 없었으니 망정이지... 지금 생각해도 머리끝이 주뼛하고 등이 오싹해지는 일이다.

큰 배로 돌아와서 타이레놀을 한 알 얻어먹고 곧장 침대로 들어가 잠을 청했다. 눈을 뜨니 세 아이와 남편이 걱정스러운 얼굴로 좁은 방에 가득 모여 있었다. 보조 안내원이 우리 안내인 나쵸에게 사고 소식을 알렸고 나쵸가 다시 우리식구들에게 알려준 것이었다.

한잠 자고 나니 속도 가라앉고 머리도 많이 상쾌하다. 이젠 살 것 같아 웃으며 괜찮다고 하며 함께 갑판에 올라가서 우리들을 위해 남겨놓은 늦은 저녁식사를 하고 갑판에 앉아 유난히도 까만 밤하늘을

가르며 떨어지는 수많은 별똥별들을 쳐다보며 마지막 갈라파고스의 밤을 즐겼다. 쉴새 없이 재잘거리는 쥬디, 천문학의 도사나 된 듯이 이별은 어떤 별인지, 저 별은 무슨 별인지 설명하는 제이, 연신 보충설명을 하다가 형에게 구박을 받지만 내 귀에 더 자세히 설명하는 우리 막내 조에 둘러싸

우리의 안내를 맡았던
나쵸와 함께

여 밤이 깊은 줄 모르고 우리는 행복한 시간을 보냈다.

아침식사를 마치고 배는 부두에 닿았고 우리들은 공항으로 와서 섬을 떠나는 수속을 하게 되었다. 공항에 근무하는 군인들이 출국하는 사람들의 모든 가방을 속까지 다 뒤지는 것이 아닌가?

아뿔싸!

예쁘다고 주어서 가방에 집어넣은 소라껍질 조개 껍질이 문제다.

이곳에 있는 것들은 섬 밖으로 들고 나갈 수 없다고 수없이 들었고 우리들은 지켜야 하는 것인데...

아이구! 이 망신스러운 일을 어떻게 하면 좋을까? 후회막급이다.

드디어 내 차례가 되었다. 군인이 나에게 경례를 하고는 내 가방을 자기 앞으로 끌어당겨 열고서 안에 있는 모든 물건을 차례차례 꺼낸다. 엑스레이 기계가 없으니 재래식으로 일일이 사람이 다 뒤져 보는 것이다. 얼굴이 화끈거리기 시작했다. 가슴도 방망이질을 해댄다.

그런데 이게 웬일인가? 내가 그토록 걱정하던 소라껍질 예쁜 조개 껍질은 나오지 않고 꺼낸 물건들을 차곡차곡 다시 넣은 군인이 나에게 "Thank You and Good Bye"라고 하며 다시 경례를 한다. 슬며시 내 곁에 다가온 딸 아이가 내 귀에 대고 소근거리는 목소리로 "엄마 조개 껍질 걱정했지?"라고 한다. 깜짝 놀라 어떻게 아느냐고 물으니 엄마가 소라껍질을 줍는 것을 본 오빠가 여동생을 시켜 만일 엄마

가방 속에 조개 껍질 같은 것이 있으면 버리라고 시켜 그 날로 바다에 버렸다는 것이다. 여느 때 같았으면 화를 냈을 텐데 그날만은 얼마나 고마웠던지 나도 몰래 잘했다라고 칭찬을 해주었다.

그 멋있는 소라껍질 사진이라도 찍어 놓았을걸!

실물을 가져가니 사진이 필요 없다고 사진

갈라파고스 공항에서 우리의 안내인 나쵸와 함께

을 찍지 못했던 것이 후회막급이다. 저쪽 끝에 서있던 아들과 눈이 마주쳤다. 아들은 빙긋이 웃으면서 눈을 찡긋하며 손으로 "OK"사인을 보낸다. 나도 웃으며 "Thank you"라고 사인을 보냈다.

갑자기 내 마음은 밝아지며 머릿속에 이 아름다운 섬들의 풍경을 담은 필름이 파노라마처럼 휙휙 거리고 지나간다.

우리들을 태운 비행기는 blue footed boobies가 물을 차고 하늘로 날아가듯 활주로를 떠나 올라간다. 비행기 창문으로 보이는 갈라파고스 섬들이 점점 작아지더니 비행기가 구름 속을 지나 더 높이 날아가니 하얀 눈송이 같은 구름에 가리워 더 이상 보이지 않는다.

갈라파고스야, 안녕 !
Lonesome George야, 안녕!

P.S. 그 동안 방문객으로 인해 갈라파고스의 자연 생태가 많이 파괴되어 곧 관광객 금지 조치가 있을 것이라는 소식과 더불어 2009년 아직까지도 Lonesome George는 아직 새끼를 만들지 못했다는 슬픈 소식을 접했다.

만약 인공수정에 성공을 하지 못한 Lonesome George가 죽어버리면 이 종류의 거북도 지구상에서 영원히 멸종되는 것이다.

멕시코

1. 마야(Maya) 문명

1.치첸이챠(Chichen Itza)

약 30,000년 전에 민족의 대이동을 시작한 아시아인들이 먹을 양
식을 찾아 동으로 동으로 옮겨 가다가 태평양 바다를 만나 더 이
상 갈 수 없게 되자 다시 북상하여 당시 육지였던 베링해협(Bering
Strait)을 건너 지금의 알래스카로 넘어갔다. 그곳에 둥지를 틀고 머
무른 에스키모족, 더 동쪽으로 옮겨 캐나다 동북쪽까지 옮겨간 이누
이트(Inuit)족, 남으로 내려와 지금 미국에 자리잡은 아메리칸 인디
안, 더 남쪽으로 내려가서 과테말라에 자리잡고 있다가 멕시코 쪽으
로 옮겨온 아즈텍(Aztec)과 멕시코 동쪽 끝 유카탄 반도에서부터 지
금의 과테말라까지 쭉 퍼져 살고 있었던 마야(Maya)족, 더 남으로
내려가 안데스에 자리잡은 잉카(Inca)족, 이 모두가 다 한 종족이었
다고 설명하는 안내인에게 난 별다른 이의가 없다. 그들의 동그란 얼
굴, 까만 머리, 태어날 때부터 가지고 있는 몽고반점, 즐겨 사용하는
무지개 색깔의 색동, 아기를 등에 업는 습관들이 나에게는 가까운 형

133

제처럼, 동족처럼 느껴지고 살갑게 느껴지기 때문이다.

멕시코의 남동쪽, 카리브 연안에 인접하고 있는 유카탄 반도의 아름다운 휴양지 칸쿤에서 약 4시간 동쪽으로 도청 소재지 멜린다 (Melinda)를 향하면 1500년의 역사를 가진 마야의 유적지 치첸이차(Chichen Itza)가 나온다. "Chi"란 "입"이라는 뜻을 가졌으며 "Chen"은 "우물" 그리고 "Itza"는 이챠는 부족의 이름이라고 한다.

척박하기 짝이 없는 땅, 무성한 아열대 식물들, 뱀과 재규어(jaguar) 등 동물이 우글거리던 이곳 멕시코의 유카탄 반도는 우리들의 선조들이 1905년 고종황제 때 노동계약을 맺어 제물포를 떠나 이곳에 와서 생활의 터전을 잡았고 그로 말미암아 그 억센 조선의 "애니깽 역사"가 시작된 곳이기도 하다. 지금 한인의 후예들 약 5,000명 정도가 이곳 멜린다에 살고 있다.

물을 찾아 중부 멕시코에서 동쪽으로 동쪽으로 온 톨텍(Toltec)의 왕 케찰코와틀(Quetzalcoatl)이 물을 발견하고 이곳에 정착한 것이 AD 980년경, 옥수수를 주식으로 하는 그들이 농사를 짓기 위해 물

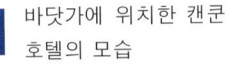
바닷가에 위치한 캔쿤 호텔의 모습

이 필요한 것은 너무나도 당연했다.

약 4스퀘어 마일 넓이의 이곳 치첸이차에는 종교의식의 행사를 지냈던 El Castillo 또는 쿠쿨칸(Kukulkan) 피라미드를 중심으로 북동쪽에 세워진 태양에게 젊은 남자의 심장을 바치는 제사를 지내던 사원인 "Temple of the Warrior", 비의 신에게 처녀를 제물로 바쳤던 "Sacred Cenote" 등 사람을 제사의 제물로 썼던 여러 신전들이 아직도 남아있어 마야인들의 생활을 찾아볼 수 있었다.

"마야(Maya)"는 왕이 집권하는 아즈텍이나 잉카와는 달리 5개의 부족국가 체제로 되어 여러 곳에 퍼져있었지만 그 중 가장 유적지가 많이 남아있는 곳이 바로 치첸이차이다.

마야의 유적지하면 제일 먼저 나오는 계단식 모양으로 만들어진 피라미드 "El Castillo"와 산 처녀를 제물로 던진다는 우리나라의 심청전 같은 이야기만 들어왔다.

이집트의 있는 계단식 피라미드 "사까라(Sakkara)"와 흡사한 것이

위. 캔쿤의 나이트 디너쇼
아래. 마야인들의 민속놀이

지구의 반대편인 중남미에도 있는 것이다. 단지 이집트의 피라미드는 파라오들의 무덤인데 비해 이곳의 피라미드는 제사를 지내는 신전이다. 이집트의 미라와 지금 페루에서 발견되고 있는 미라도 약간의 방법만 다를 뿐 매우 흡사하다.

옛날 교통수단도 없었고 전화통신도 없었을 시절에 지구의 반대편에서 서로 흡사한 석조 물들이 세워지고 있었고 죽음에 대한 준비와 방법도 비슷하게 행해지고 있었다면 그들 모두가 어떤 공통점이 있을 것이 아닌지 생각해 보았다. 풀어지지 않았던 나의 의문이 이번 여행으로 풀리려나, 여전히 나의 가슴은 엉클어진 수수께끼로 답답하기만 하다. 나는 칸쿤에서 치첸이차로 들어가는 길을 택했다.

2. 엘카스티요(El Castillo)-쿠쿨칸 피라미드

이곳 날씨는 며칠 전 허리케인이 지나간 후라 비는 그쳤지만 아직도 하늘이 흐려있어 덜 덥다고 하는데 그냥 가만이 있어도 등에 땀이 줄줄 흐를 정도였다. 이런 흐린 날씨에도 이렇게 더운데 만일 해가 쨍쨍 났다면... 어휴! 생각만 해도 아찔하다.

길가에 흐드러지게 핀 빨간 꽃들은 열대의 낭만을 불러 일으켰고 간간히 뿌려대는 빗줄기는 답답한 나의 가슴을 시원하게 쓸어 내린다. 치첸이차가 가까워 오자 길에 드문드문 보이는 마야의 후예들은 한결같이 땅딸막한 키, 짧고 굵은 목, 거무티티하고 넓적한 얼굴, 새까

흐드러지게 핀 꽃들

만 머리 결을 갖고 있었다. 또 그들은 흰색의 옷을 즐겨 입었다. 잘 웃지도 않았고 친절하게 나에게 다가오지 않았어도 난 괜히 그들이 좋아 말을 걸어 본다. 조금 밖에 못하는 멕시칸 말로… "Hola".

입구 왼편 벽에는 커다랗게 "CHICHEN ITZA" 라고 쓰여져 있었고 그 옆 국기 게양대에는 멕시코 국기가 펄럭이고 있었으며 커다란 운동장 같은 주차장은 얼마나 많은 관광객이 이곳을 찾는지를 대변해 주었다. 입구에서 입장권을 내고 쭉 뻗어있는 길을 따라 유적지로 향했다. 이곳을 복원한 작업 팀장이 한인 3세이고 또 지금 이 유적지 관리소장도 한인 3세라고 하니 왠지 "백"이 든든한 것 같다. 길 양쪽 옆에는 이곳에 사는 마야의 후예들이 도자기, 나무로 만든 가면, 소가죽에 그린 그림, 옷가지 등등 기념품들을 길바닥에 그냥 펼쳐 놓고 팔고 있었다.

나는 발걸음을 재촉하였다. 드디어 엘카스티요 피라미드(El Castillo Pyramid)가 눈에 들어온다. 엘카스티요, 일명 쿠쿨칸(Kukulkan)은 55.5미터 사각형 바닥에 18도 경사로 27미터 높이를 돌로 쌓아 만든 계단식 피라미드다. 이 피라미드 속에는 또 하나의 이와 같은 피라미드가 있다고 하였다. 그러니까 피라미드가 이중인 셈이다. 강도 없고 높은 산도 없는 이곳에 어디서 어떻게 돌을 운반하여 이렇듯 여러 개의 신전들을 건축할 수 있었을까?

불행하게도 정복자 스페인 군인들은 이러한 의구심을 풀어줄 모든 문헌들을 불 태워버렸고 부족 국가의 원로나 귀족들 마저 다 죽여버려 더 이상 알 수가 없다고 한다. 의문 투성이들만 그냥 남겨 놓은 채….

그러나 마야인들이 믿는 5번의 지구 종말론이나 인간을 우주행성으로 믿는 이들의 학설은 여러 면에

치첸이차
(Chichen Itza)

쿠쿨칸 피라미드

서 수긍이 간다.

우선 이 엘카스티요 피라미드는 마야인의 달력에 의거하여 일년은 365일, 52주, 18달(한 달은 20일)이라는 천문학을 토대로 건축하였다. 이 피라미드를 자세히 관찰하면 한쪽 면 중앙에는 피라미드 꼭대기로 올라갈 수 있는 돌계단(stairs)이 91개가 있고 그 양쪽으로 각각 9단의 층(tier)이 있어 피라미드 한 면에는 모두 18개의 단이 있다.

마야 사람들의 1년은 18개월이니 이 한 면은 마야의 1년을 뜻하게 된다. 이 신전 피라미드 4면에 91개의 계단이 만들어져 있으니 합하여 364개, 그리고 마지막 신전을 받치고 있는 계단이 한 개 더 피라미드 꼭대기 위에 있어 모두 365개의 계단이 있는데 이는 일년을 의미하는 숫자이다. 또한 피라미드의 벽을 보면 각 층(tier)마다 직사각형의 모습의 요철 문양을 만들었는데 요철의 들어간 부분을 세면 8층 까지는 3개씩, 마지막 9층에는 2개가 있어 계단을 중심으로 한쪽에 26개씩 양쪽 합하여 52개, 즉 일년은 52주임을 나타내려고 하였다. 놀랍게도 마야인들은 그 당시 벌써 지금 우리들이 사용하고 있는 달력을 쓰고 있었던 것이다.

마야인들의 달력에는 한 달이 20일, 일년이 18개월로 되어있다. 그렇게 계산하면 일년이 360일인데 그들은 나머지 5일 동안은 신에게 제사를 지내는 날로 정해 버렸다고 한다. 360일은 사람의 날이고 5일은 신에게 사용되는 날인 것이다. 이렇게 합하여 일년이 365일이 되는 것이다. 우리나라 제사 예절에 제사는 북쪽을 향해 지내는데 이 피라미드의 제사를 지내는 곳도 북쪽을 향해 있다. 이 북쪽은

엘카스티요에 있는
Plumed Serpent

바로 "희생의 우물(Well of Sacrifice)"로 향하는 "죽음으로 가는 길"로 이어진다. 북쪽 계단 맨 아래는 입을 딱 벌린 뱀이 양쪽에 두 마리가 조각되어 있는데 다른 방향의 계단에는 없고 오직 북쪽에만 있다. 그런데 몸통은 보이지 않는다.

이상히 여긴 학자들이 매일매일 이 모양을 관찰하던 도중에 일년의 두 번 밤과 낮의 길이가 같은 춘분(vernal equinox)와 추분(autumnal equinox) 두 날 해가 지는 오후 3시에서 4시반 사이쯤 되면 피라미드 아래 계단에 있는 뱀 머리와 계단으로 올라가는 벽의 그림자가 함께 어우러져 마치 살아있는 뱀이 위에서 아래로 내려와 희생의 우물 쪽으로 가는 것 같은 형상이 보이는 것을 발견하였다고 한다. 그래서 수 많은 관광객들이 춘분과 추분에 맞추어 이러한 기이한 현상을 목격하기 위해 이곳을 찾는다고 한다.

또 이 피라미드 제일 위에 있는 신전 벽 한가운데에는 꼭 사람의 얼굴같이 두 눈, 긴 코와 입이 있는 곳에 구멍을 만들어 마치 이곳을 찾아와서 구경하는 우리 관광객들을 바라 보고 있는 것 같았다. 바로 비의 신인 챡(Chaac)의 얼굴이라 한다.

돌기둥이나 벽면에 입을 딱 벌린 뱀, 두 날개를 쫙 펴고 하늘을 나르는 매, 날쌔게 달리는 재규어의 모습 등은 두려움의 존재를 신성시한 표현들이다.

안내인이 피라미드 북쪽 정면 계단 쪽으로 가서 손뼉을 치니 메아리가 울려 퍼져 나오는데 내 귀에는 "앵 – 앵" 하는 소리가 들렸다. 안내인은 이 메아리 소리를 뱀의 소리라고 설명했다. 아무데서나 손바닥을 친다고 소리가 나는 것이 아니고 꼭 어떤 지점에서만 이 소리가 난다. 마야인들의 대단한 건축술에 경이로울 뿐이다. 이런 뱀 소리는 이곳 말고도 전사의 사원(Temple of the Warrior)이나 경기장(Ball Court)에서도 난다. 특히 경기장에서는 한번 손바닥을 치면 7번이나 뱀의 소리를 들을 수 있다고 하였다.

지금 이 피라미드는 북쪽 면과 동쪽 면만 복원되어 있었고 다른 면은 아직 정돈되지 않은 상태로 남겨 놓았다. 이곳을 찾는 관광객들은 91개의 계단을 올라가 피라미드 제일 정상에서 360도 탁 트인 유카탄 반도의 경치를 볼 수 있었는데 2006년 초에 일어난 인명사고로 더 이상 이곳을 올라갈 수 없게 되어 나는 너무나 실망하였다. 거리가 가깝기 때문에 언제든지 쉽게 찾아와 볼 수 있다고 미루다가 아쉽게 되어버린 것이다. 작년에만 왔어도 올라갈 수 있었을 텐데… 그래도 지금은 가까이 가서 만져볼 수도 있는데 앞으로는 그렇지 못하고 일정 거리 밖에서만 사진을 찍도록 한다니까 그나마 다행이다 싶었다. 전쟁에서 잡혀 온 포로들이 제 발로 91계단을 걸어 올라가 피라미드 위에서 죽임을 당한 뒤 심장만 남기고 몸체는 아래로 던져져 피라미

치첸이차 템플에 있는 뱀의 조각

드 주위가 시체로 즐비했다는 이야기는 인신 공양을 했던 이곳 마야인의 생생한 역사이기도 하다. 또 석기문화만을 가지고 있었던 마야인들이 돌로 만든 칼로 목을 자르고 심장을 도려내는 일은 무척 힘들었을 것 같다. 지금 내가 서있는 이곳도 시체가 수북이 쌓여 있었을 것이다. 그리고 이 땅은 그들의 붉은 피로 물 들었을 것이다.

전사의 사원

3. 전사의 사원(Temple of Warrior)

El Castillo 동북쪽에 세워진 이 사원은 순전히 태양에게 제사를 지내는 곳이다. 사원 제일 윗부분 한가운데 보이는 나지막한 석상을 착물(chac mool)이라 부른다. 이 착물은 남자의 형상으로 복부를 하늘로 향하여 누워있는 상태에서 머리를 반쯤 들어 서쪽을 향하여 고개를 돌리고 있으며 양 무릎을 세우고 있다. 복부 위를 평평하고 둥글게 쟁반같이 만들어 놓아 그 위에 젊은 전사의 심장을 담아 놓는 그릇 역할을 하였다. 제사에 쓰일 전사(군인)를 눕혀 놓는 석상은 사원 맨 아래에 있다. 착물 옆 양쪽에 서 있는 돌기둥처럼 보이는 것은 입을 벌리고 있는 뱀이고 이를 보호한다.

그렇다면 그들은 무엇 때문에 젊은 생명을 제사의 제물로 만들었을까?

마야인의 달력을 보면 한 가운데 태양이 그려져 있고 그 태양의 혀(tongue)가 힘이 들어 밖으로 나와 추욱 처져 있다. 마야인들이 굳게 믿는 5번의 지구 종말론에는 물, 불, 바람 그리고 재규어라는 동물로 인해 벌써 4번의 멸망이 끝나고 이제 마지막 5번째의 멸망이 곧 다가온다고 믿었다. 이 마지막 멸망을 눈 앞에 둔 태양이 너무나 약하고 기진맥진하여 혀까지 밖으로 내 놓은 것이라고

착물 (chac mool)

141

믿고 태양에게 기운을 불어넣어 줄 수 있는 방법을 모색하였다.

혈기 왕성한 젊고 힘센 전사의 심장이 태양에게 원기를 줄 수 있다고 마야인들은 굳게 믿고 피의 제사인 인신공양을 생각하게 된 것이다. 착물 위에 놓여진 펄떡거리는 뜨거운 피 덩어리의 심장은 피 냄새를 맡고 하늘을 맴돌던 독수리가 날아와 날카로운 두 발로 채가고 마야인들은 이 독수리가 심장을 태양에게 전달한다고 믿어 이 독수리마저도 신성시 하였다고 한다. 제사를 지낸 후 제사장들은 전사의 시체가 있는 제단으로 내려와 그들도 신과 동일하다고 생각하고 그 시체의 살코기를 먹었다 한다. 인육을 먹는 것은 어제 오늘 일이 아닌가 보다. 물론 서로 다른 여러 가지 이유가 있겠지만…

이 사원 앞 입구에는 사각형과 원통형의 돌기둥이 세워져 있는데 여기엔 전사들이 용감하게 싸우는 모습, 포로들을 끌고 오는 모습 등 전사들의 관한 것들이 양각되어 있다. 그리고 사원과 연결되어 있는 것처럼 보이는 오른쪽에는 864개의 돌기둥을 여러 겹의 "ㄴ"자 모형으로 세워 놓았는데 지금은 많이 훼손되었다. 어떤 학자는 이곳이 시장이었다, 어떤 이는 숙박업소였다라고 추측하지만 이곳이 신성한 제사를 지내는 곳이므로 아마 관리들을 상징적으로 표시하기 위해 만들었다고 추측하는 설이 가장 유력하다고 하였다.

아무튼 이렇게 많은 돌기둥을 세워놓은 이곳을 "1,000의 기둥"이라 부른다.

천(1000)의 기둥 앞에 서 있는 안내인과 마야 소녀

믿거나 말거나 마야인들은 지구의 인구가 80억이 되면 멸망한다고 믿었는데 지금 세계의 인구는 65억이란다. 앞으로 15년만 더 있으면 지구의 인구가 80억이 될 것이라고 하니 2021년이면 지구가 멸망할 시기가 아닌가? 더 두고 볼 일이지만….

그렇지만 만약 그 말이 사실이라면 나야 그럭저럭 환갑이 될 때까지 살았지만 우리들의 아이들, 지금 태어난 우리들의 손주들은 너무 억울하지 않은가?

현대의 많은 기독교 교회에서도 우리들이 마지막 시대에 살고 있다고 하는데 그러면 그 옛날 마야인이 믿었던 것과 현재의 우리가 동일한 생각을 하고 있다는 말인가?

4. 희생의 우물(Sacrefice of Cenote)

치첸이차에 있는 관측소

그 당시 치첸이차 주위에는 2500여 개의 저수지(cenote)가 있어 식수는 물론 이 물로 농사를 지었다. 그러나 피라미드에서 북쪽 숲 속으로 나 있는 하얀 길을 쭉 따라 가면 한국 시골의 우물보다는 훨씬 크고 저수지보다 작은 마야인들이 사용했던 특별한 우물이 나온다. 이 우물의 물속 깊이가 약 20미터이고 우물에서 땅까지는 석회암 절벽으로 되어 있는데 이 높이가 70 피트이며 이 우물의 넓이는 175 피트라고 하였다. 이 우물은 사람이 판 것이 아니고 이곳을 덮고 있던 석회암 지층이 무너지면서 자연적으로 만들어진 웅덩이에 지하수의 물이 고여 형성된 곳이다. 이 우물의 물 색깔은 어두운 에메랄드 보석같이 푸른 색깔이었다.

바로 이곳이 물의 신에게 가는 유일한 통로인 희생의 우물이다. 비가 오지 않아 가뭄이 들면 비의 신에게 제사를 지내기 위해 여자를 곱게 단장시킨 후 이 우물에 빠뜨렸다고 한다. 이곳에는 실지로 여자들이 물에 빠지기 전에 서 있었던 제단이 아직도 남아 있었다. 그리고 우리가 희생의 우물을 보기 위해 걸어온 이 길도 아무나 다닐 수 없었고 제사장과 제물이 될 여자, 그리고 제사를 집행하는 사람들만

그 길을 걸어 다닐 수 있었다고 한다. 그래서 이 길을 "죽음으로 가는 길"이라 불린다.

얼마나 많은 여자가 제물로 희생되었는지 알 수 없지만 문득 아버지 심봉사의 눈을 뜨게 하기 위해 공양미 삼백 석에 몸을 팔고 풍랑이 험한 인당수에 제사 제물로 빠진 심청이의 이야기가 생각났다. 이곳에도 수 없는 심청이가 있었는지 모를 일이다.

1904년 미국인 Edward Thomson씨가 이 주위의 땅을 사들인 뒤 이곳을 발굴하면서 이 희생의 우물이 널리 알려지기 시작되었다. 많은 사람들의 뼈, 주로 아이들의 뼈로 보이는 것과 보석, 도자기 등이 나와 어떤 것들은 지금 하버드 대학의 피바디(Peabody) 박물관에 소장되어 있고 어떤 것은 멕시코로 되돌려 보냈다. 아이들의 뼈가 많은 것은 아이들을 제사의 제물로 쓴 것이 아니라 잘못해서 빠져 죽었을 확률이 많았을 거라고 추측하였다. 또 보석들은 제사 제물인 여인을 곱게 단장하기 위해 사용된 것도 있겠지만 사람들이 보석 류나 귀중품을 우물에 던지면서 자기의 소원을 이루기 위하여 사용된 것들도

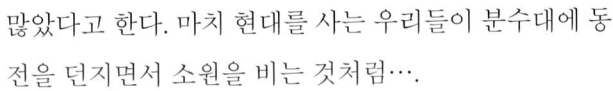

많았다고 한다. 마치 현대를 사는 우리들이 분수대에 동전을 던지면서 소원을 비는 것처럼….

보통 이 제사는 오전에 지내는데 오전에 던져진 사람이 오후까지 살아 있으면 그 여자를 끌어 올려 살리는 주지만 신도 받아주지 않는 저주받은 사람이라고 생각해서 이곳에서는 살 수가 없고 멀리 떠나 보낸다고 했다.

그런 슬픈 이야기를 들은 후 우물 위에서 절벽 아래 가득한 파란 물을 내려다보니 끔찍한 생각이 들었다. 살려고 발버둥 거리는 사람을 말끄러미 쳐다보고 힘에 겨워 물에 가라앉아 죽을 때를 기다리고 있던 제사장들과 이것을 봐야 하는 사람들의 마음은 어떠하였을까? 뒤에서 절규하며 애절하게 울부짖는 가족들의 울음 소리가 지금 이곳에 서 있는 나의 귀에 들리는 듯 하였다.

위. 수영 할 수 있는 Cenote
아래. 제사를 지내는 Cenote

주위가 평평하지 않고 경사가 심해 잘못하여 미끄러지면 나도 수장이 되겠구나 라고 생각하고 그 옆에 서 있는 가느다란 나무 가지를 꼭 잡았다. 구경만해도 이리 오싹하고 무서운데 이곳에 던져질 여자는 저 제단 위에 서서 얼마나 무서워 했을까?

2008년 이곳을 다시 방문했을 땐 치찬이차에서 멀지 않은 저수지 (cenote)에 가서 수영도 할 수 있었다. 수영을 하며 물을 먹어보니 물맛이 일품이었다.

5. 운동 경기장(ball court)

경기장으로 옮기면서 운동장으로 들어가기 전 오른편으로 끔찍해 보이는 해골 벽이 세워져 있다. 약 AD 1100−1300년에 만들어졌다는 이 해골 벽의 길이는 60미터, 넓이는 12미터이며, 승전 후 적장과 포로들을 죽여 이렇게 해골을 만들어 놓아 다른 적들로 하여금 두려워 이 도시를 다시는 침입하지 못하게 하였다고 한다. 실제로 발굴 당시 이곳에서 여러 구의 해골이 나왔으며 또 착물도 발견되었다고 한다. 그래서인지 이곳 기념품 가게에는 해골 그림이 들어간 티셔츠, 열쇠고리 벽걸이 등등을 팔고 있었다.

재규어 신전을 지나 운동 경기장으로 들어 가니 제법 운동장이 멋있게 자리잡고 있다. 신전 쪽으로 관람석도 있었다. 이 운동장에서 행해지는 공놀이 경기도 종교적인 의식으로 하는 것이다. 이들이 하는 공놀이는 "pok ta pok"이라 부르며 한 편의 선수가 6명씩 두 팀이 경기를 한다. 절대로 손과 발을 쓰지 않고 몸의 어깨나 엉덩이를 사용하여 고무공을 경기장 양쪽 벽 가운데 돌로 만들어 놓은 원

위. 승자의 머리를 들고 있는 모습이 보이는 경기장의 벽
아래. 해골벽

형 도넛 같이 생긴 구멍에 넣는 게임이다. 설명을 들었을 때는 상상이 가지 않았는데 나중에 비디오를 보고서야 그 경기를 이해하게 되었다. 주로 공은 선수들의 엉덩이를 이용하여 구멍에 넣는데 7미터 높이에 매달려 있는 구멍에 넣기는 쉽지 않아 보였다. 이 게임은 어느 한 편이 공을 넣을 때까지 계속되므로 며칠, 혹은 몇 달이 걸릴 수도 있다. 이 게임이 끝나면 진 팀의 주장이 이긴 팀 주장의 목을 돌 칼로 쳐서 신에게 바쳐지는 의식이 뒤따른다. 죽임을 당하는 이긴 팀의 주장은 신에게 바쳐지는 영예로운 죽임을 당하게 되는 것이다. 그래서 경기장 왼쪽 벽에 걸어놓은 공을 넣는 구멍 아래를 보면 이 장면을 사각형의 돌에 양각해 놓았다. 그 당시 마야인들은 이 영예로운 죽음은 곧 천국으로 들어가는 입문이며 가문의 영광과 더불어 개인으로도 더할 수 없는 영광이므로 기꺼이 죽임을 당한다.

마야인들에게 "7"은 아주 특별하다. 인간의 얼굴에는 2개의 콧구멍, 2개의 눈, 2개의 귀 그리고 1개의 입 이렇게 7개의 구멍이 있고 이것들이 다 잘 뚫려 있어야 건강한 사람이다. 즉 이렇게 "7"은 사람을 살게 하는 숫자이다. 기독교에서 "7"은 완전한 숫자임을 우리는 알고 있다. 그런데 이 숫자를 마야인들도 아주 중요하게 생각한다는

치첸이차안에 있는 경기장

것이다. 그래서 이 운동장 한가운데 서서 손 바닥을 치면 7번의 에코 (echo)가 들리고 공을 넣는 도넛 같은 돌도 땅에서 7미터 높이에 매달아 놓았다. 또 선수도 7명(6명의 선수와 1명의 주장)이 경기를 하고 승자 팀 주장의 목을 자른 그 자리에 7마리의 뱀이 자라 나온다고 하는 이야기가 있는데 모두 "7"이란 숫자를 썼다.

또 2012년 12월 22일에는 이 경기장 한 가운데서 kukukan(깃털이 있는 뱀의 신)이 땅으로부터 나와 지금 이 세상은 끝이 나고 다른 좋은 세상을 온다고 믿었다는 것이다. 깃털, 즉 날개가 있는 뱀이란 "용"인데 이것이 땅에서 나온다는 것은 곧 용이 승천한다는 것이 아닌가? 우리가 어렸을 때 많이 듣던 이야기다. 그런데 이곳은 한국이 아닌 중남미 마야인의 이야기다. 아마 이 전설의 역사적인 증인이 되기 위하여 2012년 12월 22일 이 곳을 방문하는 많은 관광객으로 이 곳이 터져 나갈 것 같다. 믿거나 말거나 지만 분명히 흥미 있는 사건이 아닌가? 마야인들이 사는 곳은 어디든지 이 경기장이 있지만 이곳 치첸이차에 있는 것이 가장 크고 아름답다고 한다. 경기장을 나와 멀리 보이는 사원들과 피라미드를 바라보니 온 몸에 소름이 끼쳐옴을 어쩔 수 없었다. 수 많은 사람들의 피로 적셔진 땅! 인신공양을 위해 지어진 이 수많은 유적들! 이것이 바로 치첸이차다.

위. 경기장 벽에 장식된 양각들
아래. 툴룸의 표시판

6. 툴룸(Tulum)

칸쿤에서 남쪽으로 220킬로미터 약 2시간 정도 내려가면 캐러비안 푸른 바다가 내려다 보이는 절벽 위에 툴룸(Tulum)이라 불리는 또 다른 마야의 유적지가 나온다. 툴룸이란 벽(wall)이란 뜻이며 이 말의 뜻처럼 이 도시 주위는 제주도의 돌담처럼 돌로 나지막하게 성벽을 쌓아 보호하였다.

제주도의 돌이 화산석이라면 이곳의 돌들은 모두 석회석이다. 지푸라기 지붕이 없는 제주도의 돌집을 연상시키는 곳이다. 보통 마야인들은 산 속에서 옥수수 농사를 짓고 살았는데 이곳만은 해안을 끼고

있는 이색적인 곳이어서 학계에서 많은 관심을 가지고 연구하고 있다.

치첸이차의 땅이 황폐해지자 다시 비옥한 농토를 찾아 약 AD 1200년 쯤 이곳으로 옮겨 왔을 거라고 추측하는데 이곳이 바로 마지막 시대를 살았던 마야인의 유적지이다. 보통 옥수수농사는 300년 내지 400년이 지나면 더 이상 농사를 지을 수가 없을 만큼 땅이 황폐해지기 때문에 약 300년 단위로 마야인들이 정든 경작지를 떠나 다른 지역으로 옮겨 다닐 수 밖에 없었기 때문이다.

또한 그 당시 무적함대를 자랑하던 정복자 스페인들이 쳐들어온다는 소문을 듣고 이곳에 살던 마야인들은 산속으로 피신을 했고 그래서 쉽게 정복된 곳이기도 하다.

이곳에도 역시 제사를 지내던 El Castillo를 비롯하여 여러 개의 사원들과 제사장이나 귀족, 부유한 사람들이 살았던 돌집들이 성벽 안에 잘 보존되어 남아 있었다. 물론 일반 평민들은 이 돌담 밖에 거주지가 있었다.

당시 이곳에 살고 있던 마야인의 인구는 약 10,000명이었다고 한다. 이 성안 한가운데로 유일하게 만들어 놓은 하얀 길은 북쪽으로는 칸쿤, 남으로는 과테말라로 가는 길인데 이 곳은 낮의 기후가 너무 더워서 주로 선선한 밤에 길을 떠나야 함으로 밤에도 잘 보이게 하얗게 도로를 만들었다고 한다. 그래서 이 길을 카미노 블랑코(Camino

Blanco)라고 불렸으며 해산물 등 무역 행상로 역할을 한 중남미의 실크로드(Silk Road)였다.

돌로 만든 집에는 집 위쪽에 창문처럼 구멍을 만들어 빛이 집안을 비치게 지어서 불이 귀했던 시절 햇빛과 달빛을 이용하였고 특히 이 빛의 길이로 춘분 추분을 구별하여 달력과 같은 역할을 했다고 한다.

사람들이 살던 집들은 아주 작아 어떻게 모든 식구가 한 집에 살았을까 하는 의아심도 자아냈지만 우리네가 가

틀룸에 있는 석조물

난했던 옛 시절, 한방에서 온 식구가 이불 하나를 나누어 덮고 자고, 아침에 일어나서 그곳에서 온 식구가 함께 밥 먹고 또 손님이 오면 그곳에서 손님 대접도 하는 등 방 한 칸에서 복닥거리며 살았던 것을 생각하니 그리 작아 보이지도 않았다.

아무도 살지 않는 집 입구에 세워져 있는 돌 문설 주위에 커다란 이구아나(iguana) 한 마리가 긴 꼬리를 축 늘어뜨리고 한가하게 일광욕을 하고 있었다.

이곳에 자리잡은 마야인들은 인신공양의 제사는 지내지 않았다고 한다. 이들은 옥수수 농사 이외에도 다른 도시와 교역을 하였는데 이들의 주요 물품이 소금과 해산물이었다고 한다. 아마 바다에서 주어 온 큰 생선의 뼈나 장식용으로 사용될 수 있는 조개(shell) 껍질도 교역의 중요한 물품이 아니었을까?

이구아나의 모습

El Castillo에서 바라보이는 카리브의 옥색물결 바다 저 멀리에는 마야의 금광을 찾아왔던 스페인 함대들이 보이는 듯하다.

역사의 뒤안길로 사라져버린 나라! 마야!

그들의 찬란했던 문화, 현대인들도 생각하지 못할 기상천외한 학문에 기초하여 지어놓은 치첸이차의 피라미드, 마야인의 달력에서 보여준 우주의 많은 현상과 맞아떨어져 나가는 천문학적 예언들. 나는 지금 그들의 땅에 와서 그들을 만나고 그들의 예언을 듣고 있다.

멕시코 여행

2. 아즈텍 (Aztec)

1. 아즈텍(Aztec)문명

멕시코의 수도 멕시코시티(Mexico City)로 향하는 비행기 안에서 잠시 눈을 감고 쉬고 있던 내 귀에 "목적지에 곧 도착하니 준비하라"는 기내 방송이 들린다. 눈을 떠 창 밖을 보니 높다란 산 정상에는 깊숙하게 패인 화산 분화구가 보인다. 낮게 떠 있는 구름과 어울려 화산구에서는 지금도 연기가 나는 듯 하다. 이곳이 바로 아즈텍 문명의 도시이다.

2,800미터 고지대에 자리하고 있는 이 멕시코시티는 원래 호수였다. 그런데 스페인 정복자가 들어온 후 덥고 열악한 주거 환경을 바꾸기 위해 이 호수를 메우고 오늘날의 멕시코시티를 건설해 사실상 아즈텍 문명은 모두 땅속에 매장되어 버리고 다만 떼오띠와깐(Teotihuacan)를 비롯하여 몇 군데만 남아 있다. 그래도 고고학 역사 박물관에서 적지 않은 아즈텍 문명을 접할 수 있음은 얼마나 다행인지 모른다.

15-16 세기 중앙 멕시코에 자리잡은 아즈텍 왕국은 마야, 잉카에 이어 제일 늦게 세워진 나라다. 아즈텍이 세워지기 전 여러 부족들이 여기저기 흩어져 살았는데 그 중 한 부족의 지도자인 Huitzilopochtli가 남으로 내려가다 과일나무 위에 뱀을 물고 있는 매를 발견하면 그곳에 도읍을 정하기로 하였다. 그리고 지금의 멕시코시티 그 당시 텍스코코(Texcoco)호수에 있는 곳에서 노팔(Nopal) 선인장 위에 뱀을 물고 앉아있는 매를 발견하고는 그곳에 정착하였다고 한다. 지금 멕시코 국기에 그려져 있는 뱀을 물고 선인장에 앉아있는 매의 그림은 바로 이 아즈텍 신화에서 나온 것이라 한다. 그리고 이 과일을 맺은 나무가 바로 노팔 선인장이며 이 나무의 엑기스가 당뇨에 아주 좋다고 하여 나도 한 병 구하려고 하였지만 이 나라를 떠날 때까지 끝내 구하지 못하였다. 내가 좋아하는 언니가 최근에 당뇨병이라는 진단을 받았기에 이 언니를 위해 한 병 꼭 살려고 했는데…. 언니! 미안해!.

아즈텍인들도 마야인들처럼 인신공양의 풍습과 제사 지내던 피라미드, 공놀이 등등 생활습관이 매우 흡사하였다고 한다. 또 이들은 상형문자를 사용하였고 그 당시 우리네 서당 같은 학교도 있었다고 한다. 술이 건강에 나쁘다는 것을 그려 사람들을 교육시킨 흔적과 이빨에 옥을 박아 한껏 모양을 낸 남자인지 여자인지 모를 해골을 보며 그들의 부유하고 사치했던 면을 볼 수 있었고 문화적인 생활을 했을 거라는 추측을 쉽게 할 수 있었다.

Museo De La Pintura Mural

혹시 아즈텍 달력을 볼 수 있을까 하고 기대했던 나는 박물관에서 돌로 만든 아즈텍 달력 일명 "Aztec Sun Stone"를 보고 그 앞에서 그만 넋을 잃었다. 자세하고 정교하게 조각해 놓은 이 아즈텍 달력에서 보여준 천문학적으로 계산한 우주의 현상과 신화 같은 예언들은 나를 상상의 세계로 몰고 가기에 충분했다. 사실일지 신화로 끝날지 모를 이 예언들을 얼마나 믿어야 할까?

아즈텍의 Sun Stone

지름 3.6미터, 두께가 약 1.2미터, 무게가 24톤인 이 돌로 만든 아즈텍 달력은 소깔로 광장 밑에 매장되어 있었던 것을 1790년에 발굴하여 대성당 타워에 걸어놓았다가 지금 이곳 박물관으로 옮겨졌다고 한다. 사실 달력이라기 보다는 앞으로 지구에서 일어날 일들과 지난 일들을 이 큰 돌 판에 새겨 놓은 것이라고 한다. 동양사람들 특히 우리 한국사람들은 60년 주기로 갑자을축을 시작하는데 비해 아즈텍인들은 52년을 주기로 계산한다고 한다. 그리고 이 달력을 이용하여 길일과 흉일을 알아내고 전쟁할 날짜, 집 짓는 날, 모종일 등을 골라 길일에 이런 일들을 하고 흉일은 피한다고 한다. 사실 그들의 달력에는 매일매일이 어떤 상징적인 뜻이 있기 때문이다. 둥글게 생긴 이 달력 제일 가운데에는 해의 얼굴, 하나님의 얼굴, 마야인이 믿는 해의 신인 Tonatiuh의 얼굴을 그려서 온갖 액세서리로 장식해 놓았다. 태양빛이 노랗게 보이므로 이 신의 머리카락도 노랗게 표현하였고 오석(obsidian)으로 만든 칼처럼 보이는 혓바닥을 쑥 빼어 물고 있는 그의 모습은 마치 피와 심장을 달라고 요구하는 것 같다고 하였다.

그 주위로는 지구를 4번 멸망시켰던 요소들이 사각형 속에 그려져 있었다. 오른편 위에 있는 재구어를 비롯하여 시계 가는 방향으로 물, 홍수 그리고 바람이 새겨져 있었고 해의 신 얼굴 양 옆으로는 심장을 쥐고 있는 두 손이 보인다. 이를 둘러싸고 있는 원 속에는 한달 20일을 상징하는 20개의 칸을 만들어 그 속에 동물, 식물 등을 그려 놓았고 이 그림이 그날을 점치는데 중요한 역할을 한다. 아즈텍인이나 마야인들이 중요하게 생각하는 깃털 달린 뱀도 이 달력 위와 아래에 새겨져 있다. 그리고 제일 밖에 있는 원은 시간을 표시한다고 하였다. 신비로운 아즈텍 달력! 난 보고 또 보고 그리고 수많은 사진을 찍었다. 또 은으로 만든 아즈텍 달력모양의 귀걸이와 목걸이도 하나 사서 걸으니 마치 내가 마야인이나 아즈텍 사람들이 살던 시대로 되돌아간 듯 뿌듯한 마음이다.

박물관에 전시된 그림과 조각들

2. 떼오띠와깐(Teotihuacan)

멕시코시티에서 약 30마일 북쪽에 있는 떼오띠아깐은 아즈텍문명의 일부다. 떼오띠아깐이란 아즈텍 말로 사람이 신으로 변화되는 곳(the place where men became Gods)뜻을 가졌다. 이 도시는 가장 번창했던 AD 600년에는 약 이십만 명이나 거주한 남미 교역의 중심이었다.

도시의 제일 북쪽에 위치한 달 피라미드(Pyramid of The Moon)신전에서 시작하여 도시의 중심부인 광장을 가로질러 마주 보이는 산자락까지 이어지는 길이가 약 2.5 킬로미터나 되는 죽음의 거리(The Ave. of the Dead)는 이 도시의 가장 번화가였다. 이 길을 중심으로 도시가 두 개로 나뉜다.

왼쪽으로 케찰코와틀(Quetzalcoatl)신전이 있고 약 1Km정도 남쪽으로 내려가면 태양 피라미드(Pyramid of The Sun)가 있다. 오른쪽에는 궁전(Quetzalpapalotl Palace)이 있으며 15개의 작은 계단식 피라미드가 양쪽 길가에 세워져 있었다. 태양 신전이 중심부에 있

어야 할 것 같은데 달 신전이 떡 하니 자리를 차지하고 있다. 이해가
되지 않는다.

치첸이챠에서는 피라미드에 올라갈 수 없었는데 이곳은 허락된다고
한다. 언제 다시 올라 갈수 없을지 모르니 힘이 들어도 정상까지 올
라가봐야 하겠다는 생각으로 달 피라미드의 계단을 오르는데 벌써
가슴이 답답해지고 숨이 차기 시작한다. 이곳은 해발 7,100피트이기
때문에 피라미드 정상에 오르면 약 9,000피트가 되니 고산증에 약
한 나에게는 슬슬 증상이 오는 것 같다. 그러나 달의 신전 위로 올라
가면 죽음의 거리에서부터 이 도시 전체를 한눈에 볼 수 있기 때문에
기를 쓰고 올라가야 했다.

지난번 여행에서는 쉬지도 않고 잘 올라갔는데 몇 년 지났다고 이렇
게 힘이 들다니. 나도 늙나 보다. 그래서 여행은 젊어서 가야 한다는
데….

조금 쉬고 10계단 올라가고 또 숨 좀 돌리고 올라갔다. 쉬며 절며 거

북이가 엉금 거리듯 욕심 내지 않고 한번에 8−10계단씩만 올라가기로 했다. 쉬는 동안 돌계단에 앉아 광장 쪽을 보니 이 모든 도시가 한눈에 들어온다.

이 달 신전은 호수와 강의 여신(Goddess)에게 제사 지내던 곳이라고 한다. 이집트 기자의 피라미드처럼 큰 돌을 사용하지 않고 작은 돌들과 흙을 사용해서 전체 모양이 마름모꼴 형으로 만들었고 정면 한 가운데 계단을 만들어서 피라미드 꼭대기까지 올라갈 수 있게 되어 있었다.

달 신전 위에서

피라미드 제일 아래 놓여져 있는 마름모 꼴의 일층 피라미드가 가장 넓고 그 위에 보다 작은 것을 얹어 모두 5층으로 만들었다. 돌과 돌사이 접착 부분을 진흙으로 연결했고 그 진흙 있는 곳에는 아주 작은 공깃돌 크기의 돌멩이를 콕콕 박아 멋을 냈다. 꼭 옷에 스티치 한 것처럼 모양이 난다.

내려오는 사람들마다 쉬고 있는 나에게 조금만 더 올라가면 된다고 용기를 준다. 드디어 정상에 오르니 시원한 바람이 세차게 불어 몸이 넘어질 것만 같다.

와! 광장에 있는 사람들이 모두 개미처럼 아주 작게 보인다. 달 피라미드보다 더 크다는 태양 피라미드도 작게 보였다. 넘어질까 두려워서지도 못하고 앉은 채로 사진을 찍었다. 한 시대를 살고 갔던 흔적들이 고스란히 남아 있어 그나마 다행스럽다는 생각을 했다. 저 넓은 광장에선 무슨 일이 일어났을까? 상상의 나래를 펴 본다.

돌 사이를 접착시킨 모양

지금 이곳은 발굴작업이 한창이다. 이곳에서 몇 구의 시신도 찾았다고 하였다. 이 피라미드 속에 몇 개의 피라미드가 더 있는지 모르겠다. 처음 피라미드를 만들고 얼마 후 그 위에다 다시 돌을 쌓아 지난번 보다는 조금 더 크고 높은 피라미드를 만든다. 또 몇 년 후에 그 위에 다시 쌓고 또 쌓고 하며 몇 겹의 피라미드가 되는 것이다. 이것이 기자의 피라미드와 또 다른 점이다. 전에 언급한대로 이집트의 피라미드는 왕릉(묘)이며 마야나 아즈텍의 피라미드는 제사를 지내는 신

전인 것이다. 이 피라미드도 역시 치첸이챠와 마찬가지로 계단식이며 5층(tier)으로 만들어졌지만 달력을 응용해서 일년을 계산하도록 만들지는 않았다.

3. 태양의 신전(Pyramid of The Sun)

태양신전으로 가는 길인 죽음의 거리에는 기념품을 들고 다니며 파는 상인들이 해골 열쇠고리, 은 팔찌, 유리 목걸이, 마스크, 티셔츠 등을 들고 와 사라고 한다. 마스크도 자개로 만든 것, 붉은 돌로 만든 것, 터코이즈로 만든 것 등등. 장식용으로 사용하면 멋있겠다.

나는 터코이즈로 만든 마스크를 하나 갖고 싶어 같이 동행한 부인에게 흥정을 부탁했다. 그 부인은 스페니쉬를 아주 잘하기 때문에 좋은 값으로 살수 있을 것 같아서였다. 우리는 대강 값을 알아보고 태양신전을 둘러 오는 길에 사야겠다고 마음먹고 신전을 향해 발걸음을 돌렸다. 사실 빈 몸으로 올라가기도 힘이 드는데 짐이 있으면 신전 올라가기가 더 힘들 것 같기 때문이었다.

아이구 맙소사!

조금 전 달의 신전에서 볼 때는 이 피라미드가 그리 크게 보이지 않았는데 막상 가까이 가서 보니 태산만큼이나 높아 보였다. 이 태양의 피라미드 위에서 공작 깃으로 만든 휘황찬란한 모자를 쓰고 화려하게 장식한 제복을 입은 제사장이 비의 신에게 기도 드리는 모습을 상상해 보았다. 양손을 높이 들고 하늘을 향해 간절한 기도를 드리지 않았을까? 바로 그 자리에 꼭 가 보고 싶었다.

또 이 피라미드 제일 위층 한 가운데에는 은(silver) 조각을 박아 그것에다 손가락을 대고 태양을 바라보며 기를 흠뻑 받는다고 한다. 꼭 올라 가 봐야 할 이유가 한 두 가지가 아니다.

날씨는 왜 이렇게 더운 거야! 구름 한 점 없는 파란 하늘이 원망스럽다. 멕시코시티는 낮에는 비가 안 온다(밤에만 비가 온다고 함)고 안내원이 말했으니 절대로 비가 올리는 없고 바람이라도 쏴 하고 불어 주었으면 좋으련만….

이제는 더 힘이 들어 한 번에 5-6계단밖에 올라갈 수가 없다. 가슴이 찢어지는 것 같다. 숨도 차다. 이러다가 죽으면 어쩌나? 나도 모르는 사이에 내 심장에 이상이 생긴 것이 아닐까? 이번 여행이 끝나면 꼭 병원에 가서 검사를 받아 봐야겠다. 들고 간 물병도 달랑달랑 바닥이 날려고 한다. 물도 입을 적실 만큼 조금씩 아껴 마시고 숨도 코로만 쉬며 내가 아는 고산지대에서 잘 적응할 수 있는 모든 방법을 다 동원해 보았지만 한꺼번에 10계단을 올라 간다는 것은 무리다.

그래도 포기할 수는 없으니 …

세계에서 3번째로 크다는 이 태양의 신전 크기는 이집트 기자에 있는 피라미드와 비슷하지만 높이가 낮다고 한다. AD 200년에 세워 졌다는 이 신전은 가로 세로가 215x215미터 정사각형이며 높이가 63미터인 마름모꼴의 계단식 피라미드다.

여기는 비의 신(남자 신이라고 함)에게 제사를 지내는 곳이다. 처음 만들 때는 4층이었는데 그 위에 짓고 또 짓고 이중 삼중으로 지어 지금은 5층이 되었고 가로 세로 길이도 225x225미터로 한 면이 10미터나 더 넓어 졌다고 한다.

이 신전도 돌멩이와 흙을 사용하였고 돌과 돌 사이 접착 부분은 달 신전처럼 작은 공깃돌 같은 것을 박아 모양을 냈다. 정상까지 기다시피 하여 올라가보니 이 곳은 달 신전과는 달리 넓고 평평하다. 난 우선 신전 꼭대기에 벌렁 누워 버렸다. 조금 쉬니 살 것 같다. 여기저기

태양의 신전 앞에서

157

걸어 다니며 힘들게 올라온 이곳의 탐사를 시작했다.

그렇게 높고 크던 달 신전도 이곳에서 보니 아주 자그마하게 보인다.
태양 신전 정상 한 가운데에 사람들이 옹기종기 모여있는데 그 곳에
는 5센트짜리 동전보다 조금 작아 보이는 은 조각이 박혀 있었고 사
람들마다 그 은 조각에 손가락을 대고 해를 바라본다. 많은 사람들이
만져서인지 은 조각이 닳아서 반질거렸다. 함께 올라간 부인과 차례
를 기다려 드디어 손가락을 그 은조각에 대고 "기"를 받으려고 다른
사람들이 하는 것처럼 해를 바라 보았다. "기"를 받으면 몸에 어떤
변화가 오는 것인지, 온 몸이 뜨거워 지는 느낌이 오는지, 아니면 찌
릇찌릇 전기가 와야 하는 건지. 그러나 나의 몸에는 아무런 느낌도 없
다. 그러면 나 같은 사람은 "기"라는 것이 통하지 않는 것인가?

와! 드디어 두 피라미드 모두 올라간 것이다. 더위로 얼굴이 달아올
라 화끈거리고 여전히 가슴도 벌떡 거렸지만 피라미드 위에서 동서
남북으로 툭 트인 사방팔방 경치를 보니 장관이다. 힘은 들어도 올
라오길 썩 잘한 것 같다. 치첸이챠에서는 피라미드를 올라갈 수 없
었는데 이곳에 와서 두 군데를 다 올라갔으니 조금은 덜 억울한 느

낌이다.

언제, 어떻게, 왜 이 나라가 멸망되었는지는 아직도 의문이 남은 미스터리다. 다만 스페인에게 멸망 당하지 않은 것만은 사실이라는데….
사라져 버린 잉카의 공중도시 마추피추, 사라져 버린 아즈텍의 떼오띠와깐, 흔적들만 남겨 놓은 채 다들 어디로 사라졌단 말인가?

이 아즈텍인들은 언젠가 자기들과는 다르게 생긴, 키가 크고 얼굴이 하얀 신과 같은 사람이 이상한 동물은 데리고 나타나 자기들을 구원해 줄 것이라는 신화를 믿고 있었다. 그런데 어느 날 스페인 군대가 노예로 잡아온 네덜란드 인들을 앞세우고 침략해 왔을 때 아즈텍인들은 자기들이 오랫동안 기다리고 기다리던 신이 드디어 나타나서 자기들을 구원해줄 것이라 믿고 싸움 한 번 해보지 못하고 항복하여 버렸다. 하얀 피부, 노란 머리카락, 파란 눈을 가진 네델란드인들이 말을 타고 들어오니 이들이야 말로 그들이 기다리던 신이라고 믿었던 것이다. 그러나 아즈텍인들은 이들이 자기들을 구원해 주러 온 사람들이 아니고 금은보화를 탈취하러 온 것을 알게 되었고 그들과 싸우기로 작전을 짰다.

그런데 불행하게도 스페인어도 하고 아즈텍 말도 할 줄 아는 추장의 딸이 자기 민족을 배신하고 이 모든 사실을 스페인 장군에게 알려줌으로써 스페인 군인들은 아즈텍인들이 영원히 다시는 재기할 수 없도록 도륙해 버린 것이다.

강국이 약소국을 지배해온 것은 세계 역사 속에서 볼 때 어제 오늘의 일이 아니다. 스페인이나 포르투갈도 콜럼버스, 마젤란 등의 혁혁한 공로로 지구의 많은 나라를 침략하여 지배했었다. 그러나 그들이 지배했던 나라에 남기고 간 것은 과연 무엇이었을까? 수없이 많은 성당, 메스티조(인디오와 스페인의 혼혈) 그리고 가난이다. 그들이 정복했다고 하는 남미의 여러 나라들, 아프리카의 여러 나라들을 보면 그 말이 사실인 것 같다. 지금의 이 사실을 콜럼버스가 듣는다면 과연 "내가 잘했다"고 할까?

박물관 앞 거리의
연출가들

카리브해의 나라들

1. 머리말

하늘 저 끝까지 이어지는 옥색 바다, 잔잔한 파도, 뜨거운 태양빛에 눈부시게 빛나는 하얀 모래사장. 높이 서 있는 야자수 나무들.

레게, 재즈 음악에 맞추어 커다란 엉덩이를 쉴 새 없이 흔들며 춤추는 이들, 하얀 이빨을 내놓고 활짝 웃는 얼굴들을 쉽게 만나 볼 수 있는 곳. "빨리빨리"란 말을 들을 수 없을 만큼 급한 것이 전혀 없는 "만만디" 아줌마들.

야자수 나무 등걸에 매달아놓은 해먹(hammock)에 누워 파란 하늘을 바라보고 있노라면 산들산들 불어오는 시원한 바닷바람은 달아오른 뺨을 식혀준다. 그리고는 흔들거리는 해먹에 누워 살포시 오수에 빠져 버린다. 이런 세상 속에서 오래간만의 여유를 가져 보고 싶다면 그것이 욕심일까?

카리브 해는 북미와 중남미를 연결하는 허리쯤 되는 곳에서 대서양과 멕시코만 사이에 있는 바다다. 그리고 카리브는 태평양이나 대서

원주민 아이들

양처럼 파도가 세지 않고 물이 맑아 세계의 많은 관광객들이 애호하는 곳이다. 이 사실을 증명이나 하듯 크루즈 관광이 제일 선호하는 나라들이 다 이곳에 있다.

카리브 해에는 약 7,000개의 섬들이 있다고 한다. 이 많은 섬들이 길이 2,500마일(약 4,000킬로미터) 넓이 160 마일(약 250킬로미터)로 앤틸리스(Antilles) 해협을 끼고 산재해 있으며 이 나라들을 통틀어 "서인도 제도(West Indies)"라 부른다.

1492년 크리스토퍼 콜럼버스(Christopher Columbus)가 인도로 가는 항로를 발견하기 위해 항해를 하다가 우연히 이곳을 발견하고 "인도"라고 생각했지만 아닌 것을 알고 나중에 서쪽에 있는 인도라는 뜻으로 "서인도 제도"라고 명명했다고 한다. 콜럼버스가 이곳을 발견했을 당시 이곳에는 인디언들이 살았는데 이들을 통틀어 아라와크족(Arawak)이라 불렀다. 이들은 주로 농사를 짓고 살았는데 주된 곡물은 유카(yucca), 즉 우리들이 잘 먹는 '보바', 그리고 메이즈(maize) 즉 옥수수를 재배했다고 한다.

땅이 기름지고 기후, 물 공급이 좋아 해마다 풍작이 되니 이 잉여 농산물들을 지금의 칸쿤, 벨리즈 등으로 가져다 팔았고 그리하여 생활이 풍요로워지게 되자 그들은 서서히 그들만의 문화를 꽃 피울 마음의 여유를 갖게 되었다. 이후 그들은 그림, 도자기, 장신구들을 만들어 집과 몸을 장식하기 시작했다. 콜럼버스가 처음 이들을 만난 날 노트에는 아라와크족이 코에 금으로 만든 장식물을 달고 왔다고 쓰여 있었다고 한다. 또 지푸라기로 그물처럼 엮어 만든 그네 모양의 해먹(hammock)에 이어 좀 더 유연하고 튼튼한 야자수 잎으로 실을 만들어 해먹을 만들기도 했다.

이곳에 있는 많은 나라들은 오랫동안 영국, 스페인, 포르투갈, 프랑스 등의 통치를 받아오다가 최근 몇 십 년 안팎으로 독립을 해서 자치 국가가 되었다. 이곳 섬들 중에도 안티가(Antigua), 바하마(Bahamas) 그리고 바베이도(Barbados)등은 화산으로 이루어진 섬이 아니기 때문에 섬 전체에 산이 없고 평평한 육지를 가지고 있는 반면 브리티쉬 버진 아일랜드(British Virgin Islands), 쿠바(Cuba), 푸에르토리코(Peurto Rico), 그

원주민의 모습

리고 세인트 루시아(St. Lucia) 등에서는 아름다운 높은 산들을 볼 수가 있다.

이곳 바닷물은 일년 내내 화씨70-80도을 유지하기 때문에 바다낚시(reel fishing), 바다 잠수(scuba diving), 스노클(snorkel) 등을 즐기는 사람들에게는 천국이다. 또 전 세계의 약 30%의 산호초 군이 바로 이곳 카리브 해에 자리 잡고 있기 때문에 바닷속의 절경을 보기 위해 수많은 사람들이 이곳으로 모인다고 한다. 예전의 이곳 주민들은 사탕수수를 심어 수출하며 살았던 농업국가였지만 지금은 관광산업으로 주 수입원이 바뀌었다.

이 나라들을 여행하면 아직도 사탕수수 농장을 많이 볼 수 있고 또 옥수수나 사탕수수로 만든 술인 "럼(Rum)"도 쉽게 맛볼 수 있고 또 이들 술과 과일 주스를 섞어 만든 칵테일(cocktail)도 맛볼 수 있다. 바나나, 망고, 파인애플, 구아바 등등의 열대 과일이 풍성하고 갖가지 아름다운 꽃들과 나무들이 자라고 있다.

지금부터 안티가(Antigua), 바하마(Bahamas), 바베이도스(Barbados), 브리티쉬 버진 아일랜드(British Virgin Islands), 도미니칸(Dominican), 쿠바(Cuba), 푸에르토리코(Peurto Rico), 그리고 세인트 루시아(St. Lucia)로 가 보려고 한다.

모두 4번에 걸친 여행이었다.

2. 안티가(Antigua)

안티가는 1493년 콜럼버스가 시도한 두 번째 항해에서 발견된 섬이다. 원래 이 섬의 이름은 산타마리아 데 라 안티구아(Santa Maria De La Antigua)라고 불렸는데 영국인들이 발음을 잘못하여 안티가(An-tee-ga)라 불렀고 그래서 지금도 그렇게 불려지고 있다. 1632년 에드와드 워너(Edward Warner)에 의해 영국 영토로 만들려고 하였으나 이곳에 살던 원주민들의 반대와 마땅한 식수의 공급이 원활하지 않다는 것을 알고 적극적으로 추진하고 있지 않고 있다가 1666년 프랑스인들에게 점령당하기도 했다. 1674년부터 바베이도스(Barbados)에서 사탕수수 종자를 들여와 사탕수수를 재배하기 시작하였고 노동력의 부족으로 아프리카에서 노예를 데려오기에 이르렀다.

넬슨 조선소와 입구 표지

농사는 풍년이 되었고 생산하여 가공된 전 물량을 영국으로 보내 사탕수수 농장주는 막대한 부를 가질 수 있었다. 한창 전성기에는 사탕수수를 가공하는 설탕공장이 150개가 있었으나 지금은 식당이나 카페로 변해버려 관광객을 맞이하고 있다. 아직도 이곳에 남아있는 베티스 호프(Betty's Hope)라고 불리는 그들이 살던 한 저택에서 그 당시의 부를 짐작할 수 있었다.

그러나 세월이 흐름에 따라 영국 내에 설탕 값 폭락이 시작되니 이를 막기 위해 영국 정부에서는 높은 관세를 책정하였고 또 설상가상으로 1834년에 시작된 노예제도 폐지법 때문에 사탕수수 농장은 내리막길을 달리게 되었다. 그럼에도 불구하고 사탕수수는 아직도 안티가의 중요한 농산물로 자라잡고 있다.

정치적으로 1967년부터 서서히 시작된

독립운동이 1981년 11월 1일에서야 열매를 맺게 되어 버드(V.C. Bird)가 초대수상이 되었다. 이제는 완전한 독립국가가 되었지만 아직도 영국과의 좋은 관계는 계속 유지되고 있으며 안티가의 국어로 영어가 통용되고 있다.

바부다(Barbuda)라 불리는 섬과 인접해 있는 이 안티가는 화산석, 산호석 그리고 석회석(limestone)으로 이루어진 섬이며 일년 열두달 내내 햇빛이 쨍쨍, 온도가 70-80도 사이를 오르락 내리락 하여 기후가 아주 좋다. 또 항구에는 특별한 장치 없이도 수심이 깊어 거대한 크루즈 배들이 쉽게 정박할 수 있어 관광 산업의 일조를 하고 있다고 한다.

이 나라의 전체 면적은 고작 100 평방 마일(280평방 킬로미터)이며 수도인 세인트 존(St.John)이다. 이곳에서 가장 높다는 400미터 높이의 보기(Boggy) 봉우리가 있는 쉐클리(Shekerley) 산은 이 섬 남서쪽에 있고 넬슨 조선소(Nelson's Dockyard)로 가는 길에서 볼 수 있었다.

국민 전체 인구 69,000명중 약 절반이 수도를 중심으로 그 부근에 살고 있다고 한다. 이곳의 일 년 평균 강우량은 약 45인치라 하지만 잠시 비가 왔다가 개이면 언제 비가 왔더냐 싶을 정도이다. 주식이 되는 옥수수, 고구마 그리고 고추농사와 더불어 블랙 파인애플(black pineapple)은 이곳의 중요한 농산품이라 한다. 그들이 즐겨먹는 "두쿠나(Doo-Koo-Nah)"는 고구마로 만든 음식이고 이와 더불어 옥수수로 만든 "푼치(foon-ji)"라는 음식도 이들이 즐겨 먹는 음식이란다. 이 나라 사람들의 음악에 대한 열정과 나라 사랑하는 마음은 어디서나 쉽게 느낄 수 있다. 그들이 즐겨 부르는 노래가 애국가이니 말이다.

또한 이곳 사람들이 그리도 열광하는 크리켓(cricket)이란 운동은 이곳 카리브 해안에 있는 모든 나라에서 가장 인기 있는 운동종목이다. 그리고 이 나라에서 2007년도 크리켓 월드컵이 치러졌다. 여행을 하며 운동장이 보이면 그것은 다 크리켓 구장이고 우수 선수들은 주민들의 영웅이 된다.

이곳에 도착하니 그리도 화창한 날씨를 자랑하던 이 나라에서 우리를 환영하는지 비가 주룩주룩 내리고 있었다. 우산을 쓰고 동네를 들어가니 이른 시간이어서 다들 출근하느라 길도 사람들도 분주하였다. 비를 피해 처마 밑에서 좌판에 바나나, 구아바, 오렌지 그리고 무엇인지 모를 야채를 올려놓고 파는 원주민 행상 아주머니들이 동그랗게 눈을 뜨고 처음 보는 동양인인 우리들을 향해 신기한 듯 쳐다본다.

이곳 사람들이 몇 명만 모여 앉아도 하는 게임이 있는데 이를 "와리(Warri)"라 부른다. 이 게임은 3500년 전 아프리카 지금의 수단 지역사람들이 하던 것인데 17세기경 사탕수수 농장의 노예들이 이 카리브로 이주하면서 가져온 게임이란다. 기다란 직사각형 나무 판에 두 줄로 여섯 개의 구멍과 양 끝에 하나씩 구멍을 파서 전부 14개의 구멍에 동그란 돌멩이를 넣으며 하는 산수, 즉 수의 개념을 도와주는

도우힐 센터

166

놀이란다. 개인기도 하고 또 팀 게임도 하는 이 놀이는 글
을 모르는 이들의 구전으로 전해 와서 지금도 이 카리브
해에 사는 사람들이 즐긴다고 했다.

지금은 국립공원으로 지정되어버린 도우힐 인터프리테이
션 센터(Dow's Hill Interpretation center)에는 초기 원
주민 이였던 아라와크족들의 삶, 콜럼버스의 상륙, 사탕수
수 농장시절 그리고 현대에 이르기 까지 안티가 역사에 대
한 설명을 들을 수 있는 박물관이 세워져 있었다.

공원 여기저기에는 옛날 이곳에서 사용했던 대포도 바다
를 향해 걸어 놓았고 당시에 조선소로 사용했던 돌집이 그
대로 보존되어 있었다. 이 공원에서 아래를 내려다보면 옥
색 바다와 점점이 떠 있는 하얀 요트로 가득 찬 포구가 내
려다보이는 그야말로 절경 중에 절경이다. 절벽 높은 곳에
세워진 초소가 있는 쉘리 하이츠(Shirley Hts.)도 꼭 들러
볼 만한 곳이다.

이곳 주민들이 만든 분홍 조가비를 깨서 장미꽃처럼 만든
목걸이가 예뻐 하나 사서 목에 거니 바다 내음이 솔솔 난
다. 열대 과일 주스에 럼(rum)을 조금 넣어 만든 음료수
는 갈증을 달래준다.

잉글리쉬 항구(English Harbour)에 있는 넬슨 조선소에
는 18세기경 이곳을 카리브의 영국 해군 기지로 사용했던
곳으로 여러 가지 역사적 유물들을 볼 수 있었다. 그 당시
배를 만들어 띄었던 곳, 물을 저장했던 건물, 박물관, 장교
들의 숙소, 군복을 만드는 공장, 배를 만들던 곳, 의료실 등
등을 볼 수 있었다. 이 안에는 기념품 가게, 식당, 카페 등
이 있었는데 지금 해군 군함은 아니지만 조그만 배를 만드
는 곳도 있어 묘한 느낌을 주었다. 물 창고, 이층 나무 목각
가게에는 여러 종류의 물고기와 와리(warri)놀이 기구 조

각품을 팔고 있었다. 특히 군복을 만들기 위해 휴식도 없이 일한 노예들이 제일 들어가기 싫어했다던 작업장은 나에게 무서움증을 느끼게 하였다.

조선소에서 나오는 길에 만난 한 소녀의 영롱한 눈빛이 내 눈길을 사로잡았다. 갈래갈래 닿은 곱슬머리는 이 아이에게 너무나 잘 어울린다. 터코이즈 페인트를 칠한 볼품없는 바나바스(St.Barnabas)성당의 문이 활짝 열려있어 답답했던 내 마음을 위로해 준다.

위. 안티가에서 만난 소녀
아래. 바나바스 성당

3. 바베이도스(Barbados)

한 십여 년 전 딸이 대학 3학년 때 한 학기를 바베이도(Barbados)에서 그림을 그리며 보내고 싶다고 했지만 사정이 여의치 못해 결국 가지 못한 적이 있다. 그 당시 남편과 나는 아이들에게 흥미로운 제안을 했다. 즉 아이들이 대학 다니는 4년 동안 만일 그들이 대학 과정을 3년 반에 마칠 수가 있다면 한 학기 등록금은 자기가 원하는데 쓸 수 있도록 허락을 한 것이다.

큰 아이는 NOLS에 등록하여 와이오밍(Wyoming)에서 시작하여 유타(Utah), 애리조나(Arizona)로 내려오는 산과 강을 다니며 산악훈련을 한 학기를 채웠고 막내는 칠레(Chile)의 파타고니아(Patagonia) 산에서 산악 훈련으로 통해 평생 잊지 못할 좋은 경험들을 배웠다. 딸도 바베이도에서 그림을 그리며 한 학기를 그곳에서 공부하고 오겠다고 한 것이다. 딸이 혼자 떠나는 것이 걱정이 되어 함

께 이 나라에 대해 많은 연구를 했다. 결국 사정상 못 가게 된 딸을 위로하기 위해 나는 딸에게 언제 한 번 꼭 같이 가겠다고 굳은 약속을 하였건만 딸은 시집가서 아이 둘 키우느라 정신이 없고 나 혼자 이렇게 왔다.

오랫동안 마음에 두던 나라를 드디어 오게 된 것이다. 옥색 바다가 끝없이 이어져있는 카리브 해의 동남쪽에 있는 작은 섬나라, 높은 산이 없이 산호 석으로 이루어진 평평한 땅인 바베이도는 넓이가 약 166 평방 마일(430평방 킬로미터) 길이 21마일, 넓이 14마일밖에 되지 않는 섬이며 수도는 브릿지타운(Bridgetown)이다.

GunhHill Signal Station

이 섬은 열대 기후에 속하지만 항상 무역풍(trade wind)이 불어 그리 덥지만은 않은데 단지 3년에 한 번 꼴로 들어 닥치는 허리케인(hurricane)이 있어 온 나라가 막대한 피해를 본다.

섬 한가운데가 좀 높은 언덕 같은 힐라비(Hilaby)라는 산이 있지만 그 높이가 330미터밖에 되지 않는데 이곳이 가장 높은 산이다. 열대 식물이 자라고 아름다운 꽃들이 피어 있어 아름답기 그지없는 이 나라는 이 지중해에 있는 여러 나라 중 가장 잘 사는 나라이며 너무나 아름다워 "환상의 섬" 또는 너무 영국과 닮아 "작은 영국"이라 부른다고 한다. 현재 총 인구는 279,000명이며 역시 다른 카리브에 있는 나라와 마찬가지로 아프리카로부터 사탕수수 농장에 온 후예들이 주종을 이루며 이들은 자기들이 바베이도니안(Barbadonian) 혹은 바쟌(Bajan)이라 불려지기를 원한다. 1536년 포르투갈의 탐험가 페드로 캠프스(Pedro Camps)에 의해 발견되었을 당시만 해도 이곳에는 많은 인디언 족들이 살고 있었다고 전해진다.

참! 이 섬은 콜럼버스가 발견하지 못한 카리브 섬 중에 하나이다. 1625년이 되어서 본격적으로 영국에서 사람들을 이주시키기 시작하여 약 80여 가구가 이곳 바베이도에 살면서 그들은 목화, 담배 그리고 사탕수수를 재배하기 시작하였고 그러면서 영국이 서서히 통치하기 시작하여 1966년 11월 30일 독립할 때까지 영국령에 속해 있었다.

바베이도 서쪽 해안은 산호초 군이 자리잡고 있어 끝없이 이어지는 하얀 모래사장과 더불어 아름다운 해초와 고기 등 바닷속 경치를 구경하기 위해 스쿠버(scuba), 스노클(snorkeling) 그리고 해수욕을 즐기는 사람들이 찾고 동쪽 해안은 계속적으로 불어대는 무역풍이 해안 쪽에 서 있는 절벽 쪽으로 불어 파도타기에 안성맞춤이므로 윈드 서핑(wind surfing)이나 서핑하는 사람들이 즐겨 찾는다고 한다.

바베이도의 세인트 조지(St. George)군 높은 언덕에 세운 Gun Hills Signal Station은 역사적으로도 중요한 곳이지만 삼면의 바다가 한눈에 보이는 장소이다. 이곳을 방문하기 위해 꼬불거리는 가파른 좁은 골목길을 따라 언덕을 올라가는 동안 발 아래에 펼쳐지는 경관은 어찌 다 말로 표현 할 수 있을까! 초대소로 가는 동안 양 길옆에는 마호가니 나무, 플럼보이얀 등등 열대 나무들이 예쁜 꽃을 피우고 향내를 풍기며 사열하듯이 서 있었다.

■ 난초공원의 갖가지 난초들

입구에 들어오니 나지막이 자라고 있는 열대 화초가 잘 정돈되어 자

라고 있었고 초대소로 향한 길은 잘 포장 되어 있었다.

1818년 이곳에 돌로 초대소를 지어놓고 그곳에 네 대의 대포를 설치하여 이곳을 침략하는 적군의 배를 발견하면 포를 쏘아 경고하고 또여러 배들이 부딪히지 않고 항구에 잘 들어 올 수 있게 신호를 보내 등대 역할을 했을 뿐 아니라 사탕수수 밭에서 일하던 노예들의 폭동을 방지하기 위해 감시하는 역할도 해왔다고 한다. 때로는 이곳을 군인들의 휴양지로도 사용하였고 한 때 황열병이 창궐했을 때는 환자들을 격리 수용하는데 사용되기도 했다. 이곳 초대소 타워에 올라가서 만들어 놓은 작은 총구 구멍만한 창문으로 밖을 보니 이곳이 요새중에 요새인 것이 틀림없다는 느낌이 들었다.

초대소에서 내려오는 길에 왼쪽 언덕에 한 마리의 사자 석상이 서있는 것을 볼 수 있었다. 한 조각의 산호 석으로 조각했다는 이 하얀 사자상은 1868년 이 초대소에 근무하던 헨리 월킨슨(Henry Wilkinson)이 영국의 용맹을 상징하기 위해 세웠다고 한다.

섬을 돌아보니 여기 저기 석유를 채취하는 착취기가 하늘 높이 자란 로얄 야자수(royal palm)와 어우러져 아이러니컬한 느낌을 주었다.

Sunbury Plantation House and Museum

난초를 키우고 있는 식물원에 잠시 들려 보았다. 수천 종류의 난이 각양각색의 꽃과 향을 뿜어내고 있었다. 식물원에서 수많은 난초 꽃으로 눈요기를 실컷 한 후 그 곳에서 차를 마시니 찻잔에 난의 향기가 그윽한 듯하다.

지금 이 섬에 남아 있는 가장 큰 규모의 사탕수수 농장주의 집은 박물관으로 변해 그 당시 쓰던 모든 물건들이 잘 정리되어 있었다. 1666년경 영국인 매튜 채프만(Mathew Chapman) 농장주가 지은 선버리 플랜테이션 하우스 박물관(Sunbury Plantation House and Museum)은 지하 일층 지상 이층으로 지어진 목조건물이었다. 일층

박물관 건물과 초대소의 대포

에는 응접실, 식당, 부엌이 있고 이층은 침실이 있었는데 그 당시 사용했던 침대와 침대보가 그대로 있었고 화장대에는 화장할 때 사용했던 도구와 손거울이, 그리고 장식장에는 아름다운 두 점의 자기도 있었다. 마호가니 나무로 만든 고가구들과 장식물들로 꾸며진 집에는 감시 카메라나 안내원도 보이지 않았다. 안내원도 없이 누가 훔쳐 가면 어찌 하려고…. 지하실에는 그 시대에 사용되던 마차들, 말 안장, 빅토 라디오 및 전축 그리고 다리미 등이 전시되어 있었다. 집 뒤로 이어진 뒷마당은 직사각의 모양으로 아마 야외 파티를 했던 장소가 아니었나 싶다. 지금 이 집은 결혼식 예식장으로 대여되고 있고 식사와 함께 모임도 가질 수 있다고 한다. 그런 줄 알았으면 이곳에서 저녁 식사라도 했으면 얼마나 좋았을까? 알아야 면장을 할 게 아닌가!

정원으로 나오니 이 집을 지었을 때 심었다는 티크나무와 마호가니 나무들이 홀로 고목이 되어 묵묵히 이 집을 지키고 있었다.

4. 바하마(Bahamas)

춤추는 파도 위엔 낭만이 흐르고 고요가 흐른다.
초록색 바다가 끝 없이 펼쳐져 있는 위로
맞닿는 푸른 하늘엔 뭉게 구름이 둥둥 떠 다니며
하늘 도화지에 그림을 그린다.
조그만 배에 몸을 싣고
푸른 하늘에 그려지는 하얀 그림을 바라보며
너울거리는 파도에 장단 맞추어
한 가락 춤 시위라도 해 보고 싶다.
거리낄 것 없이 흐느적거리며
거리를 헤집고 다녀도 보고
소리 높여 가슴속에 뭉쳐있는 응어리를
저 푸른 바다를 향해 토해 보고 싶구나.
이렇듯 자유로운 삶을
잠시 잠깐 해볼 수 있는 그러한 곳
아마 그곳이 바하마라고 말하면
누가 나에게 시비를 걸 것인가?

미국 서부에서 결혼하는 신혼 부부들이 선호하는 신혼 여행지가 하와이라면 동부에서는 바로 이곳 바하마다.
바하마는 대서양에 있지만 카리브 해에 근접해 있고 수 천 개의 암초(cays)와 수 백 개의 섬으로 이루어져 있다. 쉽게 설명하자면 미국 플로리다 남쪽으로 약 50마일, 쿠바 북쪽에 위치하고 있다.
약 7세기경부터 이 섬에는 쿠바나 다른 남미 여러 곳에서 이주해온

티아노(Tiano) 인디언들이 살아왔다고 한다. 그들은 자신들을 루카얀(Lucayans)이라 불렀고 1492년 콜럼버스가 이곳을 발견하고 이들과 문물을 교역할 당시만해도 그들의 수는 약 30,000명이 넘었다고 한다. 또한 이 섬은 해적하면 전설처럼 내려오는 해적 중의 해적 검은 구레나룻 수염이라는 뜻을 가진 불랙비어드(Blackbeard) 해적을 비롯하여 수 많은 해적들의 소굴이었다.

교역을 하기 위해 배에 진귀한 물품을 잔뜩 싣고 이곳으로 오는 수많은 유럽 나라들의 배들이나 교역 후 싣고 가는 황금이나 은을 탈취하기 위해 해적들은 그 통로인 이곳에서 진을 치고 기다렸을 것이다.

나사우(Nassau)가 수도인 이 나라는 총 면적이 5,500평방 마일이며 육지가 낮고 평평하여 최고로 높은 산이 고작 200피트 정도로 완만하다. 이곳은 아열대성과 열대성 기후로 따뜻하고 온화하지만 여름과 초가을에 형성되는 허리케인이라는 반갑지 않은 자연 재해로부터 받는 피해는 이만 저만이 아니다.

1992년 불어 닥친 허리케인 앤드류(Andrew)를 비롯하여 1996에는 허리케인 플로이드(Floyd)가 2004년에는 허리케인 프란시스(Francis), 그 이듬 해인 2005년에 숨 돌릴 틈도 없이 들어 닥친 허리케인 윌마(Wilma)등으로 많은 인명과 재산 피해는 수천억 원에 달한다.

바하마란 이름은 서반아어로 "바하마 (baja Mar)" 즉 "얕은 바닷물"이란 뜻에서 유래했다는 설과 원주민인 루카얀들의 말로 큰 섬이란 뜻의 "바하마(ba-ha-ma)"에서 유래되었다는 설이 있다. 아무튼 그들의 말처럼 얕은 바닷물이 있는 것도 사실이고 또 쉽게 세계 여행을 할 수 없었던 옛날 사람들이 생각하기에 섬이 컸다라는 것도 모두 맞는 말일 것이다.

그래서 이 아름다운 섬을 서로 차지하기 위해 오랫동안 끌어온 프랑스, 스페인 그리고 영국의 소유권 분쟁은 마침내 영국의 승리로 돌아갔고 1964년부터 자주 독립의 체제로 들어가 1973년 드디어 영국

으로부터 완전 독립 국가로 태어나 오늘에
이르고 있다. 인구 300,000명이 영어를 사
용하며 다양한 종류의 기독교 신앙을 가지
고 살고 있다.

해마다 이 아름답고 조용한 섬을 보기 위해
세계에서 수많은 여행객이 이곳을 찾는다.
크루즈 배가 이곳을 들어오지 않는 날이 하
루도 없다는 말은 그만큼 이곳의 인기도가
높다는 것을 증명한다.

수도인 나사우(Nassau)를 비롯해 프리 포

로얄 야자수

트(Free Port)에서 배를 타고 그 옆에 산재해 있는 작은 섬들을 가
서 쉬는 것도 바쁘게 사는 우리 현대인들에게는 매우 좋을 것 같다.
줄지어 서있는 야자수 나무에 가리워져 있는 수많은 빅토리아 풍의
맨션들. 야자수 잎으로 엮어서 만든 바구니, 각종 조개 껍질로 만든
장식품을 파는 아낙네들. 한 개만 가져도 좋을 나팔을 불어도 될만한
큰 소라(conch) 껍질을 수북하게 쌓아놓고 파는 나이 보다 훨씬 젊어
보이는 할머니. 여기를 가도 저기를 가도 이국 냄새가 물씬거린다.
이곳에 있는 대부분의 호텔에서는 미국의 라스베이거스처럼 카지노
를 할 수 있는 호텔이 많고 또 이 호텔에서는 갖가지 수준 높은 좋은
프로그램을 가지고 공연을 하고 있는데 어떤 쇼는 저녁 식사를 하면
서 볼 수도 있기 때문에 좋은 저녁시간을 보낼 수가 있다. 마술을 좋
아하는 나는 이곳에서 공연하는 자동차와 헬리콥터를 가지고 하는
마술쇼를 관람하였는데 그 규모나 진행이 라스베이거스 쇼에 비해
조금도 뒤떨어지지 않고 어떤 면에서는 오히려 더 잘 구성이 되어있
어 아주 즐거운 저녁을 보냈다.
또한 이곳은 바닷물이 맑고 다양한 고기들이 서식하고 있어 아틀란
티스(Atlantis) 회사에서 운영하는 잠수함을 타고 바닷속을 구경하
며 침몰된 배들과 각양 각색의 물고기들을 구경하는 것도 아주 색다

아틀란티스 잠수함

른 즐거움이었다. 작은 배를 타고 바다 속에서 관광객을 태우려고 기다리는 잠수함이 있는 장소까지 가는 동안 변해가는 바닷물 색깔은 환상 그 자체였다. 완전히 고기들의 은신처가 되어버린 침몰된 배 주위를 구경할 때는 어디선가 인어라도 튀어 나올 것 같은 착각도 들었다. 잠수함을 타지 않더라도 이렇듯 아름다운 각양각색의 고기들은 바하마의 작은 섬 주위에서 흔히 볼 수 있다. 해양 레저가 잘 발달되어 있어 패러슈트 세일(parachute sail)이나 바나나 보트, 튜브타기 등등 원하는 대로 다 해볼 수도 있고 피곤하면 야자수 나무 등걸에 매달아놓은 그물로 만든 그네에 누워 잠시 오수를 즐길 수도 있다. 하얀 모래사장을 걸어 가다가 보면 동네사람들이 삼삼오오 모여 앉아 북을 치며 노래도 하고 춤을 추는데 지나가던 관광객들도 어울려 함께 춘다. 커다란 궁둥이를 마구 돌리며 추는 춤은 보기만해도 신바람이 난다. 아주 쉬워 보여 따라 해 보려고 하였지만 굳어서 뻣뻣해진 내 허리는 도무지 돌아가 지지가 않는다.

동네를 걸어 다니다 보면 잔디밭 가에 경계로 소라 껍질을 사용한 것을 흔히 볼 수 있었다. 얼마나 소라가 많아 잡히면 소라 껍질(conch shell)로 울타리처럼 경계표시를 한단 말인가?

이 나라에서의 소라 껍질은 우리들에게 돌멩이처럼 흔한가 보다라는 생각을 떨칠 수가 없었다. 그래서인지 이 소라로 만든 요리는 이 나라 식당 어디에서도 맛볼 수 있었다.

소라 회를 살사(salsa)라는 멕시코 사람들이 잘 먹는 소스에 찍어 먹기도 하고 잘게 썰어 야채와 함께 밀가루에 버무려 동그랗게 만들어 기름에 튀겨 먹기도 한다. 또 국으로, 샐러드로, 그냥 불에 익혀서 등등 이렇게 먹는 방법도 다양하다. 속을 다 파먹은 소라껍질은 나팔처럼 악기로도 쓰이고 장식용으로도 사용된다. 이 소라 중에서도 분홍

176

색이 많이 나는 소라는 카메오(cameo)라는 보석을 만드는 재료로 사용한다고 한다. 그러고 보니 이 소라는 버리는 것이 하나도 없이 살은 살대로 소라껍질은 껍질대로 다 유용하게 사용되고 있었다.

그런데 이런 천국 같은 나라에 사는 주민들에게 정부는 재산세도 소득세도 판매세도 부여하지 않는다고 한다. 그래서 세금이 없다는 이 나라에 세계의 많은 부호들이 다투어 돈을 가져다 투자를 한단다. 나에게는 도무지 믿어지지 않는 이야기다. 사실 이 세상에서 세금이 없는 나라가 몇이나 될까? 글쎄…

꿈 같은 나라에 와서 꿈 같은 시간을 보내며 그 아름다운 꿈이 깨어지지 않게 잘 포장하여 오랜 동안 간직하고 싶었다. 바하마는 역시 바하마였다.

5. 쿠바(Cuba)

내가 알고 있는 쿠바는 이 세상에 몇 남지 않은 공산 국가 중 하나. 피델 카스트로(Fidel Castro)가 장기 집권하는 나라. 세계 최고의 시가(Cigar)를 만드는 나라. 미국과 마찰이 있는 관타나모

하바나 올드타운의 엘모로 등대

(Guantanamo)수용소가 있는 나라. 막내 아들 조의 제일 친한 친구 마이크의 모국. 그리고 내가 제일 좋아하는 미국 텔레비전 연속극 "사랑하는 루씨(I love Lucy)"에 나오는 말괄량이, 사고뭉치 루씨를 한 없이 사랑하는 남편인 밴드 마스터인 리키 리카르도(Ricky Ricardo)의 나라.

위. 구 하바나 도시의 성당
아래. 하바나 시의 국립호텔

원래 리키의 이름은 데지 아나르즈(Desi Anarz)이며 그가 쿠바 사람이기 때문에 그 프로그램에서 가끔 쿠바 춤이나 노래 그리고 쿠반 풍속을 보여 주었기 때문에 그리 낯설지만은 않은 나라이다.

멕시코 만, 카리브 그리고 대서양이 둘러싸고 있는 쿠바는 길이가 766 마일(1250키로 미터)가 되는 악어처럼 생긴 길다란 섬으로 총 면적이 약 111,000평방킬로이다.

플로리다(Florida)의 키 웨스트(Key West)에서 남으로 100 마일 바다 건너 저편에 쿠바가 있기 때문에 날씨가 좋은 날은 키 웨스트에서도 쿠바를 볼 수 있을 만큼 미국과 아주 가까이 있는 나라다. 상업 중심지인 하바나는 쿠바의 수도일 뿐더러 카리브 해의 수도라는 사실은 이미 다 알려져 있고 이 도시의 발음은 스페인 발음으로 "아바나"라고 하였다.

1492년 콜럼버스는 첫 항해에서 이 섬을 발견하였고 즉시 스페인의 영토가 되어 그 후 약 400년을 지배했다. 이 섬의 발견 당시 이곳에 살았던 아라왁(Arawak)족은 후에 이주해 온 서양인들과 함께 들여온 질병에 걸려 많이 죽고 혹 살아 남은 소수의 사람들은 다른 나라로 가버렸다고 한다.

1800년경 이곳도 사탕수수 농사가 번창함에 따라 많은 노동력이 필요하게 되었고 이로 인해 수 많은 아프리카 노예 선이 하바나 항구에 줄을 이었다고 한다. 그러나 1886 노예제도가 폐지되었고 사탕수수 농장도 사양길에 들어설 무렵에 즈음하여 문학인 호세 말티(Jose Marti)가 주축을 이루는 쿠바 독립 운동이 전개되었다. 비록 호세 말티는 독립을 보지 못하고 죽었지만 그의 뒤를 이은 많은 애국자들은 결국 쿠바의 독립을 성취하게 되었고 400년을 통치하던 스페인의 정치는 막을 내리게 되었다.

여기에는 미국과의 전쟁이 한 몫을 했을 수도 있단다. 1898년 하바나 항구에서 침몰한 미국군함은 미국과 스페인 전쟁의 불씨가 되었기 때문이다. 사실 그로 인해 미국이 쿠바에 한 발을 들여 놓는 계기가 되었을 수

위. 내무부 빌딩에 걸려 있는 체 게바라상
아래. 흔히 볼 수 있는 체게바라, 카스트로, 호세 말티의 사진

도 있다. 그러다가 1950년 아르헨티나 의사 출신인 체 게바라(Che Guevera)와 젊은 변호사 출신의 피델 카스트로(Fidel Castro)등이 함께 손을 잡고 미국과의 관계를 끝내고 구 소련과 손을 잡아 쿠바의 혁명을 일으켜 성공하게 되어 공산 국가가 되어 현재에 이르고 있다. 그 후 체 게바라는 볼리비아(Bolivia)에 가서 혁명운동을 하다 그곳에서 암살되었지만 쿠바 어디를 가든지 그의 얼굴이 그려진 모자나 티 셔츠를 쓰고 입고 다니는 사람들을 많이 볼 수 있고 기념품 가게에는 그의 얼굴이 새겨진 상품들로 가득 채워져 있어 그가 얼마나 쿠바인으로부터 사랑 받는 사람인지를 보여 주고 있다.

하바나의 국제 공항 이름도 호세 말티 (Jose Marti), 국제공항에서 하바나(Havana)시내로 들어오는 길목에 커다란 혁명 광장이 있는

위. 하바나 호세 말티
국제 공항
아래. 호세 말티 광장
의 기념탑

데 그 광장 이름도 호세 말티 광장이
라 부른다. 광장 한쪽에 높이 세워 놓
은 기념탑이 있으며 그 앞에는 대리석
으로 호세 말티의 석상도 만들어 놓았
다. 혁명 광장을 가로 질러 탑과 마주
보이는 곳에 관공서 건물들이 서 있고
그 중 하나인 높은 건물은 내무부라고
들었는데 그 건물 전체 벽에 철로 만들
어 놓은 체 게바라의 얼굴은 쿠바를 대
표하다시피 하는 예술작품이란다. 단
지 카스트로의 동상만은 어디서든 보
지 못했다.

1959년부터 정권을 장악한 쿠바의 집
권자 카스트로는 계속 장기 집권을 하
다가 작년 2006년 갑작스러운 건강상
의 문제로 동생 라울 카스트로(Raul Castro)에게 일시적으로 정권
을 물려주고 지금은 치료 중이라 한다. 공산국이라 해도 여행도 자유
롭게 다니고 먹는 것도 풍부해서 굶는 사람이나 거지를 볼 수 없었
다. 400년을 지배한 스페인의 영향을 받아서인지 공산국이라도 가
톨릭 신자가 많고 하바나 시내에는 그 당시에 지어진 아름다운 성당
이 많이 있다.

우리는 1930년에 지었다는 쿠바에서 가장 고풍스럽고 역사가 있는
국립 호텔에서 여장을 풀었다. 때 마침 유럽 및 중남미 국가의 영화
제가 이곳 하바나에서 열리고 있기 때문에 이 호텔은 참석차 온 영화
배우, 감독, 연출자 또 그들을 만나러 온 손님, 접대자 등등으로 그야
말로 발 디딜 틈이 없이 복잡했다. 겨우 차례를 기다려 열쇠를 받아
서 골동품 엘리베이터를 타고 방에 들어오니 탁 트인 바다가 내려다
보이고 저 멀리 등대가 보이는 전망이 좋은 방이었다. 창문을 여니 금

세 찝찔한 바다 내음이 코를 찌르며 방으로 몰려 온다.

하바나는 항구 도시이고 부두나 관광명소는 모두 올드 타운에 몰려있다. 해변 도로변에는 호텔과 식당 등이 있고 보수 공사의 손을 기다리는 아름다운 바로크 형식의 고색 창연한 빌딩들이 바다를 마주 보고 줄을

신도시 바닷가에 있는
방파제 말레콘

이어 세워져 있다. 북쪽 하바나에는 말레콘(malecon)이라 부르는 높이가 약 1 미터 정도의 넓이가 약 1 미터 정도로 넓은 시멘트로 만든 방파제가 약 7킬로 미터 길이로 바다 주변에 세워져 있어 파도가 쳐도 아주 거세지 않으면 이 말레콘에 부딪쳐 부서져 버려 바닷물이 길로 넘쳐나지 않는다. 또한 말레콘은 주민들의 휴식 공간으로 그 곳에 앉을 수 있음은 물론 둘이 나란히 누울 수도 있다. 더운 낮에는 직장이나 집에 있던 사람들이 저녁 시간이 되면 시원한 이곳으로 나와 가족끼리 담소, 친구들끼리 만남, 사랑하는 연인들의 연애장소로 사용된다. 공산국가라서 연인들의 사랑하는 장면을 볼 수 없을 거라는 생각을 한 것은 나만의 오해였음을 알게 되었다.

항만청

하바나 도시 자체가 시내 가운데는 좀 높고 바다가 있는 쪽은 낮기 때문에 이 호텔은 시내 쪽에서 보면 아래쪽으로 자리 잡았지만 바다 쪽에서 보면 언덕 위에 높다랗게 지어놓아 경치가 참으로 아름다운 곳에 자리잡고 있었다.

(1) 하바나의 올드타운(Old Town)

하바나는 구 도시, 중심가 그리고 신도

시로 나뉜다고 한다. 나는 호텔에다 짐을 놓고 등대가 있다는 올드타운으로 향했다. 그런데 어떻게 이렇듯 많은 골동품(antique) 자동차가 이 나라에 굴러 다니고 있는 걸까? 영화제에 사용하기 위해 차들을 가지고 나온 것일까?

미국에서는 부자들이 아니면 자동차 소장가들이나 갖고 있을 만한 앤티크 자동차들이 이곳에서는 택시로 아니면 개인이 소유하여 자가용으로 사용하고 있다고 한다. 단지 다른 점 이라면 미국에 있는 이런 자동차는 왁스로 닦아 관리 잘된 자동차로 깨끗하고 고급스럽게 단장시켜 놓은 것에 반해 이곳에 다니는 차는 찌그러진 것, 페인트가 벗겨진 것이 그대로 방치되어 있다는 점이 다르다. 또한 이러한 자동차들은 납 성분이 있는 가솔린을 사용하기 때문에 미국에서는 사용하지 않는 자동차이지만 이곳에서는 검은 연기를 품으며 버젓이 대로를 달리고 있다. 그리고 오토바이를 개조해서 만든 조그만 코코택시(Coco taxi)도 관광객들이 즐겨 타고 다녔다.

올드 타운에서 흔히 볼 수 있는 각양각색의 자동차들

1589년 이태리 건축 설계사 바우티스타 안토넬리(Bautista Antonelli)가 설계해서 만들었다는 엘 모로(El morro) 등대는 하바나 항 입구에 세워져 있고 등대에 연결하여 성처럼 지은 건축물은 지금까지도 잘 보존되어 있었다. 등대 주위 여기저기 세워져 있는 대포는 그 당시 쿠바를 침략했던 적에게 사용했던

것이리라.

바다 밑으로 만들었다는 터널을 통해 하바나 시내와 엘모로 등대가 있는 곳이 연결되어 있었다. 또 다른 하나의 엘 모로 등대는 포트리코(Peurto Rico)의 산 환(San Juan)에 세워져 있다고 하였다. 구 도시 하바나는 오래 전부터 있던 도시다.

우리는 우선 구 도시에 있는 국회의사당 엘 카피토리오(El Capitolio)로 갔다. 1929년에 세운 이 건물은 미국의 국회 의사당처럼 지었는데 계단 위 부분에는 두 개의 동상을 만들어 세워 놓았다. 왼쪽에는 남성상이 오른쪽에는 여성상의 동상이 있다.

건물 왼편에는 유럽에서도 보기 힘든 섬세하고 아름답게 지어진 국립 극장이 있어 쿠바 최고의 공연은 다 이곳에서 행한다고 한다. 광장에는 관광객이 타고 이 주위를 구경할 수 있도록 말이 끌고 다니는 마차, 자전거를 변형해서 만든 인력거 같은 것들이 손님을 기다리고 있었다. 우리는 항만청이 있는 광장으로 향했다.

17세기에는 이곳의 부두를 통해 모든 교역이 이루어졌기에 한때는 전성기를 이루기도 했었다고 한다. 좁은 골목길은 바둑판처럼 만들어 놓았고 이곳에는 바로크 형식의 성당과 가게 그리고 주민들이 사는 집들이 다닥다닥 붙어 있었다. 이곳에도 광장 플라자 데 알마스(Plaza De Armas)를 중심으로 성당, 관공서 뒤로 상점들이 있었다.

항구 항만관리 사무소 앞에는 산프란시스코 광장이 있고 이곳이 바로 올드타운의 중심지다. 때마침 광장에는 신부처럼 곱게 차려 입은 한 어린 아이가 비둘기에게 모이를 주고 있는 모습을 촬영하고 있었다. 골목길에는 분홍 드레스를 곱게 차려 입은 한 할머니가 시가

맨위. 국회의사당 입구
가운데. 성당 앞 소녀.
아래. 시가를 피우는 여인과 관광객.

183

국회의사당과 국립극장, 그리고 동양인 상업지역 표시 간판, 마지막으로 우체통의 모습.

(cigar)를 물고 포즈를 취해 관광객에게 모델이 되어 주는 대신 일 류반 페소를 달라고 한다. 한 수 더 뜨는 관광객은 자기도 시가를 하 나 얻어서 입에 물며 함께 사진을 찍는다.

참고로 $10는 8쿠반 페소(Cuban Peso)이며 내국인에게는 그 일 페 소가 약 25페소의 가치를 가지고 물건을 살 수 있다고 한다. 그러니 외국인과 내국인과의 화폐차이는 대단하다. 이력저력 관광객은 돈 을 쓰게 마련이다.

골목길은 마치 이태리 밀라노의 골목을 연상시키게 좁고 양 옆으로 높다란 건물이 마주보고 서 있다. 마르코 폴로라는 간판을 지나자 곧 동양사람들의 상업지역이 나왔다. 이곳에는 고종황제 때 멕시코의 유카탄 반도로 이민간 사람들의 후예가 하고 있는 식당도 있었다. 반 가운 마음에 들어가 주인 할아버지를 보고 "할아버지"라고 불러 보았지만 아무 반응이 없다. 손녀딸로 보이는 처녀는 완전히 스페인 사람 같아 보인다. 이곳에 있는 한국 사람들은 한국말도 모르고 한국 을 다 잊은 것 같다고 안내인이 귀띔해 주었다.

이 올드 타운 안에만 산 크리스토발(San Cristobal) 등등 여러 개의 아름다운 성당이 있었다. 성당 앞에는 넓은 공원이 있어 주민들의 쉼 터로 사용되어 있었고 그 주위로 카페나 식당들이 줄을 지어 있었다. 공원 옆에는 내가 어렸을 때 사진관에 가서 찍던 까만 보자기를 머리 에 뒤집어 쓰고 찍던 그런 카메라를 가지고 나와서 장사를 하고 있는 사진사도 있었다. 관광객임을 눈치챈 거리의 악사가 재빨리 다가와 "베사메 무초"를 부르며 우리를 따라온다. 환율 때문에 주머니 사 정이 안 좋지만 악사가 네 명이니 $4주어야 하지 않겠느냐는 물음에 $2만 주어도 된다기에 얼른 주었더니 돈을 받자마자 금세 우리 곁을 떠나 다른 관광객에게 가 버린다. 그럴 줄 알았으면 조금 더 따라오면 서 노래를 하여 더 즐긴 연후에 돈을 줄 걸하고 후회해 본다.

올드 타운을 나와 등대를 지나 강변 도로를 따라 신 도시로 향했다. 멜라콘과 보수의 손을 기다리는 아름다운 바로크 형식의 건물 사이로 난 길을 달리니 위풍당당하게 서 있는 우리가 머무는 호텔이 보인다. 조금 지나가니 큰 건물이 보이는데 미국 대사관이라고 한다. 그런데 그 앞에 약 50여 개의 국기 게양대가 서있고 게양대에는 검은 기가 펄럭거렸다.

안내원 이야기로는 미국 정부에서 쿠바에 관한 좋지 않은 글을 대사관 빌딩 위에 만들어 놓은 전광판을 통해 24시간 내 보내기 때문에 쿠바 사람들이 그 전광판을 읽을 수 없게 검은 국기를 세워 놓은 것이란다. 대사관 옆에 서 있는 큰 광고 게시판엔 쿠바에서 지탄받는 정치인 얼굴에 미국 부시 대통령 얼굴을 합하면 독일의 히틀러가 된다는 풍자적이 게시판이 버젓이 서 있다.

위. 미국 대사관과 거리의 광고판

높은 건물이 마천루처럼 서 있는 신도시를 지나 북서쪽으로 약 30분 가면 그 유명한 헤밍웨이가 살며 매일 낚시를 하였다는 곳이 나온다. 물이 맑아서인지 깊은 물 속에 헤엄치는 고기들을 훤히 볼 수 있었다. 매일 작은 배를 타고 낚시를 하면서 그 유명한 "바다와 노인"을 구상하였나 보다. 남편은 이곳에서 기념 사진을 찍어 달라고 포즈를 취하고 나는 조금이라도 좋은 앵글을 잡으려고 이곳 저곳 옮겨 다니는 동안 파도가 남편을 흠뻑 뒤집어 씌워 버렸다. 마린(Marlin)이나 상어 같은 큰 고기를 잡아서 무게를 재던 저울을 달아 놓았던 자리도 이제는 볼거리로 전락해 버렸다.

아래. 잡은 고기의 무게를 재던 저울과 지금은 공원으로 조성된 헤밍웨이가 살던 곳

쿠바의 가장 대표적인 음식은 "통돼지구이"란다. 돼지 머리가 매달려 있는 채로 큰 석쇠에 올려놓고 오랜 시간을 구우며 양념을 발라 굽는다. 우리는

엘 빨란께 식당에서 통
돼지를 굽는 모습

이 음식을 제일 잘하고 값이 저렴하다는 "엘 빨란께(El Palenque)"라는 식당으로 갔다. 식당 주차장은 앤티크 자동차, 현대판 자동차로 꽉 차있었지만 주차원의 도움을 받아 겨우 주차를 한 후 식당으로 들어갔다. 이 넓은 식당은 그냥 보통 식당이 아니고 식당 콤플렉스(complex)로 그 안에는 각기 다른 4개의 식사를 할 수 있는 건물이 있고 요리하는 건물이 따로 되어 있었다. 본인이 원하는 식당에 가서 자리 잡고 식사를 주문하면 웨이터가 그 돼지고기와 야채가 곁들어져 나오는 요리접시를 갖다 주어 식사를 할 수 있다. 일요일이어서인지 4개의 식당이 다 만원이었고 식사를 하기 위해 기다리는 줄도 길게 늘어져 있었다. 지배인의 말로는 약 30분 이상 기다려야 될 것 같다고 하며 예약은 받지 않는다고 한다.

내가 보기에는 한 시간 정도 기다려야 할 것 같아 시간이 나면 다시 와 보겠다고 다짐하며 다른 식당으로 발길을 옮겼다. 사실 나는 돼지고기를 먹지 않기 때문에 괜찮았는데 안내인은 몹시 아쉬워하는 표정이다.

호텔에서 카바레 쇼가 있다고 해서 입장권을 예매하고 저녁 식사 후 쇼 구경을 하러 갔다. 화려한 의상, 춤, 노래는 정말 라스베이거스 쇼만큼 재미있었다. 새까만 의상을 입고 나온 두 남녀가 추는 탱고가 이 쇼의 절정이었다. 탱고의 고향인 아르헨티나, 브라질 등 남미의 나라에서 여러 번 탱고 춤을 봤지만 이렇게 멋들어지게 추는 탱고는 처음 본 것 같다. 노래, 의상 조명 춤이 함께 어우러져 최상의 공연을 보여 주었다.

춤과 노래 사이에 드럼을 연주하는 악사가 우리 쪽으로 다가 오더니 어디서 왔는지 묻는다.

"꼬레아"라고 하였더니 조금 있다가 "박" 같은 악기를 들고 오더니 흔들라는 시늉을 하며 자기는 다시 무대로 돌아가 북을 친다. "오케

이” 하고 그의 북 치는 속도에 맞추어 흔들려고 신경을 좀 썼더니 금
세 팔이 얼얼하며 아파온다.

조명이 계속 연주하는 나에게 비치니 금세 그만 둘 수도 없고 해서 남
편에게 좀 받아 달라고 부탁을 하고는 얼른 남편에게 주어 북이 끝날
때까지 남편과 합동 연주를 하였다.

연주가 끝나자 관객들은 우리들에게도 뜨거운 박수를 보내 주었고
어떤 관객들은 두 손의 엄지 손가락을 세우며 “꼬레아! 꼬레아!” 라
고 소리도 지른다. 아마 영화제에 참석한 영화 관계자라고 착각을
했나 보다. 정말 재미있는 밤이었다. 버진 피냐 콜라다(Virgin pine
colada)만 마셨는데 왜 얼굴이 이리도 화끈 거릴까?

■ 하바나의 나이트 쇼

쇼가 끝나고 밖으로 나오니 밤 하늘에는 별이
총총 빛나고 바다에서 불어오는 시원한 바닷
바람이 달아오른 나의 뺨을 식혀준다. 이렇게
쿠바의 첫날밤은 깊어만 갔다.

(2) 베라데로(Veradero)

아침 일찍 우리는 베라데로로 향했다. 베라데
로는 하바나에서 동쪽으로 약 140 키로 미터
떨어진 곳에 마치 생선 가시처럼 생긴 가늘고
긴 반도가 북쪽으로 툭 튀어 나와있는 곳이다.
베라데로의 또 다른 이름은 플라야 아줄
(Playa Azul)이며 이는 스페인 말로 푸른 해
변(blue beach)이란 뜻이란다. 이곳은 만탄자
스(Matanzas)주에 있는 한 휴양 도시로써 인
구 약 20,000명이 살고 있는 조용한 곳이다.
이 반도의 제일 넓은 폭이 1.2 킬로미터이며
길 양 옆에서 바닷물을 볼 수 있는 곳이 많을
정도로 반도의 폭이 좁다. 물이 맑고, 차지 않

으며 얕고, 파도가 높지 않아 안전할 뿐더러 날씨가 일년 내내 화씨 70-90도를 오르락 내리락 하니 휴양지로 천혜의 조건을 가졌다.

미국의 백만장자 듀퐁(Du Pont)은 1930년에 "쎄나두(Xanadu)"라는 별장을 지어 소유하고 있었다가 혁명 후 쿠바 정부에 몰수당했다고 한다. 또 유명한 마피아의 두목 알 카포네(Al Capone) 역시 그가 즐겨 찾는 휴양지도 바로 이곳이었다고 한다. 이곳의 호텔이나 휴양 업소의 가격에는 호텔 방, 세끼 식사, 술을 포함한 모든 음료가 포함되어 있고 방 수와 상관없이 개개인 각자의 비용을 내야 한다. 언뜻 이해가 가지 않지만 이곳에서는 다 그렇게 한다고 하니 달리 다른 방도가 없는 것이다. 그래서 억울하면 칵테일을 많이 마셔 본전이라도 빼자고 하는데 낮에는 놀러 다녀야 하니 본전 뺄 시간도 없다. 저녁 시간에 쇼를 하는 호텔도 있는데 이 쇼도 무료다. 또 저녁 시간 때에는 호텔 로비(lobby)에서나 칵테일 바(bar) 옆에 악단들이 나와 연주하며 이곳에서는 살사(salsa) 춤도 가르쳐 준다. 도대체 이곳이 공산 국가인지 의심스러울 만치 자유 분망해 보인다.

나는 우선 이 반도의 끝을 보고 싶어 호텔에 짐을 던지고 차를 타고 계속 동북쪽으로 연결되어 있는 길을 달려 보았다. 왼쪽으로 제법 큰 리조트(resort)가 줄지어 있다. 어느 돈 많은 사람이 이런 명당 자리를 얻어 리조트를 지었을까? 참으로 궁금 하였다.

베라데로의 한 호텔

때 마침 바람이 잘 불어 주어서인지 패러슈트 세일(parachute sail)을 하는 젊은이들이 많이 있었다. 온갖 현란한 색깔로 이어 만든 낙하산은 파란 하늘과 파란 바다와 어우러져 내 마음을 부풀게 만들었다.

나도 젊었으면 한 번 해볼 수 있었을 텐데…

모래 사장에 앉아 그냥 그렇게 젊음

이 물씬거리는 그들을 바라보는 것만으로도 좋았다. 사실은 이곳에서 하루 쉬고 동쪽으로 더 가서 코코(Coco)섬까지 가려고 하였는데 이곳 호텔에 있는 여행사에서 알아본 결과 하루에 한 번 저녁 8시에 떠나는 차를 타고 밤새도록 약 8시간을 가서 가까운 도시에 도착한 후 코코섬으로 가기 위해 페리(ferry)를 타고 바다를 건너 섬으로 들어가야 하기 때문에 왕복을 하려면 적어도 삼 일은 잡아야 되는 거리라는 설명을 듣고 나는 이내 포기해 버렸다. 그리고 이곳에서 구경을 할 수 있는 곳을 수소문 했다.

스노클링을 할 수 있는 곳부터 알아 보았다. 코랄 해변이 최고란다. 코랄 해변으로 가는 약도를 자세히 받아 들고 내일은 하루 종일 온갖 고기를 보며 내 몸을 소금물에 잘 절여서 자반을 만들어야지. 그러면 올해는 "감기여~ 안녕"이 될 터이니 말이다.

일찍 서둘러 아침을 먹고 다시 만탄자(Mantanza)쪽으로 가 코랄 해변을 찾아 가는데 시간이 걸렸다.

길에는 그 유명하다는 해변의 표시 판이 잘 보이지 않았다. 우리는 길에 서 있는 사람들에게 물어 겨우겨우 찾아 갈 수 있었다. 그곳에는 가게가 하나 있는데 스노클 장비를 대여도 해주며 겸하여 음료수와 스낵을 파는 집이었다.

이곳에 도착하자 젊은 청년 몇 명이 다가와 식사 주문을 하라고 한다. 하루 종일 이곳에 머무를 생각이므로 한시에 식사를 할 수 있도록 점심을 미리 주문하고 바다로 걸어갔다. 이름에 걸맞게 해변에는 크고 작은 하얀 코랄(coral) 조각으로 가득 차 있었다. 조그맣고 동그란 산호 조각은 발바닥 문지르면 좋겠고 저 산호는 무늬가 독특해서 예

쁘니 하나 갖고 싶고 그래서 몇 개 주어 옆에다 모아 놓았다.

이곳에는 모래 사장은 없고 얕은 방파제 같은 곳에서 그냥 바다로 뛰어 들어가게 되어 있었다. 물은 맑았지만 제법 깊어 보였고 스노클링 하기에는 파도가 좀 센 것 같았다. 그래도 이곳까지 와서 안하고 가면 후회할 것 같아 겉옷을 벗고 막 들어 갈려고 하는데 어떤 청년이 소리를 지르며 우리를 향해 뛰어온다.

며칠 바람이 불며 파도가 치더니 해파리(jelly fish)가 해변으로 많이 몰려 왔는데 그것에 쏘이면 생명이 위험하다고 들어가지 못하게 한다. 그제서야 자세히 물 속을 보니 정말 해파리가 바다에 많이 떠 있었고 파도에 밀려나와 죽은 시체가 수두룩하게 눈에 뜨인다.

그래서 유명하다는 이곳에서 스노클링을 하는 사람이 한 명도 없었구나. 하는 수 없이 옷을 주어입고 예약했던 점심도 취소하고 다시 해파리가 없는 수영할 만한 장소가 있는지 찾아보기로 하였다.

위. 강가의 원두막.
아래. 카니마르 강에서 타이어 튜브를 타고 고기를 잡는 부부

한참 차로 달리다가 파킹을 할 수 있는 장소가 나와 바다 사정을 보러 차에서 내려 바다 쪽으로 걸어가는데 마침 한 어부가 가재를 한 마리 잡아 물에서 걸어 나오고 있었다. 이곳에서는 해파리를 보지 못했다며 자기가 잡은 바다 가재를 사라고 한다.

바다를 자세히 보니 작지만 만처럼 되어있어 파도도 잔잔하고 해파리도 없어 스노클링 하기에 아주 안성 맞춤이었다. 우리는 이곳에서 물 속에 들어가 고기도 보고 수영도 하며 즐거운 시간을 보냈다.

점심은 절벽 위에 있는 조그만 동네 식당에서 구운 닭고기와 고구마 튀김 그리고 야채로 식사를 했다. 절벽 아래는 제법 폭이 넓은 강이 흐르고 있었다. 울창한 숲을 따라 강물이 흘러 바다로 연결되는 것 같

다. 강 건너 한 편에는 배들이 매여있었다. 점심 식사 후 우리는 다리를 지나 절벽 아래 흐르는 카니마르 강(Canimar)으로 내려 갔다. 매표소에서 우리와 말이 잘 통하지 않자 다른 사람을 불러와 도와주려 했지만 우리의 뜻을 제대로 전달할 수가 없었다. 결국 손짓, 발짓, 그리고 짧은 스페니쉬와 영어를 동원해서 모터 보트 한대를 한 시간 사용하는데 $35.00내기로 합의를 보았다. 남편이 보트 운전대를 잡고 강 바람을 가르며 상류로 향했다.

절벽이 마주 보이는 사이로, 갈대 숲 사이로, 우거진 밀림 사이로, 흐르는 강 물을 따라 상류로 올라 갔다. 온통 강 전체를 전세낸 듯 우리 밖에는 다른 배도 없고 해서 배에서 나는 엔진 소리와 가끔 "끼억 끼억" 거리며 울어대는 새 소리 외에는 적막하기 짝이 없다.

한 반시간 남짓 올라가니 먼저 떠난 여러 팀들이 내려 오는지 여러 대의 보트가 보이기 시작한다. 그리곤 금세 그 배들로 인해 생긴 거센 물결이 좁은 강 폭에 소용돌이 만들었고 강 물결이 파도를 만들어 거칠게 우리 배로 밀려오니 우리 배는 뒤집어 질 것처럼 출렁거렸다. 계속해서 더 상류로 계속 올라가니 강 이 두 갈래로 갈라지며 더 이상 올라갈 수 없게 줄로 막아 놓았다. 하는 수 없이 다시 배를 돌려 하류로 내려오며 타이어 튜브로 만든 간이 보트에 앉아 낚시질 하는 부부도 만나 그들이 잡은 고기도 구경하며 천천히 내려왔다. 강 물이 맑아 강물 속에 있는 것들이 잘 보인다. 예쁜 강물 조개 껍질도 여기 저기 흩어져 있다. 누구 하나 주위가는 사람이 없는 것 같다. 여기서 수영을 하고 바다로 나가 보는 것도 재미 있을 것 같다는 생각

바닷가 원두막에서

을 해 보았지만 이내 생각을 접고 해가 지기 전에 다음 묵을 장소로 찾아야 되기에 강물에서 나와 산타 마리아(Santa Maria)를 향해 떠나기로 했다.

오늘 밤은 산타 마리아에서 묵고 내일 아침 일찍 비날레스 국립 공원(Vinales National Park)로 갈 예정이다. 밤이 꽤 어두워서야 도시에 들어와 바닷가에 있는 호텔을 찾아 갔다. 그 중 깨끗하고 음식 맛도 좋다는 호텔에 갔더니 마침 방이 있어 등록을 마치고 방으로 짐을 옮겼다.

오늘 밤이 쿠바의 바닷가에서 지내는 마지막 밤이다. 마지막 밤을 호텔 방에서 지나기 보다는 밤 바다가 훨씬 좋을 것 같아서 바다 쪽으로 나갔다. 경비실을 지나면서 바닷가로 간다고 보고를 한 다음 호텔 옆으로 끌어들인 바닷물 위로 만들어 놓은 나무다리를 지나 모래 사장으로 들어가니 그곳에도 경비원이 있었다. 이렇게 손님의 안전을 위해 곳곳이 경비원을 배치해 놓았다.

우리는 깜깜한 바다에 나가 차가운 모래사장에 주저 앉아 철썩거리는 파도 소리와 바람 소리를 들으며 반짝이는 별들이 수놓아져 있는 밤하늘을 쳐다보며 아쉬운 마음을 달랬다.

오늘따라 왜 이렇게 별이 빛나는 걸까? 우리는 그냥 그렇게 그곳에 앉아 밤을 지새울 것처럼 앉아 이 아름다운 밤을 보냈다.

비날레스 국립공원 표지판

(3) 비날레스 국립공원(Vinales National Park)

삐나 델 리오(Pinar del Rio)주에 있는 비날레스(Vinales)라는 동네는 지형이 좀 특이한 곳이고 특히 이곳에서는 담배를 많이 재배하며 이곳에서 직접 시가를 말아서 손님에게 팔기도 한단다.

하바나에서 서쪽으로 약 210킬로미터 떨어져 있는 이 도시는 1875년에 발견되어 지금은 국립 공원으로 지정되었고 1999년에는 특이한 지형 때문에 유네스코에서 유적지로 지정된 곳이다. 유럽인들이 이곳으로 이주해 오기 전부터 원주민 티아노(Tiano) 인디언들의 보금자리였다고 한다.

그러다가 약 1800년 초에 카나리(Canary) 섬으로부터 사람들이 이주해 오며 담배 씨를 가지고 와 담배 농사를 짓기 시작했다고 한다.

이곳에는 낙타의 육봉처럼 생긴 나지막한 산들이 700평방 킬로 미터 크기의 공원 안에 흩어져 있는데 마치 내가 중국이나 북부 월남에 와 있는 듯한 착각이 들 정도로 동양적이었다.

위. 비냘레스 국립공원아래. 산에서 만난 촌노

하바나에서 삐나 델 리오로 가는 하이웨이에서 이 도시를 들어 가기 전에 비냘레스 국립 공원 표지판이 나오면 하이웨이에서 내려 작은 산길을 따라 북쪽으로 한참 가다 보면 길 양 옆에 울창한 소나무들을 볼 수 있다. 보통 소나무는 날씨가 추운 지방에서 자라는데 이곳에는 소나무가 잘 자라고 있어 동네 이름마저 소나무라고 붙여 부른단다. 서반아 말로 삐나(pinar)는 소나무고 리오(rio)는 강인데 이처럼 이름에 걸맞게 정말 이곳에는 소나무와 강이 많이 있었다. 송림 사이로 난 길을 계속 따라 올라가면 산 정상이 나오는데 발 아래 그림처럼 펼쳐진 산의 모형은 정말로 컵을 뒤집어 놓은 것 같다. 그들은 이런 형태의 산을 모고테스(mogotes)라고 불렀다. 석회석으로 이루어진 이 산들 위로 흙들이 쌓여서 그곳에 나무들이 자라고 있었다. 그리고 그 산등성이에 자라는 식물들로 인해 파랗게 보이는 산과 산 밑바닥에 있는 붉은 흙이 대조되어 장관을 연출하고 있었다. 그래서 어떤 사람들은 이곳을 쿠바의 "샹그릴라(Shangri-la)"라고 부른다고

■ 비날레스 동굴

했다. 산과 지형의 모습이 참으로 동양적이어서 그럴만하다는 생각이 들었다.

몇 백 만년 전 이 곳은 그냥 평평한 평지였다고 한다. 그러나 오랜 세월을 지나는 동안 비에 씻기고 바람에 날려가 오늘날과 같은 형태의 지형이 형성되었다고 한다. 마치 터키(Turkey)의 카파도키아(Cappadocia)처럼…

그래서인지 이곳에는 약 5,000개 정도의 동굴이 있는데 아직도 발견되지 못한 동굴도 많이 있다고 한다. 우리는 발견된 것 중 동네에서 그리 멀지 않은 동굴을 가 보기로 했다.

동굴로 가기 위해서 산 정상에서 내려와 담배 농장을 지나 동네 중심지로 들어오니 곧게 난 신작로 양 옆에는 소나무 가로수가 높이 서 있었고 아담하고 낮은 일층 짜리 집이 깔끔히 정리되어 있어 동네 전체가 깨끗하다는 느낌이 들었다. 이 길에는 성당도, 박물관도 있는 말하자면 번화가인 셈이다. 동네에는 관광객들이 머무를 빈 방이 있다는 "방 임대" 표시 판이 많이 보였다. 이곳에는 호텔이 한 군데 밖에 없어 미리 예약을 하지 못한 사람들이거나 아니면 학생들은 이런 방에 들면 아무래도 가격이 저렴해서 여러 가지로 편리할 것 같다.

이곳에서 하루쯤 묵어 가는 것도 좋겠다는 생각이 들었다. 하루에 다녀 올 수 있는 거리라고 해서 왔는데 조금은 무리였던 것 같다. 동굴로 가는 좁은 길 옆으로 보이는 붉은 흙이 담배 농사에 좋은지 정말로 이곳에는 담배 밭이 많다. 그 옆에는 담배 건초장도 세워져 있었다.

우리는 길이가 약 4킬로 미터가 된다는 비날레스 인디언 동굴(cave)을 가기로 하고 동굴 입구에 마련된 주차장에 주차를 했다. 입구에는 디스코 텍이 마련되어 있어 저녁 시간대가 되면 몹시 바빠진다고 하며 이곳에서 1큐반 페소의 입장료를 지불하고 디스코 텍을 가로질러 동굴 입구 표시가 있는 길을 따라 동굴로 들어갔다. 중간 중간에 빛이 들어오는 곳도 있고 어두운 곳은 전기 불을 켜놓아 좁은 동굴을 지나는데 별 어려움은 없었다. 어떤 곳에는 석순이 매달려 있었고 천장에서 물이 뚝뚝 떨어지는 곳도 있었다.

동굴 끝에는 넓은 방처럼 큰 공간이 나오는데 이곳에는 동물의 뼈, 불을 땐 흔적이 남아 있는 것을 봐서 예전에 인디언들이 살던 곳 같았다.

동굴 끝에는 식당이 있어 몇 명의 관광객이 식사를 하고 있었다. 우리는 다시 동굴로 돌아 나와 동굴이 있는 산의 모습을 구경하였다. 산 위로는 나무가 자라고 있는데 산 중간 허리쯤엔 수 백 개의 석순이 매달려 있었다.

최고의 시가를 만드는 동네에 와서 시가(cigar) 만드는 것을 꼭 구경하고 싶었는데 마침 기회가 생겼다.

1-3월 사이에 심은 담배는 11월부터 잎을 따기 시작한다고 한다. 담배 나무 밑에서부터 잎을 따서 건초 장 안에 마련된 꾸에스(cujes)라고 부르는 막대기에 걸어 놓아 3일정도 마르게 두었다가 색갈이 푸른 잎에서 갈색으로 변하며 잎이 매끄럽기가 비단같이 느껴지고 담배 향이 최고조에 달할 때 이 잎으로 담배를 만다고 한다.

우선 담배 잎 몇 가닥을 꾹 누르는 기계 속에 넣어놓았다가 그것을 꺼내 담배 속을 만든 다음 정교하게 쭉 핀 담배 잎을 펴서 아까 만들었던 담배 속을 심지처럼 놓고 사선으로 말기 시작하는데 한쪽은 둥글게 말아 감싸듯 하며 계속해서 말아나가다가 잎이 끝나는 부분은 둥

위. 시가를 말고 있는 모습
아래. 동굴에서 만난 여인과 함께

글게 생긴 칼로 짤라 버리면 드디어 훌륭한 시가가 만들어진다. 이때 짤라 버린 담배 잎은 개피 담배를 만드는데 사용한다고 한다.

한 겹 한 겹 그렇게 말아 자기가 원하는 크기의 시가가 될 때까지 마는데 한 겹 마는 시간도 제법 걸린다. 완성된 시가의 냄새를 맡아보니 그냥 보통 담배 냄새 같이 역한 냄새가 나지 않는다. 시가는 냄새도 다른가 보다. 그래서 시가 값이 보통 담배보다 비싸다.

돌아오는 길에 삐나 델 리오 시에 잠시 들러 시내 구경을 하고 다시 하바나로 부지런히 돌아왔다. 이곳 하이웨이나 길에서는 빈 차를 보면 아무나 차를 태워 달라고도 하고 차도 서서 사람을 싣고 간다. 심한 경우엔 빈 차를 교통 안전요원이 세워 같은 방향으로 가는 사람을 태워주기도 하는데 이 나라에서는 흔히 볼 수 있는 일이란다.

우리는 하바나 신 도시로 들어와 호텔에서 등록을 마치고 방으로 올라 가려고 엘리베이터 앞에서 기다리고 있는데 우리와 함께 온 임선생님을 못 올라가게 하는 게 아닌가?

안전상의 문제로 투숙객 외에는 못 올라간다는 것이다. 다른 호텔에서는 그렇지 않았는데... 그러나 호텔측의 양해 하에 우리는 임 선생님과 함께 호텔 방으로 들어왔다. 바로 바다가 보이는 좋은 방이었다.

하바나 국립호텔 식당 입구의 그림

저녁 약속을 하고 임선생님이 떠난 후 약 10분 정도 되었을까? 전화기가 울려 받으니 호텔 접수계에서 온 전화였다. 내용인 즉 자기들은 한 사람만 호텔에 투숙하는 줄 알았는데 두 사람이 머물기 때문에 돈을 더 내야 한다는 것이다. 게다가 임 선생님이 차를 갖고 떠난 후라 꼼짝없이 바가지를 쓰게 되었다.

나는 이렇게 멀쩡히 바보처럼 당할 수 없다고 생각을 하며 이런 호텔에 투숙하지 않겠다고 임 선생에게 빨리 호텔로 오시라고 했다. 그런데 나중에 알고 보니 이 나라는 다 그렇게 호텔비가 책정되어 있다는 것이다. 그리고 처음 이곳에서 머문 호텔에서도 그렇게 냈다는 것이다. 아직도 이해가 가지 않는다.

그러나 만나는 사람들마다 밝고 친절하고 해맑은 웃음이 내 가슴을 따뜻하게 해주었고 정직하며 도둑이 없어 돈 주머니를 허리춤에 넣거나 유럽처럼 백 팩을 가슴에 돌려 매고 다니지 않아도 되어 안심하고 다닐 수 있는 이 세상에 몇 남지 않은 그런 나라였다.

뚝뚝 넘치는 정을 가슴 가득히 담고 사는 사람들이 모여 사는 아름다운 나라였다. 우리가 이 나라에서 안전하게 여행할 수 있도록 여러모로 도와주시고 길 안내에서 손수 운전까지 해주신 임선생님과 맛있는 음식으로 대접해 주신 사모님에게 이 자리를 빌어 깊은 감사를 드린다.

6. 도미니카 공화국(Rep. of Dominica)

카리브 해안에 있는 두 번째로 큰 섬으로 그 섬의 1/3은 하이티 (Haiti), 2/3은 도미니카 공화국으로 나뉘어져 있다. 푸에르토리코의 서쪽 그리고 쿠바의 동쪽에 있는 이 나라는 열대 기후로 6월에서 11월까지는 허리케인이 오기도 한다.

이곳에는 카리브 해에서 가장 높은 해발 3,000미터인 피코 두알테 (Pico Duarte)라는 산이 있고 또 카리브 해에서 가장 큰 호수인 엔리귀오(Enriguillo)도 이 나라에 있다.

1492년 콜럼버스가 첫 항해에서 이 섬을 발견하고 "스페인"의 영토로 명명했지만 사실 이곳에는 AD 600년부터 티아노 (Tiano) 인디언들이 살고 있었다. 그들의 말로 "산이 있는 땅"이라는 뜻의 "아이티 (Ayiti)" 또는 "하이티(Haiti)"가 후에 이 섬의 이름이 되어 버린 것이다.

이 용감한 티아노 인디언들 중에는 스페인 침략자와 싸워 죽임을 당한 여자 추장도 있고, 싸움을 피해 쿠바나 푸에르토리코로 가 버린 추장, 또 싸움에 이겨 어떤 구역은 그들의 영토로 인정받은 추장 등 자기 땅을 지키려고 이들이 치른 스페인과의 싸움은 오랫동안 계속되었다고 한다. 그러나 전쟁보다 더 무서운 유럽인들이 들고 들어 온 "천연두" 라는 병으로 인디언들은 싸워보지도 못하고 많은 사람이 병으로 죽었다. 단 50년 만에 백만 명이나 되던 티아노 인디언들이 500명 밖에 살아남지 못했다는 역사적 사실은 너무나 가슴 아픈 일이다.

지금은 전쟁으로 또는 병으로 죽고 그리고 남은 인디언들과 유럽인 사이에서 태어난 메스티조(mastizos)인들, 인디언과 아프리카인과 사이에서 태어난 쟘보스(Zambos)인들, 그리고 그들의 혼혈아들로 이어져 지금 인구 분포의 약 70%가 이들이다.

스페인 통치에서 프랑스로 다시 스페인으로 바뀌다가 1821년에 와서야 "스페니쉬 하이티(Spanish Haiti)"라는 나라로 독립하게 되고 1844년 하이티로부터 분리되어 도미니카 공화국으로 탄생하게 되었다. 그 이후 정치적으로 불안정한 상황에 있다가 1960년도에 이르러 독재자 라파엘 레오니다스 트루이오(Rafael Leonidas Trujillo)가 죽고서야 오늘날의 안정된 국가 체제를 이루게 되었다고 한다.

사마나 항구

산타 도밍고(Santa Domingo)는 도미니카 공화국의 수도로서 정치 경제 교육 등 모든 분야의 중심지다. 인구의 60%가 관광업에 종사하고 있고 나머지는 아직도 사탕수수, 커피, 코코아, 바나나, 담배 등 농업에 종사한다. 야구가 인기 운동이어서 그 유명한

Samy Sosa가 도미니카 공화국 출신이며 그 외에도 많은 선수가 미국의 프로 야구단에서 활동하고 있다.

또 1월부터 3월 사이에 북대서양에서 따뜻한 물을 찾아 이 도미니카 공화국으로 오는 수 만 마리의 혹고래(humpback)들을 보기 위해 많은 사람들이 이곳을 찾는다고 한다.

1946년에 난 대화재로 이 도시가 파괴되어 다시 재건되었기에 오래된 건물은 거의 찾아 볼 수 없어 아쉬웠다.

피냐 콜라다를 먹고 있는 필자

도미니카 공화국 서쪽에 있는 아주 조그만 항구 사마나(Samana)에서는 마침 잡지 모델 사진을 찍고 있는지 두 젊은 남녀가 부두 난간에 걸터앉아 있고 카메라맨은 바다를 배경으로 사진을 찍는 것 같다. 그러나 사실은 멀리 바카르디 섬을 배경으로 사진을 찍고 있었다. 이 섬은 1970년 바카르디 럼(bacardi rum)의 술 광고를 찍으므로 해서 일약 유명해 진 섬으로 아주 아름다운 환상적인 섬이라 한다.

배에서 내려 길로 올라 가니 트럭을 개조해서 만든 정글 탐험차가 기다리고 있었다. 길가에 있는 조그만 까페에서는 빠른 속도의 메렌게(meringue) 음악이 흘러 나온다. 노래 소리만 들어도 흥겹다. 조롱조롱 가지에 매달린 채로 빨갛게 익어가고 있는 커피열매. 주렁주렁 매달린 바나나 나무, 파파야 나무 사이로 난 황토 길을 따라 모래 사장이 많고 바다 물이 잔잔한 바닷가로 갔다. 나는 야자수 잎으로 엮어 지붕을 만든 원두막에 앉아 피냐 콜라다(pine colada)를 주문했다. 파인애플 위의 부분을 잘라 낸 후 속을 파서 그것을 코코넛 주스와 얼음을 넣어 만든 멋진 피냐 콜라다를 만들어 왔다. 다 마시고 안에 남아있는 파인애플을 긁어 먹으니 참 맛도 있고 볼품도 났다.

정글 탐험차

하얗게 펼쳐진 바닷가 모래 사장을 따라 내려 가니 오른쪽에 화산석으로 만들어진 절벽 바위가 있는데 그곳에서는 샘이 솟는지 물이 고여 있었고 물은 제법 찼다. 손가락으로 찍어 맛을 보니 짜지 않은 것으로 봐서 샘물 같다. 어

민속촌 방문

떻게 바로 바다 옆에 이런 샘물이 있을까? 바닷물에서 수영을 하고 나와서 이곳으로 들어가 씻으면 소금기가 다 제거될 테니 얼마나 좋을까? 참으로 신기하기만 하다.

카페 앞에는 바닷가에 오는 관광객 상대로 그림을 파는 화가들의 작품들이 놓여 있었다. 그림들은 원색을 많이 사용해서인지 아주 강렬한 인상을 주었다. 어쩌면 순수한 그들의 정열을 표현하지 않았을까?

바닷가를 떠나 원주민들의 민속촌을 갔다. 민속촌이라고 하면 대단한 것 같지만 통나무로 지은 집에 야자수 잎으로 지붕만 씌운 곳이다. 이곳 원주민들의 토속 음식과 음료수 그리고 악기를 연주하는 악사들이 있었다. 토속 음식, 과일, 음료수, 술 등을 만드는 방법과 그것들을 시식할 수 있었다. 특히 이곳에서 재배한 커피는 맛이 일품이었다.

그들은 도미니칸 스타일의 기름에 튀긴 닭고기(Chiccarones de pollo)와 산꼬초(sancocho)라고 부르는 야채와 고기를 넣고 만든 국물이 없는 찌개를 즐겨 먹는다. 그 옆에는 조그만 기념품 가게가 있어 시식한 것들과 액세서리 등을 구입할 수 있게 진열해 놓았다.

동네 아이들은 이곳을 방문한 손님들을 구경하러 몰려 왔다. 나는 마침 옆에 있는 조그만 난전에 가서 과자를 사와서 우리를 보러 온 아들에게 하나씩 주니 금세 아이들과 친하게 되었다. 우리들은 이곳에서 잠시 쉰 후 다시 폭포를 보기 위해 정글 속으로 난 길을 따라 갔다. 어떤 곳은 조금 전에 왔던 비로 길이 무너져 버린 곳도 있어 돌아가야만 했고 어떤 곳은 불어난 물로 돌 징검다리가 물에 잠겨 물 속으로 들어가 가야만 했다.

폭포는 원래 높은 데서 수정같이 맑은 물이 떨어진다는 나의 예상을 뒤엎고 약 12피트 정도 밖에 되지 않는 나지막한 바위로 흐르는 폭포에는 황토색의 물이 흘러 내리고 있었다.

폭포 옆 높은 나뭇가지에는 몇 명의 아이들이 올라가 있었는데 그곳에서 폭포 밑으로 뛰어 내리며 재주를 부린다. 관광객에게 볼거리를 제공하는 것 같다. 그러다가 만의 하나 아이가 돌에 부딪치면 어떻게 될 것인가? 생각만해도 아찔하다.

폭포

우리가 이렇게 다니는 동안에도 소나기는 왔다가 그치기를 몇 번이나 한다. 그러나 우산을 쓰고 다니는 사람은 없다. 그 비를 맞아 옷이 젖어도 비만 그치면 바로 젖은 옷이 말라버릴 테니 말이다. 언덕에서 내려다 보는 바다는 이곳에 사는 사람들만큼이나 평화스러웠다

7. 푸에르토 리코(Peurto Rico)

큰 아들이 의과대학 다닐 때 이곳에 있는 마야구에즈(Mayaguez)병원에서 교환학생 과정으로 일을 하며 또 스페니쉬를 공부를 할 수 있어 좋다고 하여 매해 여름 방학을 통째로 푸에르토 리코에서 보낸 적이 있다. 마야구에즈는 서쪽에 있는 도시로서 푸에르토 리코에서 3세번째로 큰 도시이다. 또 기상학을 하시는 안박사가 푸에르토 리코에 있는 미국 기상학 연구소에서 허리케인을 연구하고 계셨는데 한 번 다녀가라고 해서 아들도 볼 겸 여름 방학을 이용해 온 가족이 함께 갔다. 1996년 7월 우리는 로스앤젤레스에서 아틀란타(Atlanta)를 경유해서 푸에르토 리코의 수도인 산환(San Juan)으로 날라 갔다. 공항에 도착하자 마자 마시는 상쾌한 공기는 맛부터 달랐다. 공항 유리창을 통해 보이는 나무들은 물을 잘 먹지 못하고 자란 이곳 캘리포니아에서 자라는 나무와는 상대가 되지 않게 푸르고 싱싱했다. 그러나 습도가 높고 몹시 더워 마치 한국의 무더운 장마철

을 연상시켰다.

공항에는 안박사님 가족이 우리들을 기다리고 있었다. 맛있는 음식을 마련해 놓았다는 안박사 사모님 말씀대로 안박사님 댁으로 가는 길에 차창을 통해 보이는 파란 하늘과 뭉게구름은 내 마음을 부풀게 했다.

이곳에 머무는 동안은 아들의 차를 이용하기로 했다. 식사 후 아들은 이곳 길에 있는 모든 표시 판이 스페니쉬이니 정신을 바짝 차려야 한다고 하며 간략한 여행자용 회화책을 주었다. 그러나 그 밑에 영어도 있겠지 라고 생각하며 건성으로 "알았어" 하고는 그 책을 집에다 던져두고 나와 오후에 시내로 들어가면서 얼마나 고생을 했는지 그때의 황당했던 생각을 하면 지금도 등에서 식은 땀이 흐른다.

푸에르토 리코는 1943년 콜럼버스가 발견해서 1898년 미국령으로 될 때까지 스페인이 통치했다. 동서의 길이가 110 마일이고 남북의 길이가 40 마일로 전체 면적이 3500 평방 마일로 미국 로드 아일랜드(Rhode Island) 주의 약 3배다. 또 마이애미(Miami)에서 약 1,000 마일 남쪽에 있다. 내륙 지방에는 여러 개의 산이 연결되어 있는데 이중 가장 높은 쎄로 라 푼따(Cerro La Punta) 산은 높이가 1338미터나 되며 그 높은 산들과 더불어 강도 많고 28,000에이커에 달하는 엘 윤퀘(El Yunque)라는 열대림도 있다.

5-10월 사이는 우기이며 이때 허리케인이 동반할 때도 많다. 특히 이 나라 북쪽 지방의 강우량이 남쪽 지방의 강우량의 배나 비가 많이 오기 때문인지 섬 북쪽은 푸른 나무들로 쌓여있는 듯 하였다. 이곳을 여행할 때 미국 영주권 자나 시민권 자는 여권이 필요하지 않고 물론 비자를 받지 않아도 된다.

이 나라는 이곳 원주민이었던 티아노(Tiano) 인디언들과 그 후에 들어온 스페인인, 사탕수수 농장으로 투입된 아프리카인, 19세기에 도로공사를 하기 위해 유입된 중국인, 피델 카스트로(Fidel Castro)의 공산 정권을 피해 망명 온 쿠바인, 경제 공항으로 살길을 찾아온 도미니카 공화국 사람들이 다 함께 어울려 살고 있다.

텔레비전에서 미스 유니버스 실황을 중계할 때마다 푸에르토 리코 대표가 유난히 아름답다고 생각한 적이 여러 번 있었는데 그것은 나뿐만이 아니라 우리 식구들 그리고 많은 친구들도 같은 의견이었다. 그런데 막상 이곳에 와서 보니 정말 결혼하지 않은 아가씨들은 열명이면 9명은 다 예뻤고 아이를 둘 정도 낳은 엄마들은 몸에 살이 붙어서인지 예쁘다는 느낌이 들지 않았다. 눈동자의 색깔도 우리가 흔히 보는 갈색 눈과 파란 눈 외에도 표현하기 힘든 다양한 색깔의 눈동자를 가진 사람들을 쉽게 만나 볼 수 있었다. 그리고 나이가 좀 든 남자들은 하와이 사람들과 비슷하다는 느낌을 받았다.

이곳에 사는 인구는 약 400만 이지만 약 200만의 푸에르토 리칸은 뉴욕에 살고 있으니 총 인구를 600만이라고 해야 될지 그냥 400만 명이라 해야 될지 모르겠다.

그들의 주식인 쌀밥과 함께 먹는 닭 구이, 큰 바나나 같이 생긴 플란틴(plantains) 튀김, 칡같이 두꺼운 껍질을 가진 고구마 비슷하게 생긴 유까(yucca) 튀김, 게다가 우리들이 좋아하는 달지 않게 만든 고구마 마탕까지 정말 먹거리가 흔하고 값도 쌌다.

유까(yucca) 튀김은 여기서 우리가 먹는 맥도날드 (Mc Donald)의 감자 튀김(French fries)에 비할 바 아니게 아삭아삭 거리는 게 맛이 있었고 식어도 그 맛이 그대로 있어 주머니에 넣어 들고 다니며 이곳에 머무는 동안 나의 비상 간식 노릇을 톡톡히 했다.

또 편의점에서 우연히 발견한 참깨 강정은 우리네 고유의 강정보다 더 달고 딱딱했지만 맛이 좋아 한 보따리 사서 여행 중에 실컷 먹고 더 사서 집에 가지고 와서 친정 엄마에게 드렸더니 어떻게 이렇게 잘 만들었느냐고 하며 잡수셨던 기억도 난다. 길가 포장마차에서 만드는 피냐 콜라다도 갈증을 풀어주는 좋은 음료였다. 열대 과일이 많아 과일 주스에 원하면 럼(rum)이란 술을 넣어주기도 하고 빼기도 하지만 값은 똑같다.

이곳에는 파인애플이 많이 생산되기 때문인지 하와이에서 보다 값이
저렴하고 하와이 파인애플보다 더 달고 맛있다. 이곳도 마켓은 미국
과 값이 별로 다르지 않지만 길 거리에서 파는 것을 사면 값이 반도
안되게 싸고 더 싱싱해서 맛이 있다. 이곳을 차로 돌아다니다 보면 도
로 공사하는 곳이 많았는데 다 미국 정부에서 지원을 한다고 하였다.
특히 여기 저기 많은 곳에 고속도로를 만들고 있었기 때문에 길이 막
혀 지도를 보면서 돌아 다녀야 해서 불편했다.

(1) 산환(San Juan)

산환은 푸에르토 리코의 수도로 1521년 스페인 사람들에 의해 세
워진 도시다. 이 도시는 성벽으로 쌓여있는 도시여서 일명 "월드 시
티(Walled City)" 라고도 부르고 "올드 시티(Old City)" 라고도 부
른다.

다리를 지나 올드 타운으로 들어가서 차를 세우고 플라자 데 아르마

스(Plaza De Armas)에서부터 걸어서 엘 모로(El Morro) 요새지로 가기로 했다. 스페인이 점령했던 나라마다 그 도시의 제일 중심지에 만들어 놓은 광장을 플라자 데 아르마스라고 하는데 이 주위에 중요한 관공서와 성당을 지어놓았다.

현대와 고전이 아름답게 조화를 이루어 공존하고 있는 아름다운 도시였다. 길바닥은 사각형 돌을 박아 마치 모자이크(mosaic)작품처럼 보였고 좁은 언덕길을 사이에 두고 예쁜 콜로니얼(colonial)식의 건물들이 빼곡히 서 있어 마치 유럽의 한 도시에 와 있는 것 같았다. 또한 옛날의 샌프란시스코가 이렇지 않았을까 하는 느낌도 들었다. 원래 이 항구는 이곳 서인도 제도를 비롯하여 다른 인근나라에서 구입한 금, 은 등 값비싼 물건들을 보관하여 두었다가 유럽으로 보내는 항구이니만큼 이를 노리는 자들의 표적이 될 수 밖에 없었다고 한다. 그래서 이 곳에 성벽을 쌓고 전망대를 만들고 또 군사들이 머무를 수 있는 방들을 만들어 해적이나 다른 적이 공격해 왔을 때 즉각 대항할 수 있도록 요새 지가 필요했고 그래서 이를 만든 것이 바로 엘 모로(El Morro) 요새지다.

74 에이커나 되는 대지에다가 1540년에 착공하여 1589년에 완공한 카리브에서는 가장 큰 요새지인 엘 모로 그리고 이 요새지에서 멀지 않은 곳에 있는 산 크리스토발 성(San Cristobal Castle)은 이곳을 방문한 관광객이 꼭 보아야 할 유적지이다. 사실 이 엘모로는 벌써 1933년 유네스코가 세계 문화 유적지로 지정한 곳이기도 하다. 쿠바의 하바나에도 엘 모로라 불리는 요새지가 있으나 이곳보다 규모가 훨씬 작다. 원래 이 요새지의 이름은 포트 산 펠리뻬 델 모로(Fort San Felipe Del Morro)이였지만 지금은 그냥 엘 모로라 부른다고 하였다.

3면이 바다인 엘 모로(El Morro) 요새지는 바다 수면보다 140피트 높은 곳에 5미터 두께로 성벽을 쌓아서 만든 철옹성이기 때문에 적으로부터 침공을 손쉽게 막아 낼 수 있었다고 한다. 처음 이 요새지를 지었을 때는 아주 조그맣게 꼭 필요한 것들만 만들어 지금 요새지의 약 10%정도 밖에 되지 않는 작은 규모였는데 그 후 400년에 걸쳐 조금씩 필요한 부분을 증축하여 오늘 우리들이 보는 큰 요새지가 되었다고 한다. 입구에는 잔디를 깐 큰 공원이 조성되어 있었고 입구를 통해 이 안에 들어가서 여러 층으로 만들어 놓은 방들을 구경하는 동안 나는 마치 중세기 시대로 돌아간 듯한 느낌이 들었다. 어디선가 철갑 옷을 입은 중세 유럽시대의 병정들이 막 뛰어 달려나올 것 만 같았다. 또 이곳에는 예배를 보던 교회도 있고 의자도 그대로 남아 있었고 부엌과 식당도 그대로 남아 있었다. 바다를 향해 세워놓았던 대포들은 아직도 그 자리를 지키고 있고 중간중간 만들어 놓은 망루에서 바라다 보이는 것은 오직 넘실거리는 푸른 바다뿐이었다.

1963년에 시작하여 1711에 완공하였다는 산 크리스토발 성은 동쪽에서 침공하는 적들의 침략을 막기 위하여 만들었는데 이 안에는 5개의 크고 작은 운동장 같은 방이 있고 이 방들은 서로 굴로 또는 물로 연결되게 만들었다고 하였다. 이 두 튼튼한 요새지는 이 산환을 지켜주는 방패막인 것이다.

이 산환 교외에 럼을 만드는 "바카르디"라는 양조장이 있다. 1862년 스페인에서 이민 온 포도주 상인 단 바카르디(Don Bacardi)에 의해서 세워졌고 계속 그들의 후손들이 물려받아 사업을 확장하여 오늘날 매년 200여 개국에 약 2억병을 수출하는 세계 제 4위의 양조장으로 군림하게 되었다고 한다. 우리가 바카르디 럼 공장에 간 것은 순전히 바닷속까지 뒤집어 놓은 허리케인 때문이었다. 수영이나 스노클도 할 수 없고 가게들은 다 문을 닫아 버려 할 일이 없어 아들이 일하는 병원에 가서 저녁이나 함께 하지고 약속을 하였다.

그리고 병원 가는 길에 구경할 거리가 있으면 보면서 쉬엄쉬엄 가자고 딸과 의기 투합해서 떠나면서 첫 번째로 이 양조장에 들리게 된 것이다. 이곳에서는 술을 만드는 과정을 방문객들이 볼 수 있게 안내해 주고 있었다. 양조장 입구에 마련되어 있는 얼음을 가득 넣은 과일 주스는 보는 이로 하여금 마시고 싶은 욕구를 자아내게 했다. 말하자면 무료 시음 장이다. 나는 이것도 한 모금 저것도 한 모금 마시며 어떤 것이 제일 맛있는지 맛을 보고 있었다. 달콤하고 시원한 것이 더위에 "딱"이었다. 더위가 가실 만큼 실컷 마신 뒤 드디어 우리 차례가 되어 양조장 안으로 들어 갈려는데 갑자기 "핑"하고 도는 것 같다. 너무 더워 이런가? 간밤에 잠을 설친 때문인가? 이 모습을 본 딸이 엄마가 럼이 들어있는 펀치를 많이 마신 것 같다는 것이다.

아뿔싸! 결국 마시지도 못하는 술을 마신 것이다. 가슴은 발딱거리고 얼굴은 벌겋게 달아올라 화끈화끈, 연거푸 생수를 마시고 화장실을 들락거리고... 럼이란 술이 독하기는 한가보다. 어떻게 따라 다니며 구경을 했는지 별로 기억이 없다. 그러나 빨간 동그란 원안에 박쥐를 그린 상표를 붙인 바카르디 술은 지금도 기억한다.

(2) 허리케인(hurricane)

우리가 이곳에 도착한 4일째 되는 날 이곳 공항의 폐쇄와 재개를 결정을 하시는 안박사님이 대서양에서 생성된 허리케인이 이곳으로 오고 있으니 남편에게 내일 아침 비행기로 로스앤젤레스로 돌아가는 것이 좋겠다고 하였다. 허리케인으로 공항이 폐쇄되면 언제 다시 열지 모르니 자칫 이곳에 마냥 묶여 있게 될 수 있다는 것이다. 그렇지만 이곳까지 왔다가 그냥 집으로 돌아가는 것이 너무 억울하여 딸과 나는 허리케인을 피해 바하마(Bahamas)로 가면 어떨까 이것저것 고민하다가 이럴 때 허리케인이 어떤 것인지 구경을 하자고 결심하고 푸에르토 리코에 그냥 남기로 결정했다. 그래서 남편은 5일째 되던 날 아침 비행기로 떠나고 그 비행기를 마지막으로 공항은 폐쇄되었다.

드디어 허리케인이 오는 준비들이 시작되었다. 텔레비전에서 매 시간마다 허리케인이 올 때 주민들이 지켜야 할 주의 사항, 허리케인이 움직이는 모습, 시민들이 준비해야 할 사항을 지시한다.

드디어 장대 같은 비가 오며 바람이 불기 시작한다. 허리케인이 올 때는 집에 가만히 있어야 하지만 궁금해서 한 번 나가 보기로 했다.

마켓에 있는 양초, 건전지 등 생필품과 식료품은 다 동이 나고 팔 물건이 하나도 남지 않은 마켓은 아예 문을 닫아 버렸다. 길에 다니는 사람도 없고 차도 띄엄띄엄 몇 대 밖에 안 다닌다. 금세 황토 빛으로 변해버린 강물은 소리를 내며 흐른다. 점점 바람은 더 세지고 비는 양동이로 퍼 붓는 것처럼 내린다. 드디어 가스 공급이 중단되고 물 공급도 중단 그리고 마지막으로 전기가 끊어지면서 우리는 완전히 현대 문명으로부터 고립되었고 바야흐로 허리케인과의 전쟁이 시작되었다. 곧 우리는 큰 그릇들을 밖에 내어놓아 식사 후 설거지와 화장실에 사용할 물을 받았다. 얼마나 비가 많이 오는지 금세 그릇에 빗물이 가득 찬다. 뒷마당 잔디도 얼마 안되어 물 고인 논으로 변했다.

저녁이 되니 더욱 한심스럽다. 그래도 시원하니 좀 살 것 같다. 바람이 더 심하게 불어대며 비는 계속 내려 퍼붓는다. 아이들은 모두 수

영복 차림으로 뒷마당에 나가 비를 맞으며 시원해서 좋다고 깔깔댄다. 그리고는 "꼬끼(coqui, 1.5－8cm되는 노란색의 작은 개구리)"를 잡는다고 뛰어다닌다. 수놈 꼬끼는 저녁이 되면 울기 시작해서 밤새도록 울지만 암놈은 절대 울지 않는다고 한다. 이 꼬끼의 노래 소리를 자장가처럼 들으면서 잠이 들곤 했던 수 많은 푸에르토리칸. 그러나 이 꼬끼는 사람들 눈에 잘 띄지 않아 이것을 잡으면 행운이 온다고 한다. 그래서 아이들은 꼬끼가 우는 곳을 찾아 잡아보려고 애썼지만 우리가 이 나라를 떠날 때까지 한 마리도 잡지 못했다. 꼬끼는 엘 윤꿰(El Yunqui) 열대림에 많이 서식하고 있으나 다른 곳에서도 볼 수 있다고 한다.

길에는 강풍을 견디어 내지 못한 나무들이 송두리째 뽑힌 채 뿌리를 내놓고 나자빠져 있었다. 지난번 남극 여행을 갔을 때 들었던 바람에 대한 강의가 생각난다. 미국 기상청에서는 미리 이 허리케인의 이름을 지어놓는데 한번은 여자 이름 그 다음은 남자 이름 이렇게 남자 여자의 이름을 교대로 사용한다고 한다. 이번에 오는 허리케인의 이름은 벌다(Bertha)라고 하였다.

다행이 방향을 바꿔 북서쪽으로 이동하는 바람에 큰 피해는 없었다고 하여 안심하였는데 나중에 알고 보니 단 몇 일 사이에 그것도 집중 피해를 받지 않았다는데도 약 1500만 달러의 피해를 주었다고 들었다. 허리케인은 사라졌지만 나의 기억 속에는 허리케인 벌다(Bertha)가 오랫동안 자리잡고 있다. 푸에르토 리코에 있는 동안 안 박사님으로부터 허리케인에 관한 많은 지식을 얻을 수 있었고 또 귀한 경험을 할 수 있었다. 이 자리를 빌어 안박사님께 감사 드린다.

이 허리케인 덕분에 그리도 아름답다는 그리고 이 나라에서 두 번째로 큰 도시인 폰세(Ponce)의 밤바다를 가지 못했다. 폰세에서 동쪽으로 조금 가면 베이 오브 플로르센트(Bay of Florescent)라는 조그만 해변이 있는데 그곳 바다에 살고 있는 플랑크톤(plankton)은 자극이 오면 빛을 발하므로 검은 밤 바다에서 야광 빛을 발하는 이 플랑크톤들과 수영하는 것이 너무나 환상적이라고 꼭 가 보라고 아들이 약도까지 그려주었는데 결국 포기했어야 했다.

산환에서 동쪽으로 약 한 시간 정도 거리에 있는 엘 윤케(El Yunque)는 국립공원으로 씨에라 데 루구이요(Sierra De Luguillo) 산자락 약 28,000에이커에 넓이를 차지하고 있으며 산으로 올라 갈 수 있는 북쪽 입구와 정글로 들어가는 남쪽 입구가 있다.

우리는 차로 돌아 이 공원을 구경할 셈으로 북쪽 입구로 들어 왔다. 공원 입장료를 내고 지도 한 장 받아 들고 좁고 구불거리는 그리고 양쪽에 나무가 빼곡한 사이로 난 길을 따라 올라갔다. 가는 도중에도 비가 왔다가 개였다 한다. 이곳의 강우량이 약 45,000밀리미터라는 것이 실감났다. 수많은 크고 작은 폭포들, 하늘을 찌를 듯이 높이 서 있는 아름들이 나무들, 어른 머리보다 더 큰 나뭇잎. 1989년에 온 허리케인 휴고(Hugo)로 인해 많은 피해를 당했다는데 우리들이 왔을 땐 다 회복이 된 듯한 느낌이 들 정도로 나무들이 무성했다.

라 미나(La Mina) 폭포는 사람을 깨끗하게 해주는 능력이 있는 폭포이니 꼭 그 폭포 물에 손을 담그라는 말도 잊지 않았다.

전망대에 올라가 높은 곳에서 이 공원을 볼 수 있었다. 겹겹이 쌓여 있는 푸른 나무 위로 또 한줄기 소나기가 내린다. 생쥐처럼 비에 젖은 아이들의 웃음소리가 경쾌하게 들린다.

지금도 푸에르토 리코를 생각하면 눈 앞에 나타나는 꽁케스타도르(Conquestador) 호텔 골프장에서 만난 파란 이구아나(green Iguana), 잘못 친 골프 공을 찾으러 간 내 눈앞에 보이는 파란 잔디밭 위에 떨어져 있었던 노랑 망고들, 허리케인 후에 해변에 나타난 수만 마리의 모래 벼룩(sand flea)떼들을 잊을 수가 없다.

집에 돌아와서 친구들과 나누어 먹으려고 산 3박스의 파인애플과 맛있는 2 마리의 닭 구이, 그리고 고구마 탕을 들고 공항에 왔다.

오랫만에 문을 연 공항에는 계속되는 비행기의 연발로 인해 승객들이 인산인해를 이루고 언제 떠날지 모르는 우리들은 마냥 기다리다가 배가 고파 집에 가지고 갈려고 샀던 것들을 조금씩 조금씩 꺼내 먹다가 결국 닭 한 마리와 고구마 탕을 다 먹어버렸다.

8. 세인루이스

바베이도 북서쪽에 있는 망고처럼 생긴 이 나라는 화산석으로 이루어졌고 남서쪽에는 산들이, 북서쪽에는 해변이 있어 아름답기가 그지없다. 길이가 27 마일, 넓이가 14마일로 전체 면적이 620 평방미터인 이 나라는 해발 950 미터 높이의 지미(Gimie) 산이 있고 두 개의 산이 쌍둥이처럼 붙어있다는 세인트 루시아(St Lucia)의 대표적인 그 유명한 파이톤(Pitons) 등 모두 다 섬의 남서쪽에 자리잡고 있었다.

열대기후지만 무역풍이 있어 그리 덥다고 느껴지지는 않았다. 1-4월 사이에는 건기이고 5-12월 사이에는 우기로 10월에 그곳을 찾아간 내가 억수로 내리는 비를 맞고 생쥐 꼴로 돌아다녔음은 자명한 일이고 그로 인해 오랫동안 기억에 남는 여행이 되었다.

문헌에는 1502년 콜럼버스가 이 섬을 발견 하였다고 하나 사실은 몇 대의 프랑스 선박이 이곳을 항해하다가 좌초되어 가까운 이 섬으로 피신하여 살게 되었다는 설이 더욱 신빙성을 준다고 한다.

그래서인지 1660년부터 프랑스와 영국이 이 섬을 가지고 줄다리기를 하며 14번이나 엎치락뒤치락하며 한때는 프랑스령으로 또 한때는 영국령으로 소속되어 있다가 1814년 체결된 파리조약에 의해 영국으로 넘어가서 1979년 독립할 때까지 영국 통치하에 있었다.

혹자는 이 나라를 "서인도 제도의 헬렌(Helen of West Indies)" 이라 부른다. 이는 헬렌을 보고 한 눈에 반한

잭 열매 (Jack fruit)

트로이의 파리스(Paris) 왕자와 헬렌(Helen)사이의 사랑 때문에 시작된 기나긴 트로이 전쟁처럼 약 150년 동안 영국과 프랑스가 전쟁을 하였기 때문이다.

그래서 이들은 영국, 프랑스 그리고 아프리카의 영향을 많이 받게 되었다. 이곳의 공식어는 영어이지만 시골에 사는 많은 사람들은 아직

도 프랑스 사투리를 쓴다고 한다. 오랜 세월을 영국 통치하에 있어서인지 정치, 법률 그리고 교육제도는 영국의 영향을 받았고 그림, 음악 등의 예술분야와 음식은 프랑스의 영향을 받았다고 한다. 더욱 그들이 자랑스러워 하는 것은 1979년 노벨 경제학 부문에서 아더 루이스 경(Sir Arthur Lewis)과 1992년 문학 부분에서 수상의 영예를 거머쥔 데렉 왈컷(Derek Walcott)이 이곳 출생이기 때문이다.

케스트리스(Castries)는 항구 도시로 이 나라의 수도이다. 항만의 수심이 깊어 아무 장치 없이도 큰 선박의 출입이 쉽기 때문에 크루스 선박이나 무역선이 많이 들어온다. 그래서인지 농업과 관광산업 외에도 장난감 산업이 발달되어 있다고 하였다. 항구 앞의 면세품 상점단지(tax free shopping center)는 인근 서인도 제도에 있는 나라에서 오는 고객들과 쿠르스 선박을 통해 들어

| 케스트리스 항구

오는 관광객으로 인해 문전성시를 이룬다. 이 상가는 일요일을 제외하고 모두 문을 여는데 특히 매주 금요일과 토요일은 손님들로 인해 인산인해를 이룬다고 한다. 또한 바나나의 수출은 에콰도르와 함께 세계의 최고이다. 특히 나무로 깎아 만든 장난감은 매우 정교하였고

매운 고추로 만든 달콤한 고추 잼은 그야말로 일미였다. 특히 아름다운 이 섬에서 생애의 최고의 결혼식을 하기 위해 일년에 약 3,500쌍이 이곳으로 와 결혼식을 한다고 한다.

얼마나 아름다운지 마치 도화지에 그려놓은 그림 같은 섬이다. 마리 곶(Marigot Bay)어촌은 작지만 평화스러운 동네였다. 관광객을 위해 산 등성이에 지어놓은 수많은 고급별장과 호화로운 요트가 있는 곳보다는 어부들이 사는 이곳 어촌이 더 정겹게 느껴졌다. 어부들이 그물을 정리하고 있는 곳에서 어부들이 던져주는 작은 고기들을 먹기 위해 하늘을 낮게 날고 있는 프리게트 새(frigate bird)를 보았다.

마리곶 어촌

에콰도르에서 약 600마일 떨어진 태평양에 있는 갈라파고스의 한 섬에서 이 새를 본 적이 있었다. 크기가 까마귀와 갈매기 중간쯤 되며 까만 깃털을 가졌는데 수놈은 주둥이 밑에서부터 앞가슴까지 닭의 벼슬같이 쭈글쭈글한 주머니를 차고 다닌다. 그러다가 교미 시기가 되면 암놈을 유혹하기 위해 이 주머니에 바람을 넣기 시작한다. 끼억거리며 혼신의 힘을 다해 주머니가 터지기 일보직전까지 바람을 불어넣어 그 주머니가 빨간 풍선처럼 앞가슴에 매달리면 자랑스럽게 가슴을 쫙 피며 암놈들 앞을 어슬렁거린다.

그리하여 꼴딱 반한 암놈이 수놈 곁으로 슬그머니 다가와 사랑의 포로가 되는 새들이다. 나는 이 새가 갈라파고스 섬에서만 산다고 믿었기에 이곳에서 만나니 너무나 놀랍고 반가웠다. 남편과 나는 모래사장에 앉아 목이 빠져라 하늘을 쳐다보며 프리게트 새와의 만남을 즐기고 있었다.

화산에 가 보았느냐고 묻는 상점 아줌마의 말을 이해할 수가 없어 안내인에게 물어 보았더니 관광객들이 화산의 분화구를 직접 볼 수 있도록 관광코스가 마련되어 있다고 한다. 사실 이곳의 유황 온천도 유명해서 온천 욕을 꼭 해 보라고 권한다.

인도네시아의 메라피(Merapi) 화산이나 에콰도르 퀴토(Quito)에 있는 화산들은 아직도 연기를 내 품고 있기 때문에 위험해서 멀리서 바라보고 만족했어야 했고 멕시코 근교에 있는 사화산은 비행기에서 보는 것으로 대신했어야 했다. 그런데 이곳에서는 직접 분화구까지 올라갈 수 있다는 것이다. 다음에 이곳을 방문할 때는 충분한 시간을 가지고 와서 이곳만은 꼭 가리라 다짐해 본다.

위. 돌로 만들어 놓은 거북
아래. 나무로 정교하게 조각한 병풍과 여인상

조그마한 땅이라도 산이 있어서인지 한 곳은 비가 억수로 오지만 또 다른 곳은 햇빛이 쨍쨍하는 이변이 있기도 했다. 북서쪽에 있는 피죤 아이랜드 국립공원(Pigeon Island National Park)로 가는 도중 너무 비가 많이 와서 걱정을 했는데 막상 그곳에 도착해 보니 비가 왔던 흔적조차 찾아 볼 수가 없었다.

45 에이커 넓이의 피죤 아이랜드 국립공원(Pigeon Island National Park)은 한쪽은 대서양이 한쪽은 카리브에 연결되어 역사가 있는 공원이다. 한때 이곳은 이 나라를 침략하는 다른 나라의 배를 보고 맞서 싸우던 요새지 이었다고 한다. 그리고 그 당시 사용되었던 총포도 그대로 전시되어 있었다. 섬이지만 길을 잘 만들어 놓아 섬으로 가는지 그냥 땅끝인지 구별이 가지 않았다.

멀리 호화판 해적선처럼 꾸민 배가 바다에 떠 있다. 뭉게 구름과 파란 하늘 그리고 옥색 바다와 함께 어우러져있는 해적선은 더 이상 무서운 해적선이 아닌 낭만을 가득 실은 해적선이 되어 버렸다. 물속에서 주운 조개 껍질을 수건에 싸서 가방 속에 넣었다. 나

중에 꺼내 볼 때 이 조개에 배인 찝찔한
냄새가 나를 다시 이곳으로 데리고 올 테
니까 말이다.

9. 브리티쉬 버진 아이랜드(British Virgin Island)

이 나라는 프에르토 리코 서쪽에 있는
섬나라로 가장 큰 섬 또똘라(Tortola)를
비롯하여 약 50여 개의 크고 작은 섬이
붙어 있는 나라다. BC 100년 경 아라 왁

물 위에 떠다니는 해적
선 모양의 관광선

인디언들이 중 남미로부터 카리브로 이주해 와서 처음으로 정착한
섬이 바로 이 나라라고 한다.
1493년 콜럼버스는 그의 두 번째 항해에서 이 땅을 발견한 후 스페
인 땅이라고 선포하고 이 섬의 이름을 "랜드 오브 터틀 도브(Land
of Turtle Dove)"라고 지었는데 무슨 사연인지 스페인 사람들이 들
어와서 살지 않았다고 한다. 그 후에 영국, 홀란드, 프랑스, 스페인이
서로 이 땅을 차지 하려고 각축을 벌리다가 1648년 홀란드가 차지
하게 되었고 1672년 영국에게 빼앗겼다. 한때 이곳은 대서양과 지
중해를 누비고 다니던 해적들의 소굴이었다고 한다. 나중에 산 위에
올라가 보니 여기저기 만(bay)에 해적선이 숨을 곳이 많아 그럴 듯
하였다.
영국은 계속해서 그 옆에 있는 작은 섬들 안가다(Angada), 버진 고
다(Virgin Gorda) 등을 하나하나 차지하여 오늘날의 브리티쉬 버진
아이랜드(British Virgin Island) 영토가 탄생되게 되었다.
지금은 독립된 나라로 내각이 구성되어 있지만 아직도 영국 여왕이
지명한 총독이 이 나라에 상주하며 정치에 관련된 일을 보고 있다.
열대 기후에 가끔 불어오는 무역풍이 있어 덥지만 상쾌한 기분이 들
었다. 마음씨 좋게 생긴 40대 중반의 운전 기사 겸 안내인과 함께 이

섬을 관광하였다.

이곳은 2-3월 사이 건기와 8-11월 사이의 우기로 나뉘어 지고 6-11월 사이에 오는 허리케인은 반갑지 않은 손님이다. 비가 올 때는 한국의 장마 비 같이 쏟아 붓는 것 같다가도 비만 그치면 언제 비가 왔더냐 싶게 파란하늘, 뭉게구름, 빛나는 태양이 작열한다.

제일 처음 영국인들은 이곳에 사탕수수 농사를 시작하면서 아프리카에서 노예를 데리고 와 풍부한 노동력과 천혜의 자연 조건으로 그야말로 사탕수수 농장의 황금기를 맞았다. 그 당시 사탕수수에서 나오는 설탕, 설탕진액(sugar exguis)과 럼이란 술은 황금알을 낳는 거위 같은 존재였다고 한다.

그러나 1800년에 노예법이 폐지되며 사탕수수 농장은 사양길로 접어 들어갔지만 지금도 그 당시 농장주의 집이나 제당공장은 그대로 남아 있어 그 당시의 영화를 보여주고 있었다.

지금은 인구의 45%가 관광업에 종사하며 카리브 나라들의 금융과 보험의 중심지로서 카리브 해안에 나라들 중 가장 잘 사는 나라라고 한다. 그래서인지 국가 공휴일이 32일이나 되며 국민들은 편안한 삶을 살고 있다.

바로 이 섬 옆에는 아메리칸 버진 아이랜드(American Virgin Island)가 있다. 미국은 1917년 이 섬 외에도 세인트 존(St.John), 세인트 토마스(St.Thomas) 그리고 세인트 크로이 (St.Croix)를 홀란드로부터 $25,000,000에 샀다고 한다. 그래서 바로 앞에 보이는 섬 나라지만 여권을 가져야만 옆의 나라로 입국할 수 있다. 또 이 나라는 영국 기를 달아놓고 공식 화폐는 미국의 달러를 쓰는 이해가 가지 않는 나라다. 또 어느 나라의 면허증이라도 운전 면허증만 있으면 $10.00를 내고 운전 면허를 발급받아 당장 운전을 할 수 있지만 영국처럼 왼쪽 길로 다녀야 하는 불편함이 있다.

길이 13.5 마일, 넓이가 3 마일로 전체 땅의 면적이 20평방 마일인 또똘라 섬에는 이 나라에서 가장 큰 섬이며 수도인 로드 타운(Road Town)이 있다. 로드 타운은 또똘라 섬 남쪽에 있으며 바닷가에 자리잡고 있는 항구 도시로서 많은 유람선이나 무역선이 다 이곳을 통해 입항하고 출항한다. 또똘라 섬 인구가 2,2000명인데 18,000명이 모두 이 도시에 모여 산다.

항구는 잘 정리되어 있어 깨끗하게 보였고 항구 옆 바다에는 여기 저기 요트들이 정박되어 있어 부유하게 보였다. 적당하게 잘 자란 나무들로 덮인 산 언덕에는 고급 별장들이 뜨문뜨문 지어져 있었다. 아프리카 음악과 유럽 음악이 섞인 "푼지(fungi)"라는 노래를 이들은 좋아한단다. 또 이들의 주식 또한 옥수수로 만든 푼지라는 음식을 고추와 비슷하게 생긴 껍질에 솜털이 송송 나 있는 오크라(okra)와 함께 먹는다.

위. 로드타운 항구
아래. 벽화

차를 타고 이 섬에서 제일 높은 정상으로 가는 도중 역사를 그려놓은 벽화도 구경하였다. 길은 겨우 차가 한대 다닐 수 있을 정도로 좁고 가파르며 꼬불꼬불하여 꼭 샌프란시스코의 어느 골목에 와 있는 것 같다. 빨간 셔츠에 불루 진을 입고 빨간 구두를 신고 두꺼운 금줄에 십자가를 달은 목걸이를 하고 공원 벤치에 앉아 있는 아저씨를 보며 이 섬과 너무나도 잘 어울린다는 생각을 하였다.

스카이 월드 케인(Sky World Cane)이라 불리는 또똘라에서 제일 높은 산 정상에 올라오니 360도 파노라마의 탁 트인 시야로 섬 전체와 섬 주위에 있는 많은 다른 섬들이 다 보인다.

파란 바다 위에 하얀 점으로 수놓은 요트들도 환상적이었다. 북서쪽으로 보이는 섬이 오스트 반 다이크(Jost Van Dyke)섬이란다. 메리 파핀(Marry Poppin)이라는 영화에 나오는 주인공 남자의 섬인가? 여기는 개인 섬들도 많다는데….

그런데 알고 보니 이곳에 살던 홀란드 사람의 이름을 따서 이렇게 부른다고 하며 이 섬은 파티섬이란다. 주로 파티를 하는 사람들이 이 섬을 통째로 빌려서 한단다. 얼마나 부자이어야 섬을 통째로 빌릴 수 있을까?

매월 10월 26일 보름달이 휘영청 뜨는 밤에 보름달 파티(full moon party)를 한다는 가든 만(Garden Bay) 해안에도 가 보았다. 길 가에는 카페도 몇 개 있고 기념품 가게도 있었다. 카페에는 온갖 잡동사니로 장식을 해 놓았는데 볼만했다. 샌들, 브라, 여러 가지 색깔의 입던 팬티, 자동차 번호판 등으로 가게를 장식하였다.

이곳이 누드 촌이어서인지 빛 바랜 누드사진도 많이 벽에 걸려있었다. 한 카페에는 목각으로 남자를 조각해 놓고 온 몸을 전구로 장식하였는데 남성의 심볼자리에 큰 주홍 색 전구를 매달아놓아 저녁에 불을 키면 어떤 그림이 나올는지 상상만 해도 웃음이 나왔다. 카메라 사진은 찍을 수 있지만 비디오 촬영은 금한다는 사인이 크게 붙여져 있는 것이 예사롭지 않다. 밤바 오두막집(Bomba shack)이란 간판을 걸어 놓은 카페는 온통 못쓰는 전자 기구로 장식을 해 놓았다. 시간이 허락하면 이런 파티에 참석해 보는 것도 괜찮을 것 같다.

이곳에서 멀지 않은 곳에 사탕수수로 만드는 럼이라는 술을 만드는 주조장이 있는데 이 술을 수출을 하지 않기 때문에 꼭 이곳에서만 구입할 수 있다고 한다. 오랜 세월이 지나도록 전통 방식을 그대로 전수해서 만들기 때문에 술 맛이 매우 좋아 이곳을 방문하는 사람들에게 인기 품목이라 한다.

푸서스 랜딩(Pusser's Landing)이라는 요트장 옆 상가에는 영국풍의 물건들이 많이 있는 가게들과 식당 카페가 나란히 바다를 마주보고 서 있다. 특히 수놓은 아이들의 옷은 앙증맞은 게 얼마나 예쁜지 모른다. 물건값은 싸다는 생각이 들지 않았다. 그러나 독특한 디자인과 색상이 맘에 들었고 유럽에서처럼 물건 하나 하나를 곱게 포장을 하며 예쁜 종이 가방에 넣어 주는 등 친절함에 감명을 받았다. 집들은 한결같이 연한 파스텔 컬러로 집 하나에도 문, 벽 기둥 등을 각기 다른 색으로 색칠을 하여 보기 좋았다.

왼쪽. 가든 안의 카페들
위 푸서스 랜딩
(Pusser's Landing)

사람들이 많이 모여있는 바닷가는 대부분 좀 더러울 텐데 휴지조각 하나 볼 수 없이 깨끗하여 그곳을 걸으며 바다의 찝찔한 내음을 맡으니 상쾌한 기분이 들었다.

영국 총독이 살던 집을 가 보았다. 언덕 위에 지은 이층 목조 건물인데 한쪽에는 바다가 보이고 또 한쪽에는 밀림 숲이 보여 명당 중의 명당에 자리잡은 것 같다. 마호가니로 만든 고 가구와 목각 장식물 그리고 그림들이 고스란히 제 자리에 걸려있었다. 잘 정돈되어 있어 그 당시의 생활을 엿볼 수 있었다.

시도 때도 없이 갑자기 퍼부어 대던 소나기가 끝나고 멀리 산 중턱에 나타난 무지개를 바라보며 나는 내가 이 나라를 떠난 후에도 내가 만난 아름다운 많은 사람들의 기억이 영원히 남아 있을 것을 확신한다. 끝으로 이 나라의 여행을 협찬해 주신 코우사(KOUSA) 한회장님께 감사 드린다.

터키
세계의 야외 박물관

1. 머리말

이 지구에서 동서양이 함께 공존하는 유일한 나라, 터키는 실크로드 (Silk Road)의 시작이자 마지막인 곳이며 유럽을 가기 위한 서양의 관문이자 동양으로 향해 문을 여는 곳이다. 흑해와 지중해를 연결하는 "마르마라(Marmara) 해협"을 가운데 두고 우리들에게 너무나 잘 알려진 이스탄불이 자리잡고 있다.

기원 전 8000년 구석기시대의 유물로부터 기원 후 2000년 즉, 만년의 역사를 한꺼번에 모두 돌아볼 수 있는 나라가 이 세상에 과연 얼마나 될까?

홍수가 끝나고 노아의 방주가 정착했던 아라랏산이 이 나라에 있고 믿음의 조상 아브라함이 하나님에게 순종하여 옮겨간 하란이 동남부 터키에 자리잡고 있다. 손만 닿으면 황금으로 변하게 하는 놀라운 능력을 신으로부터 부여 받았지만 사랑하는 딸마저 황금으로 변하게 만들어 통한의 눈물을 흘렸던 마이더스 왕이 살았던 곳, 멀리 애

221

굽으로부터 안토니오를 만나기 위해 배를 타고 온 클레오파트라가 안토니오와 사랑을 속삭이던 아름다운 지중해의 도시들이 있는 곳, 바울선생이 전도 여행을 다니며 사랑으로 세운 일곱 교회들의 유적지가 있는 곳, 십자가에서 돌아가시기 전 사랑하던 제자 요한에게 어머니의 생애를 부탁하시던 예수님의 말씀대로 어머니 마리아를 모시고 와서 17년이나 사셨던 곳. 그뿐이랴, 에베소서도 이 나라에 있고, 요한 계시록을 썼던 요한의 귀양지 밧모(Patmos)섬을 비롯하여 목마로 유명한 트로이 전쟁의 전쟁터, 십자군의 정벌지 등이 다 이 나라안에 있다.

옛날 옛날 아주 먼 옛날 이곳 터키는 모두 바다였었다는 데, 심한 바다의 지진변동으로 인해 북쪽 흑해와 남쪽 지중해에 육지가 돌출되었고 그리하여 자연적으로 가운데는 그야말로 큰 호수가 생겼다고 한다. 그러나 오랜 세월이 흘러 호수 물이 말라 많은 부분이 육지가 되어 지금의 터키 땅이 되었다는 전설적인 이야기는 아주 흥미로웠다.

북쪽엔 북해와 평행선을 이루며 형성된 산맥의 서쪽 자락은 해발 1500 미터 높이에서 시작하여 동쪽으로 가면서 점점 더 높아져 3600 미터에 이르는 산세를 이루는 폰틱 체인이 놓여있고 남쪽에는 2500 미터 높이의 타우루스 산맥이 지중해와 평행을 이루고 있다. 두 산맥 사이에 놓여있는 아나톨리아(Anatolia)의 평원엔 옛 히타이트(Hittite)로부터 수많은 민족이 자리잡고 살아 왔었고 그 평원 한 가운데 바로 이곳이 바다였다는 것을 증명하는 소금 호수가 있다. 이 소금 호수는 터키에서 두 번째로 큰 호수(30x50 평방 마일)로 이곳에서 나오는 소금이 터키 식탁의 65퍼센트를 공급한다고 하였다.

지진이 많은 이 나라는 그 이후에도 계속되는 잦은 지진과 화산으로 인하여 바뀌어진 여러 형태의 지형을 볼 수 있는데 그 중에서도 카파도키아의 지형과 파묵깔레는 아주 특이하였다. 이들의 언어는 우리와 같은 우랄 알타이 어를 쓰며 장자가 가장으로서 가족을 이끄는 풍습이라든가, 식생활 등의 풍습이 우리와 많이 흡사하였다.

로스앤젤레스에서 뉴욕까지 5시간, 터키항공사 여객기로 뉴욕에서 이스탄불까지 10시간 비행 후 공항에서 간단한 입국수속을 마치고 터키의 이스탄불에 도착하였다. 이스탄불에서 국제선 터미널 바로 옆에 붙어있는 국내선 터미널로 옮겨 다시 국내선 비행기를 타고 약 한 시간 정도 날아 앙카라(Ankara), 터키의 행정수도에 도착했다.

내일부터 보고 들을 엄청난 이야기들, 역사의 현장을 둘러 볼 기대에 내 마음은 풍선마냥 부풀어 있었고 어린 아이처럼 마냥 즐겁기만 하였다. 이스탄불 공항에서부터 함께 동행한 맨하튼에서 온 화가이자 사진작가인 50대 중반의 로렌스(Lawrence), 앙카라 공항에서 만난 롱아일랜드에서 왔다는 인테리어 디자이너 리차드(Richard), 먼저 도착하여 우리를 호텔에서 기다린다는 덴버의 뚱보 아가씨, 쉘리(Shelly)와 함께 한 식구가 되어 우리들은 앞으로 몇 주일 동안 이 어마어마한 역사의 현장의 증인이 될 것이다.

2. 앙카라(Ankara)

고대 히타이트의 도시였고 한때 동로마제국, 비잔틴(Byzantines), 셀주크(Seljuks), 그리고 오토만(Ottoman)의 도시였던 앙카라는 현재 터키의 행정수도다. 아나톨리아 평원에 자리잡고 있는 이 도시

아타터크(Ataturk) 초대 대통령의 동상

에 사는 대부분의 사람들은 정부 기관에서 일하는 공무원들이라고 한다. 첫 발은 딛는 나는 이 도시가 아주 평온하고 안정된 도시라는 느낌을 받았다.

이곳에 있는 몇 개의 박물관과 터키공화국의 초석을 만든 아타터크(Mustafa Kemal Ataturk: 초대 대통령, 1881~1938)의 영묘(mausoleum)는 외국 관광객이 꼭 들리는 곳이다. 우

위. 박물관에 전시된
고대 힛타이트 시대의
석상
아래. 마이더스 왕의
두개골과 밀랍인형

리가 제일 먼저 방문한 고고학의 역사와 유적들을 소장하고 있는 아나톨리아 문명(Anatolian Civilization) 박물관은 3개의 큰 방으로 나누어져 있었다.

첫째 방은 구석기, 신석기, 청동기 시대에 사용했던 그릇, 토기, 장식품, 사냥 도구 등을 비롯하여 그들이 살았던 집의 모형도며 토속신앙으로 믿었던 여신, 동물 등의 조각품들이 소장되어 있다.

특히 소와 사람들의 밀접한 관계를 그린 벽화와 황소 조각들은 인간과 가축이 함께 살아온 모습을 보여 주고 시대 변천에 따른 인류의 발달상을 구분하여 전시해 놓은 아주 귀중한 자료와 유물들로 가득 차 있다.

둘째 방은 인간을 재앙이나 질병으로부터 보호해 주었던 동물과 스핑크스, 전쟁상 등을 돌로 조각한 석물들과 대리석 돌 판에 새긴 양각들이 전시되어 그 당시 히타이트인들의 생활상을 엿볼 수 있다. 그러나 옛날 시장을 개조해서 만든 이 박물관은 대체적으로 너무 많은 유물들을 적은 장소에 소장해 보관 관리가 허술하여 비라도 온다면 아마 천장에서 비가 뚝뚝 떨어질 것 같아 안타까웠다. 행여나 이 귀중한 자료가 훼손되지 말아야 할 텐데… 이 세계적인 귀중한 인류의 유산을 유네스코와 터키 문화재 관리국에서 잘 보관하여 후세에게 잘 전하겠지만 왠지 걱정이 되는 것은 나의 기우일까?

셋째 방에서 가장 놀라웠던 것 중에 하나는 돌과 통나무로 만들어진 묘의 모형도였다. 그것은 전설로만 들어왔던 마이다스(Midas) 왕의 것이었다. 신으로부터 능력을 부여 받아 무엇이던 만지기만 하면 황금으로 변하게 만든다는 마이다스왕. 사랑하는 딸마저도 황금으로 만들어 버린 아버지! 그가 바로 내 눈앞에 조용히 눈을 감고 누워있지 않은가? 우리는 종종 "마이더스 터치(Midas Touch)"라는 말을 쓴다. 무슨 사업을 하던지 손대는 족족 성공하여 돈 버는 사람들에게 쓰는 대명사이기도 하고 라스베이거스에서는 슬롯 머신에 이 이름을 써서 우리를 현혹시키기도 한다. 그런데 그가 실제 생존한 사람임을 증명해 준 통나무와 돌로 만든 묘의 모형도, 모형도 속에 반드시 누워있는 그의 밀랍 인형, 그리고 그 옆에는 왕의 두개골이 함께 나란히 전시되어 있었다. 실지로 그의 사랑하는 딸마저 황금으로 변하게 했는지는 알 수 없지만…

그 외에도 세련된 무늬와 색상으로 아름다운 여러 종류의 도자기, 장식품, 병정들의 갑옷 등이 전시되어 있었다.

고고학 박물관 문을 나오니 밖에는 박물관 견학 온 현대판 터키 군인들이 마당에 가득하였다. 문 하나 사이로 박물관의 안과 밖은 나로 하여금 몇 천년 아니 만년의 세월을 훌쩍 뛰어 넘게 만들었다. 난 불현듯 내가 속해 있지 않았던 다른 곳으로 타임 캡슐을 타고 갔다 온 것 같은 착각마저 들었다.

우리들은 다음 방문지인 인종학(Ethnographical) 박물관으로 발을 옮겼다. 혹시 이곳엔 옛날부터 살아왔던 사람들의 뼈나 미라가 있는 곳일까? 궁금하기 짝이 없고 호기심으로 온 몸이 근질거린다.

1925년 오토만 건축형식으로 지은 이 인종학 박물관은 위대한 터키의 지도자이자 현재의 터키 공화국을 만든 아타터크의 시신을 지금의 영묘로 옮길 때까지 보관했던 곳인데 지금은 오토만 시대의 생활풍습, 결혼 준비를 하는 신랑과 신부의 밀랍인형, 금실로 수놓은 화려한 남녀 의상들, 손으로 직접 쓴 코란, 나무 조각품, 포경 수술하는 방 그

■ 터키 군인들의 모습

리고 코란의 구절들이 조각되어 있는 셀주크 시대의 관들과 가구들이 전시되어 있었다. 나의 호기심을 100퍼센트로 채워주지는 못했지만 터키를 아는 데 많은 도움을 주었다.

끝으로, 우리는 앙카라 언덕 위에 있는 아타터크의 영묘를 찾았다. 월남, 하노이에 있는 호치민의 모슬렘을 연상시키는 이곳의 내부는 유난히도 아름다운 금색타일로 모자이크를 하였고 특히 아타터크의 빈 관이 안치되어있는 천장 돔에는 돌아가신 대통령이 추운 겨울에 춥지 않게 덮을 수 있는 황금 카펫을 모자이크로 만들어 놓아 대통령을 사랑하고 존경하는 국민들의 마음을 표현하였다. 모슬렘의 법도에 따라 시신은 6피트 지하에 안장하고 위에는 빈 관만 덩그렇게 놓여져 있었다.

아타터크 대통령의 시신이 안치되어 있는 곳

대통령 하야 후엔 곤욕을 면치 못하는 우리나라 전직 대통령들과 죽은 후에도 모든 국민으로부터 사랑과 존경을 받는 이 터키 대통령을 생각할 때 나의 마음은 몹시도 무거웠다. 그리고 옆 건물 속에는 독립전쟁 당시의 그림 및 모형도와 그가 재직 시 세계각국에서 받은 선물들을 개인이 소유하지 않고 고스란히 국가에 헌납하여 그곳에 전시하여 놓았다. 위대한 지도자의 청렴 결백한 모습을 보니 한없이 부러워지는 것은 나만의 느낌일까?

3. 카파도키아(Cappadocia)

터키의 행정수도인 앙카라에서 남쪽으로 내려오면 터키인들의 식탁에 필요한 소금의 65%를 생산하는 소금 호수가 아나톨리아(Anatolia) 평원에 자리잡고 있다. 30 x 50평방 마일이나 되는 어마어마한 크기의 소금 호수는 예전에 터키가 바다였다는 것을 증명한다고 했다. 차에서 내려 호수가로 다가가서 손가락으로 물을 찍어 맛을 보니 유타주에 있는 솔트 레이크(Salt Lake)의 물처럼 몹시 짰다. 배추만 있다면 이곳 호수 물에 절여서 김치를 담으면 참 맛이 있을 거라고 생각을 하니 갑자기 입안에 군침이 돈다. "김치" 생각만 해도 느글거리던 내 위장이 금세 시원해지는 느낌이다. 지금은 겨울철이라서 소금을 생산하지 않지만 여름철에는 이 호수 주위 군데군데 산더미처럼 쌓아놓은 하얀 소금 산을 구경하는 것도 볼거리 중 하나라고 하였다.

잠시 휴식을 취한 우리들은 계속해서 남쪽을 향해 내려와서 천안 삼거리 같은 카라반사리(Caravansary)로 유명한 악사레이(Aksaray)에 도착했다. 다시 이곳에서 동쪽으로 약 20 마일을 자동차로 달려가면 바로 우리들이 방문하려고 하는 카파도키아라는 곳이 나온다. 쉬지 않고 달리면 앙카라에서 약 4시간 정도 걸리는 거리다.

우리가 카파도키아 계곡 초입에 도착했을 때는 늦은 오후였다. 안내인 무스타프를 따라 포도 과수원을 가로질러 건너가다 보니 왼편에 보이는 광경은 마치 수많은 아이스크림 콘을 뒤집어 세워 놓은 듯한 계곡이 눈 아래로 펼쳐졌다. 그것을 보는 순간 "와-"하는 소리를 마지막으로 우리들의 입은 얼어 붙은 듯 아무도 더 이상 말을 하지 않는다. 이 계곡은 마치 화가가 물감으로 수채화를 그린 것처럼 붉은 색깔, 노란 색깔, 하얀 색깔이 한데 어우러져 마치 한 폭의 그림을 보는 듯 하였고 기이한 형상의 계곡과 돌들은 나로 하여금 마치 외계에 와 있는 것 같은 착각에 빠지게 하였다. 요정의 도시 카파도키아!

백 만년 전 지각변동으로 인

해 이 평원에 있는 에르시에스 (Erciyes)산과하쌴(Hassan) 산이 폭발해 내뿜은 화산재와 용암으로 뒤덮어 버렸다. 그러나 용암이 식고 오랜 세월이 흐르면서 비, 눈, 바람, 태양열 등 자연 풍화작용에 의하여 이러한 계곡이 만들어지고 고깔 같은 형상, 버섯 모양의 돌들, 또 굴뚝 같은 각양각색의 기이한 형태의 바위들이 생겨 장관을 이루게 되었다고 한다. 화산 폭발 때 나온 광물질에 의해 철분은 붉은색을, 유황은 노란색, 석회는 흰색을 띠게 하여 이 색깔들이 마치 물감으로 색칠한 듯 보이게 한다.

1958년 제임스 멜라트(James Mellaart)라는 사람에 의하여 우연히 발견된 이 도시는 1965년부터 시작된 거듭된 발굴작업에서 토출된 항아리, 여성들의 장신구, 도자기 등을 연구한 결과 약 9,000-10,000년 전 신석기 시대의 유물로 판명되어 그때 벌써 이곳에는 사람이 정착하여 살았다는 것을 증명하여 주었다고 한다.

교역지로 유명했던 이곳에 원시 히타이트족이 세운 히타이트 제국이 기원전 1200년 그들이 멸망할 때까지 중심지로 자리매김을 했다고 한다.

하나님을 믿는 사람들이 이곳에 둥지를 틀고 시도 때도 없이 출병하는 십자군, 아랍군, 그리고 로마군의 침략을 피해 동굴 속과 지하에 집과 교회를 짓고 그들의 신앙을 지키며 살았다. 지금도 돌산과 동굴에 사는 가족들과 호텔로 개조한 많은 집들을 볼 수 있었다. 지하 동굴처럼 만들었다는 호텔방에 짐을 던지고 가깝게 보이는 구멍이 뻥뻥 뚫어져 이상하게 보이는 높은 망루 같은 돌산을 향하여 골목길을

헤매어 마침내 그곳에 당도 했
을 때는 벌써 해가 지려고 붉은
빛이 서쪽 하늘을 물들였다.
이 돌산 밑에는 카페도 있고 바
(bar)도 있었지만 관광 철이 아
니라 모든 상점이 문을 닫아 썰
렁하였다. 망루 뒤쪽으로 돌아
가니 발 아래로 보이는 고깔 모
자를 옆으로 차곡차곡 재워 놓
은 듯한 계곡이 만장으로 깔려
있었다. 이곳이 비둘기 계곡인

카파도키아의
동굴집들

것을 다음날 안내인으로부터 들었다.

돌산 망루에서 젊은 남자가 나온다. 일본에서 온 대학생 이란다. 어
떻게 올라 가는지, 그곳은 어떻게 생겼는지 숨도 안 쉬고 물었다. 학
생은 그 속은 불이 없어 지금은 올라갈 수 없으니 내일 아침에 올라
가는 게 좋겠다고 하면서 위에서는 이 전체를 다 볼 수 있다며 올라
갔다 내려오는데 약 45분이 걸렸다고 한다. 오늘은 망루에는 올라갈
수 없으니 계곡 구경이나 실컷 하자고 생각을 바꾸어 망루 뒤편 벼
랑 끝으로 갔다.

어둠이 서서히 내리고 굴뚝에서는 메케한 냄새를 풍기는 연기가 흘
러 나온다. 난 이곳에서 밤 이슬이 어깨를 적셔 이가 덜덜 떨릴 때까
지 그렇게 혼자 서 있었다. 내 꼴을 본 구멍가게 아저씨는 화로에 얹
어놓은 주전자에서 붉은 물을 따라 주며 먹으라는 시늉을 한다. 따뜻
하고 달콤하다. 앵두 주스란다. 생전 처음 보는 동양인 여자에게 이
렇게 친절을 보여주는 구레나룻 수염이 더부룩 하고 깊은 주름이 가
득한 이 터키 아저씨! 아직도 그 아저씨의 따뜻한 마음을 잊을 수 없
다.

"카파도키아"란 페르시아 말로 "아름다운 말들의 땅"이란 뜻을 가

졌다고 하는데 이곳에 머무르는 동안 말(horse)은 한 마리도 보지 못하고 당나귀만 보았다.

(1) 카파도키아(Cappadocia)의 동굴교회

이 카파도키아 계곡에는 여러 개의 작은 도시들이 있는데 그 중 괴레메(Goreme)라는 동네에는 동굴교회가 수백 개가 있을 뿐 아니라 도자기로 유명한 아바노스(Avanos), 지하도시로 유명한 데린꾸유(Derinkuyu)와 케이막클리(Kaymakli), 적군의 공격을 망볼 수 있는 요새가 있는 위르굽(Urgup)과 오르타히사르(Ortahisar), 수도원이었던 세리메(Selime) 등이 볼만하다. 숨이 막힐 것만 같은 아름답고 신비

동굴교회(괴레메)

스러운 이곳의 자연경관을 어찌 다 말로 표현할 수 있을까?

이 계곡에는 석회암으로 기이하게 조각된 것 같은 바위산들이 여기 저기에 흩어져 있다. 이 바위산들의 봉우리는 용암으로 덮여있어 오랜 세월 견디어 오는 동안 비바람에 몸체가 깎여 나가 마치 버섯 형상으로 생겨 큰 버섯들이 자라고 있는 것처럼 보이고, 아이스크림 콘을 뒤집어 세워놓은 것 같은 모양, 또는 미국 남부의 KKK단원들이 쓰고 다니는 모자 같은 고깔형상으로 바위들이 즐비하게 서있는 계곡, 마치 요정이나 들어가 살 수 있을 것같이 뾰족한 탑처럼 생긴 돌들로 빽빽이 둘러 싸여 있었다.

초기 기독교인들이 로마의 학정을, 십자군들의 횡포를, 끊임없이 출정하는 아랍 군대를 피해 바위언덕을 파서 교회와 지하도시를 만들

었고 또 수천 개의 동굴을 파서 그들의 보금자리로 삼아 자연과 동화되어 하나님을 경외하며 살아 온 수많은 믿음의 조상들이 살았던 곳, 이곳이 바로 카파도키아다.

아랍말로 "보이지 않는 곳"이라는 뜻을 가진 동굴교회가 모여있는 괴레메(Goreme)로 가서 이곳에 있는 여러 개의 교회 중 특색이 있는 몇몇 교회들을 둘러 보았다. 동굴 안 교회 내부를 십자가 모형으로 만들었고 유난히도 아름답고 섬세한 프레스코(fresco) 벽화가 선명하게 남아있는 일명 사과교회(Apple church)로 불리는 엘마리 교회(Elmali), 이 교회 내부엔 최후의 만찬, 십자가에 못 박힌 예수님, 유다의 배반 등을 그린 벽화가 있었다. 벽화 그림 가운데 예수님의 손에 들려진 둥근 모양의 물체 모습이 사과처럼 생겼다고 하여 "사과교회"라는 이름이 붙여졌다고 한다.

둥근 돔의 형태를 한 천장에는 야자수 나무들이 그려져 있었고 천장과 벽에는 동물을 그려놓은 성 바라바(St. Baraba)교회도 바로 그 옆에 있었다. 너무나 예쁘게 생긴 오노프리스라는 한 여인이 뭇 남자들의 시달림을 견디다 못해 신에게 자기를 구해줄 것을 기원했고 하나님께서는 그 여인의 간절한 기도(?)를 들어주어 그 여인의 얼굴에 구레나룻과 풍성한 턱수염이 자라나게 만들어서 얼굴은 남자의 모습이고 몸은 그대로 여자의 모습으로 남게 하여 반남반녀(?)로 변신한 그녀의 모습이 벽화에 남아있는 일명 뱀 교회라고 불리는 일란리 교회(Yilanli). 이 교회 입구엔 무덤도 있었다. 물론 봉분을 만들지 않고 땅을 파서 관만 넣게 만든 묏자리를 말한다.

안내자의 설명에 의하면 교회 입구의 몇 군데

위. 일란리(Yilanli)교회 내부의 벽화 모습
아래. 벽화에 남아있는 오노프리스여인(가장 좌측 그림)

231

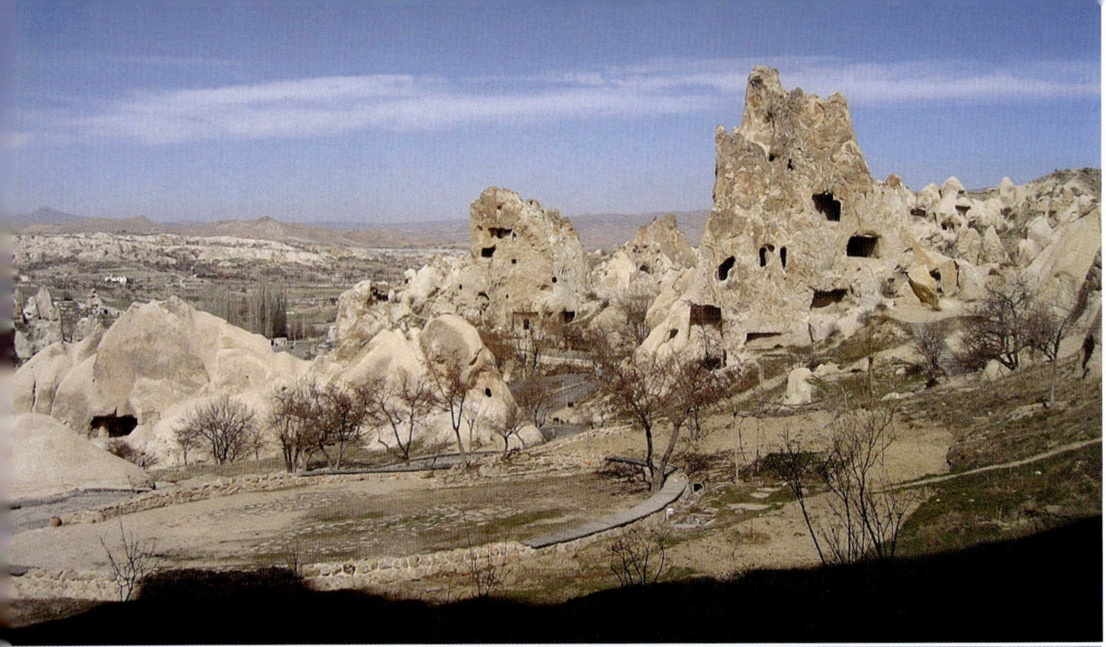
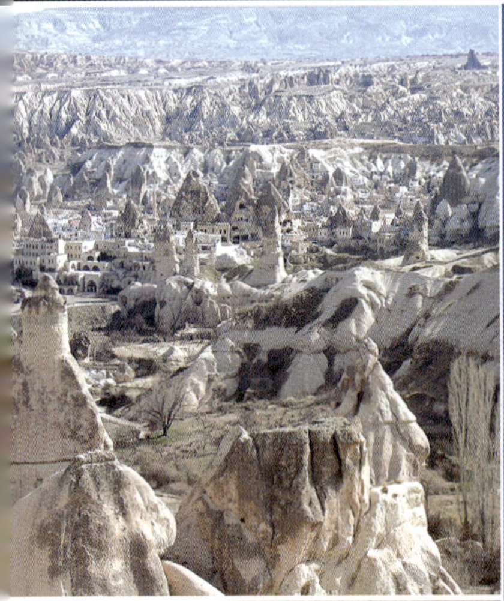
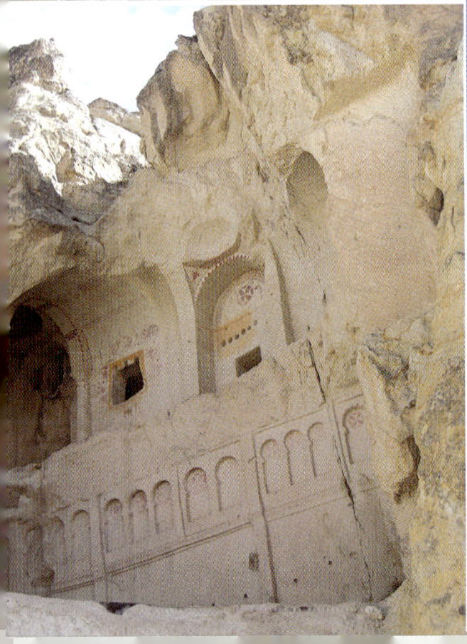
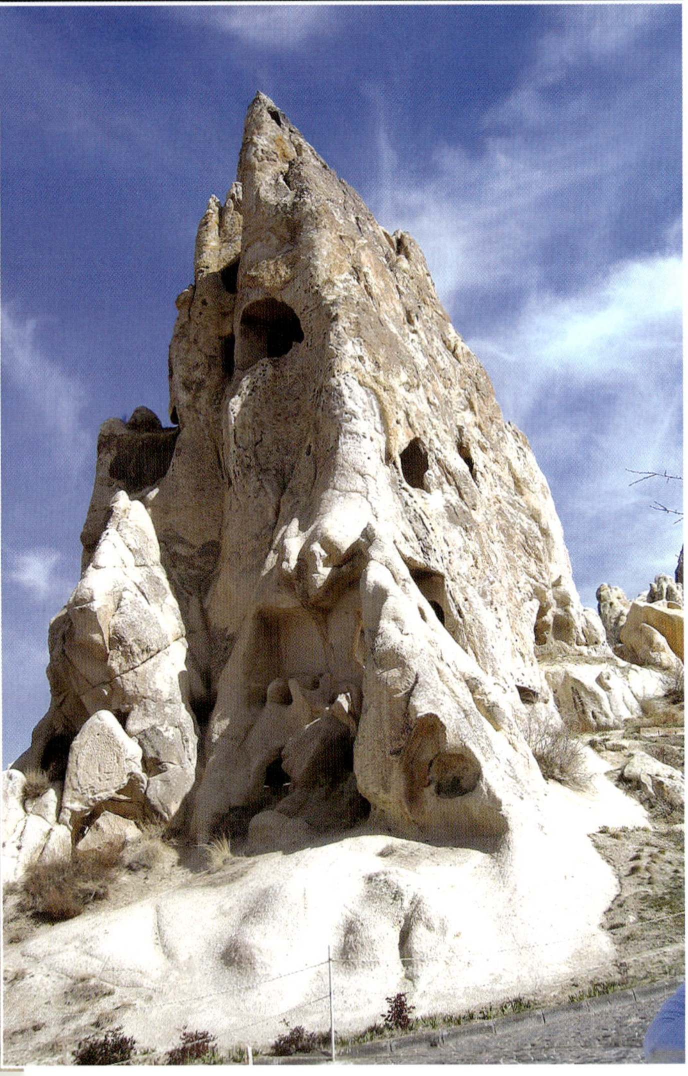

를 파서 부유한 사람들의 묏자리로 만들어 주고 그들이 희사하는 돈으로 이 교회를 관리하는 비용으로 충당했다고 하며 다른 교회에도 이런 곳이 제법 있었다. 특히 여러 교회 중에서도 성경에 있는 많은 사건들을 아름다운 벽화로 그려놓은 곳이 있었는데 오랜 세월이 지났음에도 불구하고 거의 원형에 가깝게 색깔과 벽화가 보존되어 있는 일명 암흑교회, 카란리크(Karanlik) 교회.

이탈리아의 한 성당에 서 있는 듯한 착각마저 들만큼 섬세하고 선명한 색채로 그려진 이 교회 동굴 벽에는 세 명의 동방박사가 예수님께 선물 드리는 그림, 아기 예수님의 세례식, 생선 한 마리만 놓여진 만찬 식에 참석한 12제자들의 모습, 못 박힌 예수님의 모습과 배신하는 유다의 모습 등이 그려져 있었다.

그토록 하나님을 앙망하고 혼신의 힘을 다하여 섬기던 그들의 후예들은 지금 여기저기 높이 선 모슬렘 회당 속으로 발길을 돌리고 수많은 텅 빈 동굴교회들은 이제 카파도키아를 찾아오는 관광객들에게 역사의 재조명지이자 각광받는 관광지로 변해 버렸다.

참으로 알다가도 모를 무수한 사건들이 우리 옆을 스치고 지나가는 바람처럼 어디로 그렇게 흘러 가 버리는 것일까?

푸른 하늘에 떠 있던 엷은 한 조각 긴 띠 같은 구름마저도 바람 따라 서서히 흩어져 버리고 고요함에 젖어버린 이 카파도키아는 언제 다시 옛 영화를 찾을 수 있을까?

(2) 카파도키아의 지하도시

카파도키아에는 약 36개가 넘는 지하도시가 있다고 하는데 그 중 가장 규모가 큰 약 10,000명 정도가 살았던 데린큐유(Derinkuyu)와 케이막클리(Kaymakli)가 대표적이며 어떤 것들은 지하에서 서로 연결되어 있어 아직도 크기나 깊이가 확실하지 않다고 한다. 이 개미집 모양의 지하도시들은 우연히 발견되어 보수공사를 마친 후 1965년부터 비로소 관광객에게 공개되었다. 모두 모양이 대동소이

왼쪽. 카파도키아의 이 모저모

233

하기 때문에 우리는 케이막클리의 지하동굴을 관람했다. 아직도 얼마나 더 깊이까지 지하도시가 만들어져 있는지 어느 다른 지하도시와 어떻게 연결이 되어 있는지 아직도 발굴작업을 하는 중이다.

이 케이막클리 지하도시는 약 8층 지하로 만들어졌을 것이라고 하며 현재는 안전하게 관광객이 볼 수 있도록 준비된 4층 깊이만 관람시키고 있었다. 이 동굴 속에 만들어진 통로 길이만도 약 30km나 된다고 하였다. 이 지하도시의 어떤 통로는 너무 낮아 허리를 구부려야 통과 할 수 있고 또 어떤 곳은 좁아서 뚱뚱한 사람들은 걸어 다니기가 힘들었다. 그래서 지하도시 내부를 자세히 구경할 수 없는 사람들을 위해 입구에서 동굴의 모형만을 보여주고 바로 출구로 나와야 했다. 동굴에 들어 갈 자신이 있는 사람들만 안으로 들어가 그들이 살았던 침실, 부엌, 예배당, 창고, 우물, 환풍구 등을 구경했다. 어찌나 설계를 잘 해 놓았는지 그 동굴 안을 다니면서도 숨이 답답하지도 않았거니와 고약한 냄새도 전혀 나지 않았으며 무척이나 쾌적한 상태였다.

빛이 들어오지 않아 등불이 필요했던 그들은 동굴 벽을 군데군데 움푹 파서 램프 자리를 만들어 놓았다. 지금도 동굴 벽은 그 등불에서 나온 연기의 그을음으로 인해 시커멓게 자국들이 남아있다. 또 음식을 조리했던 부엌처럼 보이는 곳의 천장은 연기에 의해 아주 시커멓게 그을려져 있었다. 지금도 이곳 사람들은 포도주, 과일들을 이러한 동굴에 보관한다고 하였다.

이곳은 사람들이 거주하던 거주지가 아니고 피난처와 창고로 쓰여졌다고 하며 예배를 볼 수 있도록 교회도

지하도시의 입구와 출구

만들어 놓았다. 지하도시 통로 군데군데는 둥근 맷돌 같은 모양의 큰 돌문이 있어 급습을 당했을 때 이 돌문으로 통로를 막아 자신들을 보호하였다고 한다.

외부에서 만들어 이곳으로 가져왔을 것이라고 추측되는 이 돌문의 두께는 55-56cm, 높이는 170-175 cm, 무게는 약 500kg 이라 하는데 내 힘으로는 꼼짝 달싹하지 않을 만큼 크고 무거웠다. 안내자의 말에 의하면 적군이 쳐들어 왔을 때 밖에서는 절대 열 수 없게 만들어졌다고 하였다. 혹여 그 문을 열고 침입했다고 해도 문을 여는 동안에 다른 길로 도망칠 수도 있고 또 제 2, 제 3의 이러한 돌문이 가로막고 있어 침입이 용이하지 않았을 것은 너무나 자명한 일이다.

■ 동굴내부 돌문의 모습

게다가 땅 속이라 빛이 없어 캄캄한데다가 미로 같은 통로는 어디로 가야 할지 알 수도 없을 뿐더러 잘못 들어 갔다가 돌아 나오는 길마저 잃어버려 그 곳에서 죽을 수도 있기에 침략자로부터 안전하게 그들의 생명을 보호 할 수 있었던 곳이 바로 이 지하도시였던 것이다.

그러면 어떻게 이 지하도시를 만들었을까? 화산재로 만들어진 이 돌산들은 단단한 강도가 그리 높지 않아 징과 망치로 두드리면 쉽게 흙이 부서진다고 한다. 그리고 그 부서진 흙을 들것에 담아 계곡에 내다 버렸다고 한다. 그러나 10명 20명도 아니고 10,000명씩이나 되는 많은 사람들이 모이는 곳을 개미가 집을 짓듯이 땅 밑으로 내려가며 짓는다는 것은 그리 쉽지만은 않았기에 이곳을 "one of the 8 wonders of the world" 라고 한단다.

여러 학자들의 연구가 진행되고 있지만 아직도 풀리지 않는 많은 의문들이 언젠가 그 베일을 벗으며 우리들에게 성큼 다가오길 기대해 보며 우리들은 도자기의 마을 아바노스(Avanos)로 발길을 돌렸다.

(3) 카파도키아의 도자기 마을 – 아바노스(Avanos)

괴레메 북쪽에 위치한 이 도시는 셀주크(Seljuk) 유목민들이 자리 잡고 살았다고 한다. 그 당시 셀주크 사령관이었던 에브라노스

(Evranos)의 이름을 따서 에브라노스라고 부르다가 오늘날의 아바노스로 바뀌었다고 한다.

원래 이 지역 사람들이 만들어 사용했던 물 항아리, 접시, 받침대, 그릇 등의 주방용기가 이곳을 발굴하던 고고학자들에 의하여 발견되었는데 지금도 이곳에 살고 있는 많은 사람들은 선조들이 만들었던 도자기를 그대로 이어 만들고 있었다. 이들은 아바노스에서 8km 북쪽에 위치하고 있는 산에서 나오는 흰 색깔의 흙과 강물이 싣고 내려와 퇴적되어 쌓여진 테라코타 흙(붉은 색깔의 흙)을 사용하여 도자기를 만든다고 한다. 이 흙으로 만든 토기들은 장식용으로, 그리고 식탁에 사용되는 그릇 등으로 많은 사람들에게 사랑받는 품목이며 이곳에서 만들어지고 있는 도자기들은 중국의 경덕진 도자기와 더불어 세계적으로 유명하다고 한다.

실크로드를 통해 들어와 유럽 사람들을 열광시킨 중국 청자의 영향을 받아 이슬람 인들은 그들만의 독특하고 아름다운 고유의 도자기 문명을 이루어낸 것이다. 그들만의 유약을 사용해 아름다운 색깔과 섬세한 무늬, 높은 화력으로 구워낸 질 좋고 아름다운 도자기 탄생에 성공하였다.

아바노스 마을로 도자기 만드는 재료인 흙을 날라다 준다는 키지리마크(Kizirlimak) 강을 가로지르는 다리를 지나니 한 눈에 마을 전체가 도자기 굽는 마을인 것을 느끼게 하였다. 집집마다 가게 앞에는 자기집에서 만든 독특한 무늬와 색깔이 어우러진 쟁반모양의 도자기들이 빽빽하게 걸려져 있었다. 벽에 걸려있는 이슬람 풍의 도자기에 그려진 아라비안 나이트의 동화 같은 작은 그림들을 보고 있노라니 그 속으로 나는 빨려 들어가는 듯 했다.

750년의 역사를 가지고 200년 동안 7대가 한 곳에서만 도자기를 만들어 온 피르카(Firca) 가문의 도공들과 그들의 작품들을 돌아보았다. 예외 없이 석회암 동굴 속으로 들어가며 공방들을 만들었고 그 속에서 도공들은 세분화된 작업을 하고 있었으며 천으로 머리를 씌운 곱게 생긴 이슬람 여인들이 구워진 도자기 위에 그리는 섬세한 그림들은 그들의 고운 모습만큼이나 아름답기 그지 없었다. 일종의 지하도시인 동굴 속의 전시장으로 들어가니 그 곳에 진열되어 있는 도자기들이 전등불의 조명을 받아 화려한 색깔을 내뿜으며 제각기 자기의 모습을 자랑하는 듯 하였고 도자기 속의 무늬들은 모두 살아 움직이는 듯한 같은 착각마저 들게 하였다.

특히 히타이트시대의 모양을 재현한 포도주 주전자 비슷하지만 모양이 멋들어진 항아리와 도자기들, 오토만 제국의 상징인 튤립과 카네이션 무늬를 넣어 만든 다양한 종류의 장식품들이 우리의 눈길을 사로 잡았다. 우리나라 고유의 은은하고 고요한 청자나 백자와는 판이하게 다른 이슬람의 도자기인 것이다. 각 방마다 여러 가지 다른 문양, 색깔, 용도에 따라 각각 구분해 진열되어 있어 보기에 아주 좋았다.

이곳 매니저인 알라딘이 마지막으로 우리를 데리고 들어간 방에는 도자기 모양은 다르지만 무늬나 색깔은 거의 비슷한 도자기들만 진열되어 있는 방이었다. 그는 이 무늬가 이 피르카 가문의 무늬라고 하였으며 유럽에서 발간되는 도자기 책들을 보여주면서 그 책 속에 실려있는 이 방에 있는 것과 똑 같은 무늬의 도자기 사진들을 보여주었다. 자기들의 작품이 매번 이 책자에 소개된다고 은근히 자랑하는 것이다. 그리고는 한쪽 벽에 전시되어있는 도자기들과 다른 쪽 벽에 있는 것을 비교하여 보여 주는데 나의 안목으로는 그것이나 이것이나 똑같아 보여 구분하기가 힘들었다. 그러나 알라딘의 설명에 의

왼쪽. 여러 다양한 모양의 도자기
아래. 도자기에 무의를 그려 넣는 장인들

하면 그 도자기는 그림 그리는 이들도 예술적인 감각이 뛰어난 숙련된 분들로 가문의 상징인 이 특별한 문양만 그릴 뿐더러 그림을 그리는 붓 자체도 다르며 붓도 오래 쓰지 않고 얼마만 쓰면 갈아치우는 등 아주 세심한 곳까지 신경을 써서 만들어 내는 그 집을 대표하는 "도자기"라고 하였다. 이 도자기들은 보통 한 작품에 약 62,000개 정도의 디자인을 그려 넣는데 한 사람이 약 40 일정도 걸려 완성한다고 하였다. 그래서인지 값도 상당히 비싸 아주 조그마한 소품 하나만도 몇 백 달러 선이며, 밥 먹는 접시 정도의 크기는 천 달러를 호가하기 때문에 여행 중에 그런 물건을 사기엔 부담이 갈 정도였다. 그러나 그렇게 귀한 작품들을 감상할 수 있다는 그 자체만으로도 가슴 뿌듯하였다. 구경을 마치고 동굴 밖으로 나오니 강렬한 태양빛에 눈을 뜰 수가 없다.

푸른 하늘과 상큼한 공기가 기분 좋다. 도시 아래로 구비구비 흐르는 강물은 태양빛에 반사되어 반짝이는 금강이 되어 흘러간다. 정말 카파도키아는 별천지다.

지금도 눈을 감으면 떠오르는 수많은 것 중에 이 도자기들도 들어 있다. 도자기 속에 그려진 작은 그림들, 어느새 이 작은 그림들은 예쁜 색깔의 옷들을 입고 꼬물꼬물 거리며 살아나와서 나에게 다가 오는 것 같다. 그 독특한 무늬와 색상의 도자기는 카파도키아와 더불어 나에게는 오랫동안 잊을 수 없는 기억으로 나의 뇌리에 남아있을 것이다.

(4) 카파도키아의 카펫마을 – 헤레케(Hereke)

우리들이 타고 다니는 자동차 중에 최고를 꼽으라면 많은 사람들은 영국의 '롤스로이스'라고 말할 것이고 정교하고 정확한 최상의 시계는 스위스에서 만들어지고 있는 '롤렉스' 시계라고 우리들은 알고 있다. 그러면 최고 상품의 카펫은 카파도키아에서 생산되는 "헤레케(Hereke)"가 최고 상품이라고 뉴욕에서 온 실내장식 전문가인 리차

오른쪽. 누에고치에서 실을 뽑아 카펫을 제작하고 있는 과정.

드가 얼른 귀띔해 준다. "헤레케?" 그런 카
펫이 있었던가?

나는 그런 이름을 한 번도 들은 기억도 없
고 더더욱 본 적도 없는 것 같다. 헤레케 카
펫 만드는 곳은 이곳 카파도키아에서는 도
자기와 함께 유명한 관광지로 또한 상품 전
시장으로 각광받는 곳이다. 이곳에서 우리
는 누에고치에서 명주실을 뽑아내는 것부
터 시작하여 염색을 하고 실을 만든 후 디
자인에 따라 여인들이 바닥에 앉아 손으로
여러 색깔의 실을 가지고 우리들의 어머니
들이 수틀에 수를 놓듯이 카펫을 짜는 모습
까지 자세히 볼 수 있었다. 마루바닥이나
타일바닥에 카펫을 놓고 살고 있지만 그것
이 어떻게 만들어지는 지 몰랐던 나는 오늘
처음으로 이곳에서 한 올 한 올 매듭을 만
들고 잘라서 크고 작은 카펫이 만들어지는
것을 보고 이때까지 카펫을 무심코 밟고 다
녔던 것이 내심 미안했다.

얼마나 많은 시간과 정성을 들여야 비로서
우리들이 바닥에 깔만한 카펫이 만들어 지
는 것일까?

보통 바닥에 까는 푹신푹신한 울 카펫
(wool carpet), 주로 벽에 장식용으로 쓰
이는 실크 카펫 (silk carpet) 그리고 바닥
에도 깔고 벽 장식도 하는 얇고 평평한 킬
림(kilim)이 있다는 것도 알았다.

터키 여인들이 결혼식 때 사용하는 카펫을

비롯하여 혼수 장만용으로도 이곳 여인들에게 있어 카펫은 필수품이다. 그래서 우리네 할머니들, 어머니들이 햇댓보에 수를 놓아 혼수품에 넣어 가듯이 이들은 카펫을 혼수 품에 넣어가기도 하고 그것을 팔아 결혼비용으로도 쓴다고 하였다. 사실 이곳 카파도키아를 구경하며 괴레메로 향하던 중 만난 어떤 소녀로부터 작은 사진첩을 산 적이 있었다. 그 예쁘고 총명해 보이는 아이가 나의 손을 잡고 자기집으로 들어가자고 하여 따라 들어가 그 소녀가 살고 있는 동굴 집을 방문한 적이 있다.

평평하지 않은 동굴 바닥이 온통 카펫으로 깔려 있었는데 동굴이라는 느낌이 전혀 없는 안락하고 아늑한 방이었다. 그 엄마는 이 바닥에 깔려있는 모든 카펫들을 자신이 직접 만들었다고 하였으며 또 코바늘 뜨기로 만든 화병 받침, 조그만 책상보 등은 지금도 만들어 팔고 있다고 하였다. 이토록 카펫은 이들의 일상생활과 밀접한 관계를 가지고 있는 물건이었다.

이스탄불 대학에서 경제학을 전공하고 카파도키아가 좋아 이곳으로 이주해 와 이 회사에서 매니저로 일하고 있다는 멋쟁이 아저씨에 호령에 따라 이런저런 카펫을 멋들어지게 던지듯 날리듯 펼치는 모습이 마치 라스베이거스의 "쇼"를 구경하는 것 같았다. 색상도 무늬도 너무나 아름다워 사고 싶은 욕망이 꿈틀꿈틀 하였다. 큰 것부터 점점 크기는 작아져도 색상과 그림이 아름다운 카펫들을 보여주는데 끝이 없다. 그 중 제일 나중에 보여준 조그만 벽 장식용 실크 카펫은 자그마치 120,000달러나 호가한다고 하여 우리들은 앞 다투어 달려나가 만져 보았다. 매끄럽고 보드라우면서도 섬세한 그림이 마치 붓으로 그린 듯 정교하고 선명하여 이것이 그림인지 카펫인지 구별하기조차 힘들었다.

리차드와 레이는 손님에게 팔 "헤레케" 킬림들을

위. 동굴집
아래. 120,000달러짜리 실크 카펫

주문하고(Richard 는 뉴욕에서 인테리어 디자이너로 일함) 쉘리도 자기 방 벽에 건다고 이것저것 킬림을 들었다 놓았다 하더니 결정을 하였는지 몇 개를 둘둘 말아서 계산대로 가고 나만 아무것도 건지지 못한 채 아쉬운 마음으로 버스에 올라탔다. 갖고 싶다고 다 가질 수 없는 법. 눈요기라도 실컷 했으니 시쳇말로 땡 잡은 거지!

세상에서 제일 비싸다는 120,000달러짜리 카펫도 사진을 콱—찍어 놓았고 명주실 뽑는데서는 번데기도 한 마리 날름 먹어 치웠으니 "헤레케"는 이제 내 머리 속에 콕 박혀 있을 거라고 남편 머리 뒤통수를 쩨려보며 혀를 쏙 내밀었다.

OK! Let's go to next destination.

4. 악사라이(Aksaray)

■ 캐러밴서리의 정문

겨우 배운 터키 말 몇 마디 "좋은 아침"이란 뜻의 "멜하바" (merhaba)와 "감사"하다는 말과 "귈레귈레"를 연신 써 먹으며 며칠 동안 머물던 "요정들의 나라" 카파도키아를 떠나 악사라이로 다시 나왔다.

하얀 궁전이라는 뜻을 가진 이 도시는 앙카라에서 남쪽으로 내려가는 교통의 요지이고 벤츠 트럭을 만드는 공장이 있으며 밀, 보리, 사탕수수 등을 재배하는 농경지가 있는 도시이다. 이스탄불에서 중국의 시안까지 장장 8000마일이나 되는 실크로드를 다니며 장사하는 상인들의 편의를 도모하기 위해 터키 영토에 군데군데 여인숙 같은 것을 만들었는데 그것을 캐러밴서리(caravansary)라고 부른다.

터키에는 실크로드 중간 중간 도시에 낙타, 짐 그리고 상인들이 편히 쉴 수 있도록 군인들이 보호하며 정부 차원에서 운영했던 약 55개의 캐러밴서리가 있는데 그 중 가장 크고 잘 보존되어 있는 곳이 바로 이 악사

위. 캐러밴서리의 설명

아래. Nasreddin Hoca 동화집의 표지

라이에 있는 "술타하니" 캐러밴서리다.

11세기 비잔틴 시대에는 이 실크로드를 다니는 상인들을 보호하기 위해 군인들이 이 길(road)만 통제하다가 13세기에 들어서서 여러 개의 캐러밴서리를 지어 상인들에게 제공하여 편의를 도모하였다고 한다. 보통 낙타 한 마리가 평균 700 파운드 정도의 짐을 나를 수 있다는데 이런 낙타 약 500 마리가 한꺼번에 이 캐러밴서리에 머무를 수 있다고 하니 얼마나 큰지 그 크기를 가히 짐작할 만하다. 이 캐러밴서리 내부는 상인들이 겨울에 쉬는 곳과 여름에 쉬는 곳이 구별되어 있었으며 짐 보관소와 낙타가 쉴 수 있는 곳이 따로따로 마련되어 있었다. 또 이 건물은 돌 벽으로 높게 성처럼 쌓았고 각 모서리에는 망루도 세워 놓았으며 도난 방지를 위해서인지 창문도 천장 가까운 곳에만 뚫어 놓았다.

캐러밴서리는 입구도 한 군데만 만들어 놓았고 그 입구를 군인들이 통제하였기 때문에 그들의 낙타나 교역하는 물품들이 도둑 맞을 염려 없이 상인들이 안심하고 편히 쉴 수 있었다고 한다. 또 캐러밴서리 제일 중앙 가운데는 작은 이슬람 성전을 만들어 놓았기 때문에 항상 그들의 알라신에게 기도할 수 있도록 배려하였다.

세월도 무심하여 실크로드를 다니던 거상들의 안식처로 각광 받아 왔던 캐러밴서리는 이제 관광명소로 변신하여 그 당시 쓰여졌던 부서지고 녹슨 물건들만이 초라하게 한 곳에 진열되어 있었다. 낡고 녹슨 재봉틀, 그릇, 주전자, 연장들과 낙타에 쓰여졌던 물건들이 그냥 땅바닥에 놓여져 있었다. 지붕 가까이 높은 돌 벽 사이에는 비둘기들이 구구거리며 날아다니고 벽은 비둘기 똥으로 횟가루를 칠한 것처럼 되어 버렸다.

땅 바닥에 굴러다니던 돌멩이들이 그때의 이야기를 들려 주려는 듯 꿈틀거리는 것 같았고 마치 저편에 앉아서 쉬던 낙타가 큰 눈을 껌벅거리며 일어서서 우리를 향해 오는 듯한 착각도 잠시, 휑하며 부는 바

242

위. 콘야에 있는 사원
아래. 코란

람은 바닥에 흩어져있던 지푸라기들을 한 곳으로 몰아 놓는다.

왜 이다지도 마음이 허전한가? 특별이 눈에 띄는 물건도 없는 아주 평범한 조그만 기념품 가게가 캐러밴서리 앞에 있어 우리들은 우르르 그곳으로 몰려 갔다. 가게 책꽂이에는 자기보다 작은 당나귀를 올라타고 있는 큰 터번을 두른 할아버지가 표지에 그려져 있는 먼지가 뽀얗게 앉은 "나스레틴 호카(Nasrettin Hoca)"라고 쓰여진 볼품없는 동화책이 나의 시선을 끌었다.

책은 비닐로 쌓여져 있어 속을 볼 수가 없다. 아무리 이곳 저곳 뒤져봐도 영어로 번역된 것은 없고 일본어 번역판만 눈에 뜨인다. 셀주크 시대에 살았던 나스레틴 호카라는 할아버지가 들려주는 재미있는 이야기를 모은 책이라는데……

터키를 떠날 때까지 기회가 있을 때마다 책가게에 들어가 물어 보았지만 영어판이나 한국어 판은 영영 구입할 수 없었다. 그 책이 어떤

메블라나 사원과 내부　책인지는 아직도 궁금하다.

5. 콘야 (Konya)

저 멀리 보이는 눈 덮인 하얀 타우러스(Taurus) 산은 구름 한 점 없는 파란 하늘과 어우러져 한가로움과 풍요로움을 자아냈고 흥분과 즐거움에 도취된 우리를 태운 차는 온통 길을 전세 낸 듯 막힘 없이 콘야를 향해 달려간다.

콘야는 터키 중부 아나톨리아에서 앙카라 다음으로 큰 도시이다. 또한 이 도시는 "월링 더비쉬(Whirling Dervish)" 로도 유명하다. 옛날 셀주크의 수도였던 이 도시에는 그 시대의 수많은 건축물들과 모슬렘 회당들이 현대 건축물과 함께 공존하고 있었다. 특히 16세기 셀주크 건축가 시난이 지은 메블라나(Mevlana) 사원과 그 옆에 있는 박물관, 타일과 도자기 박물관, 그리고 세 개의 신학교는 관광객에게 가장 유명하다.

타일 박물관에서는 셀주크 시대에 만들어졌던 중국의 청화 도자기와 비슷한 색상과 모양으로 만들어진 쟁반, 화병, 식기류, 장식품, 타일 등을 볼 수 있었다. 특히 어떤 타일에는 그 당시 생활 모습들을 생생하게 그려놓아 당시 사람들의 의상과 생활상을 엿볼 수 있어 역사적으로 귀중한 자료가 될 것 같았다.

에메랄드 색상의 타워가 독특한 메블라나 박물관 안에는 많은 술탄들의 관들과 여러 가지 색깔의 터번(turban), 메블라나가 사용했던 그가 직접 쓴 여러 권의 코란, 또 그 당시 사용했던 악기들, 순금으로 장식한 도자기들, 손으로 짠 양탄자 등을 볼 수 있었고 박물관 바깥 마당에는 여러 구의 묘와 비석들이 세워져 있었다. 이곳은 이 나라 사람들이 매우 성스럽고 경건하게 여기는 곳이라서 짧은 바지나 미니스커트 같은 옷을 입고는 입장이 되지 않는다. 실내를 들어갈 때는 신발 위에 덮개를 씌워야 했고 여자들은 머리에 수건을 써야만 했는데 외국인에게는 강요하지 않았다.

매년 이 박물관 안에서 행해지는 월링 더비쉬는 알라신을 기억하자는 종교의식으로 시작하였지만 지금은 관광객들도 구경할 수 있게 허락한다고 하였다. 이 월링 더비쉬의 창시자인 메불라나는 아프카니스탄에서 학자인 가정에서 태어나 부모님들과 이곳 콘야로 옮겨와 죽을 때까지 이곳에 살다가 이곳에 묻혔다. 그는 특히 그 당시 사회에서는 획기적인 인간의 자

콘야의 저녁
오른쪽. 메블라나 사원
의 모습과 그 내부

유, 일부일처제를 주장하였다고 하였다. 이처럼 독특한 종교의식인 휠링 더비쉬는 남자들로만 구성되어있다. 이들은 머리에 비석처럼 높은 모자를 쓰고 하얀 짧은 윗도리와 긴 치마를 입고 양손을 높이 위로 들고 하늘을 향해 서 있다. 그리고 오른쪽 손바닥은 하늘을 향하게 하여 하늘로부터의 많은 축복을 받게 하고 왼쪽 손바닥은 땅을 향하여 그 받은 축복을 땅에 있는 모든 이들에게 골고루 나누어 주는 상징하는 자세를 하고 있다. 이러한 자세로 서서 계속 한 방향으로 어린아이들이 "맴맴" 돌듯이 약 10분 정도 돌다가 멈추고 무릎을 꿇고 잠시 쉬고는 다시 도는데 약 4번을 반복한다고 하니 약 40분을 계속 한 방향으로 도는 셈이다. 네이(Ney)라고 불리는 플룻(flute) 같은 악기와 북으로 장단을 맞추며 의식이 진행된다. 이 의식이 끝나면 다른 장소로 옮겨 밤이 새도록 파티를 한다고 하였다. 이렇게 그들이 도는 것은 지구가 태양을 도는 것을 상징하는 것이라 하였고 또 긴 치마는 인간의 추한 본성인 욕심과 이기심을 가리는 상징적인 표현이라고 하였다.

호텔에 돌아와 창문을 여니 도심인데도 공기가 시원하고 상쾌하다. 침대 옆 테이블 속에서 아주 멋있는 카펫 한 개를 발견하였다. 헤레케에서 들은 상식을 동원하여 자세히 살펴보니 꽤나 좋은 물건 같았다. 옆방에 쉘리에게 가서 그 방에도 이런 카펫이 있는지 확인을 하고 만일 손님이 남기고 간 것이라면 어떻게 처리를 할까?

헤레케에서 남편의 말을 잘 순종하여 한 개도 사지 않아 하나님이 나에게 준 선물일지도 모른다고 생각하니 갑자기 신이 난다. 결국은 공짜로 헤레케 카펫 하나 갖게 되는 거다. 이거 혹시 비싸고 좋은 것 아닐까? 정말 나는 운이 너무 좋아 "땡" 잡는 거다.

마침 쉘리의 방에 가 확인해 보니 같은 카펫이 그 방에도 있는 것이 아닌가? 알고 보니 그 카펫은 이 호텔에 머무르는 모든 이슬람교인 손님들이 기도할 때 무릎에 깔고 쓸 수 있게 배려해서 방마다 비치해 놓은 호텔 비매품이었다. 아뿔싸! 이리하여 헤레케 카펫은 나의 일장춘몽과 함께 영원히 사라지고 말았던 것이었다.

창 밖을 내다 보니 회색 빛 하늘은 붉은 노을이 물들어 가고 붉은 노

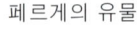
페르게의 유물

을 속에 우뚝 솟아있는 검은 첨탑에서는 낭랑하게 들려오는 코
란 경 읽는 소리가 울려 퍼진다.

6. 페르게(Perge)

하얀 함박눈이 펑펑 내리는 3월의 타우루스 산!

우리는 하얗게 눈 덮인 타우루스 산을 넘어, 온통 파란 물감을 뿌
려 놓은 듯한 들판을 지나, 비가 주룩주룩 내리는 남부의 항구 도
시이며 관광지인 안탈리야(Antalya)로 들어 왔다.

기원전 18세기부터 히타이트족이 살았던 그리고 그 이후에도
수 많은 민족들의 침략과 멸망, 또 새로운 민족의 탄생이 수레바
퀴 돌듯 이루어져 왔던 도시다. 역사의 현장이며 고고학의 보고
를 지닌 여러 유적지가 이 도시 주위에 산재해 있어 이곳 저곳
둘러 볼 수 있어 우리도 이곳에 머물기로 했다.

페르게(Perge), 아스펜도스(Aspendos), 지금도 땅 속에서 불
길이 솟는다는 올림포스(Olympos, Ολυμπος), 시데(Side), 테르
메소스 (Termessos) 등의 유적지가 이 주위에 몰려 있다.

대리석 조각들

우리들은 이곳을 방문한 관광객들은 꼭 보아야 한다는 유적지 페르
게(Peger)로 향해 떠났다. 우산을 마다하고 부슬부슬 내리는 비를
맞으며 BC 1000년 전의 동네 페르게로 들어갔다. 비에 젖어 땅바닥
에 굴러다니는 부서진 대리석 돌 조각들을 자세히 보면 한결같이 사
람의 얼굴 형상, 꽃 무늬, 나무 잎새모양들이 섬세하게 새겨져 있었
다.

와~ 이 귀중한 인류의 유산이 비를 맞으며 이곳 저곳 부지기수로 널
려져 있다. 나는 흥분하여 이 돌덩어리를 보는 족족 사진을 찍기 시
작했다. 한없이 너 부러져 있는 이 귀중한 유물들. 언제 제자리를 찾
아 복원을 할 것인가?

지금 복원 중인 14,000명의 관객을 수용할 수 있다는 극장, 12,000명
을 수용할 수 있는 길이 234미터, 너비 34미터 크기의 운동 경기장,
시내 한 복판 중심지에 자리잡은 상가들, 남성 전용 목욕탕, 온천장,

사원, 분수대 등이 도로구획에 따라 질서 정연히 세워져 있었고 입구
엔 돌문이 몇 군데 만들어져 있었다. 상가 주위로는 이오니아식, 코
린트식의 돌기둥들이 즐비하게 늘어져 있었고 물건을 나르는 마차
나 당나귀가 지나다니던 길과 사람들이 다니는 인도가 구분되어 있
었다.

사람들로 북적거렸던 상가가 있었던 자리에는 부서진 돌 들과 잡초,
들꽃들로 덮여있고 그 옆으로 수 많은 부서진 대리석 돌기둥들이 누
워 있어 세월의 무심함이 야속스럽기까지 하였다. 상가 제일 가운데
에 있는 돌집은 사원이라고 하였으며 이는 상인들이 언제라도 들어
가서 기도 드릴 수 있게 배려했던 것을 알 수 있었다.

페르게는 언덕 위의 사람들이 사는 주택가와 언덕 아래 상가가 형성
되어 있는 동네로 구분 되었고 이 두 동네가 넓은 길로 연결이 되어
있는 제법 큰 도시였다. 처음 동네가 시작되었던 곳이 산 언덕 주택
쪽이어서인지 그곳에서 상가 쪽으로 내려오는 길이 있었는데 그리

아래. 페르게의 유물
남성 사우나
오른쪽. 페르게의 상
가와 극장 , 상가 입구
의 모습

넓지 않았다. 그러나 언덕 아래 있는 평평
한 길은 언덕에 있는 길에 비해 아주 넓으
며 길 양쪽에 높은 대리석 기둥을 약 10미
터 간격으로 세워 놓았고 이 대리석 기둥
윗부분에는 정교하게 조각이 되어 있었다.
또 이 길 중간 중간에 목 마른 행인들이 물
을 마실 수 있는 수도 같은 곳도 마련되어
있었다.

길 양편에 서 있는 대리석 기둥들의 모양도
가지각색이었는데 이는 오랜 세월이 흐르
는 동안 그곳에 자리잡고 살았던 민족들이
각기 자기들이 살던 시대의 특색을 표현하
여 만들어 졌기 때문에 어떤 것은 이오니아
식 어떤 것은 코린트식 등등으로 모양이 다
르다고 하였다.

페르게의 이곳 저곳을 구경하는 동안 계속
해서 내리던 보슬비도 끝나고 동쪽 하늘에
는 파란하늘이 하얀 뭉게구름과 어우러져
군데군데 우뚝 서 있는 대리석 기둥과 어울
려 더 더욱 멋들어지게 보인다.

7. 아스펜도스(Aspendos)극장

터키의 남 중부, 지중해 연안의 도시 안탈
리아에서 동쪽으로 약 40 킬로 떨어져 있
는 아스펜도스시에 있는 이 야외극장은 기
원 후 2세기 아스펜도스의 유명한 건축가
제논(Zenon)에 의해 세워진 지름이 95 미
터나 되는 반달모양의 극장이다.

약 15,000명의 관객을 수용할 수 있다는 대극장으로 처음 이 극장을 만들었을 당시에는 나무로 천장을 만들어 무대까지 연결하여 음향 효과를 높였다고 한다. 그러나 지금은 나무로 된 천장은 다 없어지고 돌로 만든

아스펜도스 극장의 관객석

문이 3개나 되는 무대, 양쪽 반 원의 끝부분에 만들어진 높은 관리들이나 제사장들의 관람석, 그리고 위 아래 두 섹션으로 나누어져 있는 보통 관객들이 앉는 관람석만 남아있다. 아래 좌석들은 남자, 위의 좌석들은 여자들만이 앉아 관람했다고 한다. 나는 안내원으로부터 자세한 설명을 듣기 전에는 이 극장이 야외극장인 줄 알았다

보존상태가 가장 잘 유지되어 있다고 자랑하는 이 극장은 사실 좌석 맨 위에 세워진 수십 개의 둥근 돌기둥 중 5개만 빼고는 모두 원형을 그대로 지키고 있다 하니 정말 감개무량하다. 나는 동행한 남편에게 무대에 올라가서 노래 한 번 불러 보라고 청했다.

'파파로티나 도밍고 쯤 되어야 감히 노래를 부를 수 있는 무대인데, 이런 훌륭한 무대에 언제 서 볼 수 있겠느냐고 이런 기회가 다시 오지 않을 테니 사양하지 말라' 는 등등...

남편은 용기를 내어 무대에 올라는 갔는데 갑자기 아무 곡도 생각나지 않는지 그냥 우물쭈물하고 서 있다. 외국 관광객들도 있으니 오페라 아리아 한 곡조 뽑을 수 있으면 좋으련만 실력은 조용필의 "돌아와요 부산항" 정도 밖에 안 되니... 어이할꼬!

드디어 관객석을 향해 절을 하고 숨을 조절하는 듯 하더니 노래를 시작하려는 것 같다. 나는 관람석에서 얼마나 노래가 잘 들리는지 알아보기 위해 제일 한 가운데 위쪽 여자들이 앉았다는 곳에 자리를 잡았다. 드디어 내 귀에 들리는 노래는 "우리의 소원은 통일"이다. 음치 수준인 남편의 목소리는 또렷하게 내 귀를 때린다. 천장이 없는 상태

에서 이 정도라면 천장이 있었을 땐 공명이 되어 얼마나 더 잘 들렸을까? 남편이 내려오자 다른 사람도 무대로 올라간다. 순식간에 출연자의 긴 줄이 생겼다. 갑자기 각 나라에서 온 이름없는 가수들의 콘서트가 열리기 시작했다.

무대와 관람석 사이엔 반원 모양의 평평한 공간이 있고 이 한 가운데는 제사를 지내는 상이 놓여져 있다. 공연 전에 언제나 이 상 위에서 제사 지낼 동물을 죽인 후 내장은 불태우고 피로 제사를 지낸 다음 공연을 시작했고 공연이 끝난 후에 모든 연기자들은 그 제사 지냈던 고기와 음식들을 먹으며 후럼 잔치를 하였다고 했다.

관객석 제일위로 뛰어 올라가 보니 무대 너머 저 멀리 허물어진 아스펜도스 마을이 보인다.

이 기막히다는 대극장을 뒤로하고 우리들은 안탈랴야로 다시 돌아오는데 계속해서 겨울비가 주룩주룩 내린다. 지중해에 손이라도 담궈야 하는데 이렇게 비가 오니 내일이나 바닷가에 나가 봐야지.

저녁식사 시간이 되어 식당에 들어가 일렬로 진열해 놓은 음식들을 보니 오늘 저녁식사는 내가 한국의 어느 호텔식당에서 먹는 건지 터키에서 먹는 건지 구별이 되지 않을 만큼 한국음식 비슷한 것들이 즐비하다. 한국 토종 상추에다 소고기전까지 있으니 가져간 고추장에다 상추쌈을 싸먹으면 밥맛이 꿀맛이겠다.

타우러스 남쪽 지대에는 채소를 많이 재배한다고 하였는데 이렇게 한국 토종상추까지 있는지는 몰랐다. 이 나라에서는 어디를 가도 쌀밥이 있고 세상에서 제일 맛있는 터키 오이(터키에 가시면 꼭 오이를 맛볼 것), 토마토, 호박, 가지, 오크라 등의 채소로 만든 음식이 즐비하지만 대부분 음식에는 그들이 즐겨먹는 요구르트를 넣어서 시큼한 맛이 돈다. 올리브도 여러 가지 종류가 나오고 특히 기름에 튀

▋아스펜도스 극장의 정면과 극장의 무대 모습

꿀이 들어있는 벌집

긴 후 다시 꿀에 저며서 만드는 대부분의 후식들은 나에게는 너무 달았다.

젠자이(단팥죽) 비슷한 후식도 있었는데 일년에 한두 번 먹는 귀한 음식이라고 꼭 맛보라고 먹어 보았다. 우리들이 먹는 단팥죽보다는 많이 묽었다. 또 얇은 밀가루 또띠아 같은 것에 치즈를 넣고 반으로 접어서 올리브 기름철판에 지져 주는데 짜지만 않으면 얼마든지 먹을 것 같았다. 꿀은 벌집을 통째로 따와서 쟁반에 담아 나왔기 때문에 우리들은 정말로 진짜 꿀을 빵에 찍어 먹어볼 수도 있었다.

견과류도 아주 여러 종류로 우선 말린 살구를 비롯하여, 피스타치오, 호두, 땅콩, 무화과, 건포도, 밤 등등이 아주 맛이 있었고 특히 밤은 약간 시들시들하여 날밤으로 먹기엔 안성맞춤, 너무 맛이 있어 한 보따리 사서 차에 넣어가지고 다니며 시도 때도 없이 맛있게 먹었다. 특히 우리 깔끔한 운전수 악금이의 눈치를 봐가며 땅콩도 차 안에서 절대로 먹을 수가 없고 차가 잠시 쉬면 우리들 모두 차 밖으로 나가서 땅콩을 까 먹고 들어왔다.

숱(Sut)이라고 불리는 터키 우유는 한국에서 마시는 우유처럼 조금은 찐득찐득한 그런 우유여서 아주 맛이 있었고 체리주스, 석류주스 등은 꼭 마셔보기를 권할 만큼 최고의 맛이었다.

8. 안탈라야의 터키식 목욕탕

내가 터키를 간다고 하니 많은 사람들이 터키를 가면 캔디의 일종인 터키쉬 딜라이트(Turkish Delight)와 목욕(Turkish bath)을 이야기하며 꼭 먹고 목욕도 해 보라고 권하였다. 지금 한국은 찜질방 문화가 대단하여 곳곳에 찜질방, 사우나, 목욕탕이 많이 있다. 그 옛날 터키에도 목욕탕이 없는 도시가 없다시피 곳곳에서 목욕탕, 사우나를 이용했던 흔적들이 남아 있었다.

비도 오고 다리도 아프고 해서 목욕을 하면 얼마나 좋을까 상의 끝에 우리 모두 5명은 호텔 부대시설로 만들어 놓은 목욕탕을 찾아 갔다. 목욕 값을 지불하고 타월과 가운을 받아 탈의실로 가서 수영복으로 갈아 입고 목욕탕으로 들어갔다. 가득한 김 속으로 희미하게 보이는 목욕탕 안은 한 가운데 대리석으로 만든 마루 같은 것이 있는데 여러 명이 누울 수 있을 만큼 컸다. 그 주위를 빙 둘러 서있는 벽에는 대리석으로 만든 세면대가 놓여져 있었으며 그 위로 수도꼭지가 매달려 있어 물의 온도를 조절하게 되어 있었다. 물론 이 세면대는 물이 빠지는 곳이 없는 그냥 뜨거운 물을 담아서 온몸에 뿌릴 수 있도록 되어있는 말하자면 우리들이 쓰는 세수대야 같은 것이었고 그 옆에는 구리(copper)로 만든 바가지 대용품이 세면대 옆에 놓여 있어 그것으로 물을 담아 몸에 끼어 얹는다. 아무리 둘러봐도 김이 모락모락 나는 목욕탕은 없다. 뜨끈뜨끈한 물 속에 들어가면 피로가 확 풀릴 거라고 생각했는데 어떻게 한담……

우선 뜨거운 물을 대리석 세면대에 틀어 놓고 예쁜 구리로 만든 바가지 같은 것으로 물을 담아 온 몸에 끼얹으니 조금은 훈훈해지는 것 같다. 먼저 들어온 사람들이 대리석 마루 위에 누워 있는데 남자 여자가 뒤섞여 누워 있었다. 쉘리와 나도 그들 옆에 자리를 잡고 누워 보았다. 대리석 마루바닥은 딱딱하였고 미지근하였다. 흡사 우리네 온

터키 목욕탕

돌방 같은 느낌이다. 무슨 목욕을 이렇게 하나? 탕 속에 들어가지 않았으니 때가 불지도 않을 거고...

잠시 후 젊은 청년이 내 이름을 부른다. 여자 손님은 남자들이 남자 손님들에게는 아름다운 미녀들이 목욕을 시켜 주는 것 같다. 내가 대답을 하니 자기가 내 담당이란다. 그리고는 타월을 대리석 바닥에 깔더니 날더러 배쪽으로 누우라는 시늉을 한다. 수영복도 위는 벗으란다. 에라 모르겠다, 이왕 들어 왔으니 시키는 대로 할 수 밖에⋯⋯

누워있는 내 등쪽으로 미지근한 물을 몇 바가지 휙 휙 뿌리더니 면장갑 낀 손으로 온 몸을 살살 문지른다. 때를 미는 건지 간지럼을 태우는 건지 도무지 감을 잡을 수 없다. 이번에는 차가운 물을 온 몸에 휙휙 뿌린다. 그리고는 하얀 면 자루 속에 비누 거품을 잔뜩 넣어와선 몸 위로 비누거품을 쭉쭉 짜서 온 몸을 거품으로 덮게 해 놓았다. 조금 후 발부터 시작하여 위로 올라오면서 이 비누 거품을 이용하여 부드럽게 마사지를 한 후 다시 찬 물을 뿌려 비누거품을 제거한다. 그리고는 끝이란다.

세상에⋯⋯ 처음 시작부터 끝까지 약 20 분 정도밖에 안 걸렸다. 일분에 $1.50꼴이다. 돈이 아깝다. 이렇게 시시한 줄 알았다면 안 하는 건데... 억울하지만 이제 터키식 목욕이 무엇인지 알았으니 공부한 셈 치자고 나 자신에게 타이른다.

리차드와 로렌스 그리고 쉘리는 너무 좋다고 기회가 있으면 또 하겠다고 난리지만 난 엘에이에서 하는 찜질방, 때밀이와 비교해 볼 때 너무 형편없어 본전 생각만 났다. 난 온몸이 더 찌부둥한 것 같아 뜨거운 스팀 사우나 방으로 들어갔다. 생각할수록 너무 시시한 것 같은데 왜 사람들은 꼭 해보라고 했을까? 이름만 멋있고 실속은 형편이 없어 쓸쓸한 마음으로 방으로 돌아왔다. 다시는 안 하겠다고 다짐하면서, 한국의 때밀이를 터키로 수출하면 어떨까 하는 생각을 해본다.

9. 테르메소스(Termesos)

안탈랴에서 아프로디시아스로 가는 길목, 서북쪽 약 30 킬로미터쯤 가면 타우러스 산맥의 첩첩 산들이 빽빽하게 둘러 싸여 있다. 제법 산세가 가파르며 험악한 이 산속에 테르메소스라는 동네가 있다. 해발 1050 미터 고지 험준한 산 꼭대기에 자리하고 있다는 이곳에 다다르니 회색 빛 하늘에서 함박눈이 펑펑 쏟아진다. 기원전 3 세기 알렉산더 대왕의 군대가 전 유럽을 휩쓸며 승전고를 올렸지만 오로지 함락시키지 못했던 유일한 곳, 그곳이 바로 테르메소스란다.

함락에 실패한 군인들은 이곳에 자라던 올리브 나무에 불을 질러 태워버리는 것으로 대신했고 두려움에 우왕좌왕하던 사람들을 안전한 곳으로 길을 안내해 준 이 산속에 이

타우러스 산자락에 있는 식당에서
아래. 식당 화장실 그림

리떼들은 지금도 이곳 사람들에게 아주 특별한 동물로 취급되고 있다고 했다.

그 후 많은 사람들이 바닷가 쪽으로 서서히 옮겨 가면서 AD 5세기경에는 완전히 폐허가 되어 잃어버린 도시다. 쉴새 없이 펑펑 퍼부어대는 눈발이 순식간에 온 세상을 하얗게 만들어 버렸다. 하얀 산, 하얀 나무, 하얀 길 외엔 아무도 살지 않는 적막한 하얀 동네 테르메소스. 왈칵 슬픔이 밀려오며 코 끝이 찡 한다. 우리들은 이곳에 조금이라도 더 머물고 싶은 마음으로 산자락에 있는 아무 식당이라도 좋으니 들려 따뜻한 터키쉬 커피나 한잔 하고 가자고 의견을 모은 후 카페 비슷한 곳이 나타나자 마자 서둘러 차에서 내려 우르르 몰려 들어갔다. 식당 한 가운데에는 장작불이 활활 타고 있는 화덕이 있어 식당 안을 훈훈하게 해 주었고 통나무로 지은 식당 안의 분위기는 이 산과 잘 어울리게 장식되어 있었다. 특히 여기저기 통나무 벽에 장식하여 놓

은 셀주크 오토만 시대의 골동품들이 아주 멋진 분위기를 연출하였다. 화장실 벽에 그려놓은 남자 화장실 표지판과 여자 화장실 표지판도 유머러스 하다.

 아~ 이런 곳에서 쉬어가면 얼마나 좋을까? 악금이 우리 운전 기사가 또 가자고 조른다. 예정된 장소와 예정된 시간에 맞추어야 하기 때문이라고 이해해 보지만 어떨 때는 너무 보채는 것 같아 우리는 가끔 게으름을 부려 악금이를 골려 주기도 한다.

눈 덮인 산을 지나고 다시 평야를 달려 우리는 사랑의 여신 아프로디테를 숭배하여 도시 이름까지 여신의 이름을 따서 아프로디시아스라고 지은 온통 귀중한 유물들이 지천으로 깔려 있는 마을에 도착했다. 비옥한 땅과 넉넉한 물, 온화한 기후 등 천혜의 요소를 갖고 있는 이곳은 기원전 3,000년부터 사람들이 자리잡고 살던 곳이었다. 기독교 종교가 번성하는 시대로 들어오면서 비잔틴 제국은 아나톨리아 사람들이 "제우스 신"보다 더 숭배하는 "아프로디테 여신"의 숭배 사상을 배제하기 위해 한 때는 이 도시의 이름을 "십자가의 도시"라는 뜻

▌아프로디시아스의 유적, 프로필론

258

을 가진 "스타브로폴리스"라고 바꾼 적도 있었다고 한다.

왼쪽에 자리잡고 있는 기념품 가게 옆에는 나뭇잎 새 하나 없이 수많은 잔가지만 하늘을 가리울 만큼이나 많이 매달고 있는 큰 아름드리 고목나무가 시커멓게 바랜 색깔로 떡 버티고 서있고 오른쪽에 자리잡은 박물관 입구에는 대리석 석관의 뚜껑들이 여기저기 놓여 있었다. 이 석관들은 한결같이 사람의 얼굴들이 정교하게 조각되어 있었다. 한 두 개 보았을 때는 너무 신이 나서 역사학자나 된 듯이 신나게 사진을 찍어 댔는데 너무 많이 있으니 이제는 신명도 사라진다.

위. 아프로디시아스 박물관
아래. 경기장과 남아 있는 신전의 모습

10. 아프로디시아스(Aphrodisias)

우리는 아스펜도스에서 가장 잘 보존되어 있는 극장을 보았기 때문에 아프로디시아스 야외극장은 잠깐 보고 그리도 아름답다는 아프로디테 신전 쪽으로 발걸음을 재촉했다. 극장을 지나 완만한 경사의 언덕을 올라 갔다가 다시 내려갈 즈음 오른쪽으로 시야가 탁 트이며 큰 옛 도시가 나타났다. 예전엔 이곳을 들어오기 위해서는 세 군데 북문, 동문 그리고 서문이 있었다고 한다. 꼭 조선시대 한양에 들어오기 위해서 지나야 하는 동대문, 남대문, 서대문처럼 말이다. 맞은편 산자락까지 펼쳐진 이 고대의 도시는 돌기둥들이 드문드문 남아있는 아름다운 신전을 비롯하여 경기장, 공청회장, 온천장, 시장 등이 있어 이곳을 걷고 있는 내가 영화 속의 주인공이 되어 영화 속에서 이곳을 거니는 듯한 착각에 빠지게 만들었다. 드문드문 완벽한 조각의 모습이 남아있

위. 흩어져 있는 유물
들과 소극장
아래. 박물관 안에서

는 부서진 코린트식의 돌기둥 사이로 걸어 내려가면 오른쪽엔 시장이 왼쪽엔 목욕탕의 흔적이 남아있다. 그리고 북쪽으로는 성직자들이 머물던 곳과 대의원들의 공청회장이 조그만 반원의 극장모양으로 아담하게 자리잡고 있다. 회의하는 곳이라고는 하지만 웬만한 소극장처럼 잘 지어졌고 제일 윗자리에서는 아프로디테 신전도 잘 볼 수 있게 전망도 좋았다. 이 도시에 도착해서부터 부슬부슬 내리던 비가 이제는 개어 신전 돌 기둥 사이로 파란 하늘이 보이며 돌 기둥이 마치 가로수처럼 보여 꼭 하늘로 향하는 신작로처럼 보였다.

동서로 신전이 세워져 있었는데 신전으로 가는 동쪽 입구에는 기념문 프로필론이 세워져 있었다. 이 기념문은 기원후 2세기에 세워졌으며 로마건축의 걸작이라고 일컬음을 받는다고 하였다. 이 기념문 옆에는 이 도시를 발굴하고 연구하다가 이곳에서 죽은 고고학자의 묘가 자리잡고 있었다. 신전 안에 여기저기 흐트러져있는 물 항아리

에는 빗물이 고여 있었고 비에 젖은 작은 장식 돌들 사이로 이름 모를 들꽃들이 외롭게 피어 바람에 흔들거린다.

도시 북문 쪽으로 기원 2세기에 만든 3만 명의 관객이 한꺼번에 들어갈 수 있도록 만든 경기장이 있었고 여기서 달리기, 권투, 레슬링 등을 했다고 한다. 마지막으로 박물관을 관람하였는데 이곳에서 발굴된 유물들이 5개의 방으로 나뉘어져 있었다. 왕과

왕비, 고위관리, 시인, 철학자들의 흉상과 아폴로, 사랑의 여신 아프로디테 등등, 로마시대에서 비잔틴 시대에 이르기까지의 귀한 유물들로 꽉 차 있었고 돌로 된 많은 유물들은 박물관 내의 장소가 비좁아 박물관 밖의 마당에까지 진열되어 있었다. 보물은 희소가치가 있어야 하는데 이곳에는 국보급의 귀한 유물들이 너무 많아 귀하다는 생각이 들지도 않고 그에 상당한 대접도 받지 못하는 것 같다.

점심 때가 되어 우리들은 마을에 있는 작은 식당에 들려서 피자를 주문 하였다. 밀가루 반죽을 한줌 뚝 띠어 양손으로 번갈아 가며 휙-휙 돌려 타원형으로 얇게 편 후 그 위에 케첩과 치즈 그리고 이것저것 야채를 얹은 후 화덕에 넣어 구워준다. 이때까지 먹어 본 피자 중에서 제일 맛있는 것 같다. 한 쪽씩 떼어 맛보라고 주었더니 다들 맛있다고 모두들 더 주문했다. 그 덕분에 우리들은 맛있는 피자를 실컷 먹었다. 이때까지는 이태리 피자가 최고로 맛있었다고 생각하였는데 터키 피자가 단연 한 수 위다. 이제부터는 매일 한끼는 피자를 먹겠다고 가이드 무스타프에게 단단히 일러놓았다. 터키의 피자와 숱이라고 불리는 우유는 정말로 맛있다. 마침 식당 난로 옆에 앉아있던 동네 할아버지와 흙으로 만든 싸구려 기념품을 조그만 책상에 올려놓고 파는 할머니가 궁금한지 뭐라고 뭐라고 하는데 알아 들을 수가 있어야지! 맛있게 많이 만들어 주라고 요리사에게 지시하였다고 가이드가 일러준다. 마음씨 좋아 보이는 이 두 노인들을 위해 우리들은 흙으로 만든 새 모양의 호루라기를 한 개씩 사서 귀가 아프게 불어댔다.

▌피자 만드는 모습과 동네 노부부와 함께

여행에 미친 닥터 부부

1판 1쇄 발행 ㅣ 2009년 10월 20일
1판 2쇄 발행 ㅣ 2010년 2월 1일

지은이 ㅣ 이하성 · 이형숙 공저
펴낸이 ㅣ 윤다시
기획처 ㅣ 도서출판 예가

주소 ㅣ 서울시 영등포구 당산동 1가 191-10
전화 ㅣ 02-2633-5462, 02-2672-4806
팩스 ㅣ 02-2633-5463
E-mail ㅣ hasunglee@yahoo.com

ISBN ㅣ 978-89-7567-524-9   13980